Analysis 2

SN Flashcards Microlearning

Schnelles und effizientes Lernen mit digitalen Karteikarten – für Arbeit oder Studium!

Diese Möglichkeiten bieten Ihnen die SN Flashcards:

- Jederzeit und überall auf Ihrem Smartphone, Tablet oder Computer **lernen**
- Den Inhalt des Buches lernen und Ihr Wissen **testen**
- Sich durch verschiedene, mit multimedialen Komponenten angereicherte Fragetypen **motivieren lassen** und zwischen drei Lernalgorithmen (Langzeitgedächtnis-, Kurzzeitgedächtnis- oder Prüfungs-Modus) wählen
- Ihre eigenen Fragen-Sets **erstellen**, um Ihre Lernerfahrung zu **personalisieren**

So greifen Sie auf Ihre SN Flashcards zu:

1. Gehen Sie auf die **1. Seite des 1. Kapitels** dieses Buches und folgen Sie den Anweisungen in der Box, um sich für einen SN Flashcards-Account anzumelden und auf die Flashcards-Inhalte für dieses Buch zuzugreifen.
2. Laden Sie die SN Flashcards Mobile App aus dem Apple App Store oder Google Play Store herunter, öffnen Sie die App und folgen Sie den Anweisungen in der App.
3. Wählen Sie in der mobilen App oder der Web-App die Lernkarten für dieses Buch aus und beginnen Sie zu lernen!

Sollten Sie Schwierigkeiten haben, auf die SN Flashcards zuzugreifen, schreiben Sie bitte eine E-Mail an **customerservice@springernature.com** und geben Sie in der Betreffzeile „**SN Flashcards**" und den Buchtitel an.

Martin Brokate · Johannes Zimmer ·
Florian Lindemann

Analysis 2

Differentialrechnung im Mehrdimensionalen

Springer Spektrum

Martin Brokate
Department of Mathematics
Technische Universität München
Garching bei München, Deutschland

Johannes Zimmer
Department of Mathematics
Technische Universität München
Garching bei München, Deutschland

Florian Lindemann
Department of Mathematics
Technische Universität München
Garching bei München, Deutschland

ISBN 978-3-662-71140-8 ISBN 978-3-662-71141-5 (eBook)
https://doi.org/10.1007/978-3-662-71141-5

Die Deutsche Nationalbibliothek verzeichnet diese Publikation in der Deutschen Nationalbibliografie; detaillierte bibliografische Daten sind im Internet über https://portal.dnb.de abrufbar.

Planung/Lektorat: Anna Sippel
Springer Spektrum ist ein Imprint der eingetragenen Gesellschaft Springer-Verlag GmbH, DE und ist ein Teil von Springer Nature.
Die Anschrift der Gesellschaft ist: Heidelberger Platz 3, 14197 Berlin, Germany

Vorwort

Liebe Studierende, in dieser Fortsetzung der Analysis 1 wollen wir Sie mit der Differentialrechnung im Mehrdimensionalen vertraut machen. Es geht also um Funktionen, deren Definitions- oder Wertebereich (möglicherweise beide) mehrdimensional sind. Hierbei kann „mehrdimensional" zwei- oder dreidimensional bedeuten, wie in vielen Situationen aus den Natur- und Ingenieurwissenschaften, oder – wie das in der Optimierung, der numerischen Mathematik oder spezieller im maschinellen Lernen regelmäßig der Fall ist – sehr hochdimensional meinen (etwa $10^6, 10^9, 10^{12}, \ldots$ Dimensionen). Wir besprechen hier die grundlegende Theorie, die in all diesen und anderen Bereichen benötigt wird.

Die im ersten Band behandelte Differentialrechnung im Eindimensionalen liefert oft Intuition für die Themen dieses zweiten Bandes, beispielsweise bei der Berechnung von Minima und Maxima von Funktionen und deren Approximation durch Taylorpolynome. Manches ist im Mehrdimensionalen aber anders als in einer Raumdimension. Dort spielt die Betragsfunktion, also das Maß des Abstands zweier Zahlen, eine zentrale Rolle, beispielsweise beim Begriff der Stetigkeit. Was ist aber der Abstand im Mehrdimensionalen? Wir werden sehen, dass es hier (anders als im Eindimensionalen) viele sinnvolle Abstandsbegriffe gibt. Deshalb beginnen wir in den Kap. 1–3 mit einer relativ theoretischen Behandlung, die insbesondere den Abstandsbegriff durch Metriken und Normen umfasst. Solche Abstraktion ist in der Mathematik typisch, und es ist hilfreich, „zweigleisig" zu fahren und sich einerseits den aus Analysis 1 vertrauten Abstandsbegriff als Beispiel vor Augen zu halten, andererseits aber die geschilderte Theorie auch anhand von anderen Beispielen zu durchdenken.

Das Kernstück dieses Buchs, Kap. 5, diskutiert Differenzierbarkeit im Mehrdimensionalen. Auch hier passiert im Vergleich zur eindimensionalen Situation etwas Neues: Es gibt nicht einen Begriff der Differenzierbarkeit, sondern mehrere, insbesondere die *totale* Ableitung und die *partiellen* Ableitungen.

Weitere Themen, die nur im Mehrdimensionalen Sinn ergeben: Wir können „Kurven" betrachten, zum Beispiel eine Flugbahn im $\mathbb{R}^3$ – dies ist das Thema von Kap. 4 –, oder geeignete „gekrümmte" Objekte studieren, wie etwa eine Kugeloberfläche. Solche sogenannte Untermannigfaltigkeiten behandeln wir in

Kap. 7. Untermannigfaltigkeiten erfordern einen gewissen methodischen Aufwand, den wir jedoch insbesondere durch Abbildungen verständlich zu machen versuchen. Weiter können Probleme im Mehrdimensionalen durch verschiedene Koordinatensysteme beschrieben werden. Eine geschickte Wahl des Koordinatensystems – beispielsweise sogenannte Kugelkoordinaten für Probleme mit kugelförmiger Geometrie – kann die Untersuchung stark erleichtern.

Das hier behandelte Material ist in den Kanon der Mathematik eingebettet: Zum einen baut die Analysis 2 auf der Analysis 1 und auch stark auf der linearen Algebra auf (beispielsweise ist die totale Ableitung eine lineare Abbildung; allgemein sind grundlegende Begriffe und Ergebnisse der linearen Algebra wie beispielsweise zu Vektorräumen, Matrizen und lineare Abbildungen unmittelbar relevant für die Analysis im Mehrdimensionalen). Mögen Analysis und lineare Algebra im ersten Semester noch als verschiedene Fächer ohne großen Zusammenhang erschienen sein, wachsen diese Gebiete jetzt zusammen. Zum anderen bereitet das Material dieses Buchs die Grundlage für darauf folgende Vorlesungen: Kurven und Mannigfaltigkeiten sind zentrale Themen in der Differentialgeometrie; die in Kap. 9 behandelte Differentialgleichungen sind Grundlage der Theorie der dynamischen Systeme. Eine Reihe von weiteren mathematischen Gebieten bauen auf den in diesem Buch dargestellten Grundlagen auf, zum Beispiel die Topologie auf dem Material in Kap. 2 und die Optimierung auf Kap. 5. Die Analysis 2 hat also eine Brückenfunktion. Wir haben uns bemüht, die Grundlagen zwar verständlich darzustellen, aber auch hinreichende Allgemeinheit zu erreichen, um Sie für die weiterführenden Vorlesungen gut vorzubereiten. Das gilt auch für Kap. 3, wo unter anderem Gemeinsamkeiten und Unterschiede zwischen endlich- und unendlichdimensionalen Räumen behandelt werden. Diese Themen werden in der Funktionalanalysis wieder aufgegriffen.

Zur Stoffauswahl: Wie schon der Vorgänger „Analysis 1“ ist dieses Buch entstanden aus Skripten zu Vorlesungen, die die beiden erstgenannten Autoren an der TU München über viele Jahre hinweg gehalten haben. Dort werden Analysis 1 und 2 jeweils mit 5 Semesterwochenstunden abgehalten – unter anderem, um der sich (aus unserer Sicht) vergrößernden Diskrepanz zwischen Schulabschluss und Studium besser Rechnung tragen zu können. Es ist offensichtlich, dass in einer vierstündigen Vorlesung nicht der gesamte Inhalt dieses Buchs angemessen ausführlich präsentiert werden kann. Es sollte aber unserer Ansicht für Dozenten kein Problem sein, eine passende Auswahl zu treffen:

- Die als Bonusmaterial gekennzeichneten Abschnitte enthalten nichts, worauf später zurückgegriffen wird.
- Der Abschn. 3.3 über unendlichdimensionale Räume stellt (bis auf die Vollständigkeit des Raumes $C[a, b]$) einen optionalen Ausblick auf das Gebiet der Funktionalanalysis dar.
- Abschn. 4.4 (implizite Funktionen für ebene Kurven) kann als Motivation für das spätere Kap. 6 gesehen werden, wird dort aber nicht vorausgesetzt.
- Ob die Behandlung gewöhnlicher Differentialgleichungen Bestandteil der Analysis 2 ist, hängt von den örtlichen Gegebenheiten ab. Falls darauf verzichtet

wird, ist auch Kap. 8 über matrixwertige Funktionen optional (wenngleich es nicht einfach ist, dafür einen Platz in einer anderen Lehrveranstaltung zu finden).
- Auch das letzte Kapitel über parameterabhängige Integrale kann zur Disposition gestellt werden.

Der einführende Band wird als „Band 1" oder „Analysis 1" zitiert, analog wird auf den dritten Band als „Analysis 3" verwiesen.

Wir danken Matthias Klar, Carl-Friedrich Kreiner und Hans-Peter Kruse für sehr hilfreiche Korrekturen und Verbesserungsvorschläge. Carl-Friedrich Kreiner hat die Entstehung des diesem Buch zugrundeliegenden Vorlesungsskripts kontinuierlich begleitet und dabei wertvolle Anregungen zur Darstellung des Stoffs beigesteuert. Hans-Peter Kruse hat in zahlreichen Diskussionen stark dazu beigetragen, schwierige Klippen elegant zu umschiffen. Mario Ayala stand ebenfalls mit Rat und Tat zur Seite. Vielen Dank für diese Hilfe!

Studierende haben über einen elektronischen Briefkasten Kommentare beigesteuert; da die Einsendungen anonym waren, bedanken wir uns ohne Namensnennung, aber ganz herzlich! Matas Garbaravičius und Constantin Pfannschmidt haben konkrete Verbesserungsvorschläge beigesteuert, auch dafür herzlichen Dank.

Einige Abbildungen sind mit Ti*k*Z und PGFPlots gestaltet, und insbesondere für Abbildungen zu Untermannigfaltigkeiten haben wir auf https://tex.stackexchange.com einige Tricks gelernt.

Zu den Flashcards

Um Sie beim Lernprozess zu unterstützen, gibt es zu diesem Buch wie zu Band 1 wieder Verständnisfragen, welche einige zentrale Inhalte abfragen und Sie zu weiterem Nachdenken anregen sollen. Dabei liegt der Fokus der Fragen auf einem grundsätzlichen Verständnis der Inhalte und nicht auf Rechenaufgaben oder dem Führen von aufwendigen Beweisen. An der TU München wurden diese Verständnisfragen im Rahmen der Vorlesung Analysis 2 im Sommersemester 2019 als ergänzendes E-Learning-Material eingeführt und in den folgenden Jahren weiterentwickelt. Dabei wurde ein besonderer Schwerpunkt auf ausführliche Musterlösungen gelegt. Für das vorliegende Buch haben wir diese Fragen neu gegliedert, überarbeitet und um weitere Themenfelder ergänzt. Sie eignen sich zum Nacharbeiten der Kapitel, als Basis für anspruchsvollere Übungsaufgaben und auch zur Vorbereitung für Prüfungen. Die Fragen werden teilweise auch bereits als Ergänzungsmaterial in anderen Büchern genutzt.

Die Verständnisfragen finden Sie nicht als gedruckte Aufgaben im Buch, sondern in Form von elektronischen Flashcards. Diese können Sie mit Hilfe einer zugehörigen App auf dem Smartphone oder Tablet bearbeiten. Den Zugang zu den elektronischen Flashcards finden Sie am Anfang von Kap. 1.

Bei der Entwicklung der Verständnisfragen haben wir uns an den Bedürfnissen der Studierenden orientiert und diese bei der Erstellung einbezogen. Wir danken allen Studierenden, die uns in den letzten Jahren bei der Erstellung der Flashcard-Aufgaben unterstützt haben. Besonders herausheben möchten wir dabei Matthias Caro, Maria Elena Gonzalez Herrero, Sara-Viola Kuntz und Angelo Volpini.

Berlin, München und Garching bei München
im Oktober 2024

Martin Brokate
Florian Lindemann
Johannes Zimmer

Competing Interests Die Autor*innen haben keine für den Inhalt dieses Manuskripts relevanten Interessenkonflikte.

Inhaltsverzeichnis

1 Metrische Räume und Konvergenz 1
- 1.1 Motivation 1
- 1.2 Normierte Räume 3
- 1.3 Metrische Räume 10
- 1.4 Konvergenz 17

2 Grundbegriffe der Topologie und Stetigkeit 23
- 2.1 Motivation 23
- 2.2 Topologische Grundbegriffe 25
- 2.3 Rand, Inneres und Abschluss 30
- 2.4 Stetigkeit 34
- 2.5 Kompaktheit 41
- 2.6 Der Banachsche Fixpunktsatz 44
- 2.7 Koordinatentransformationen 49
- 2.8 Ausblick 52

3 Endlich- und unendlichdimensionale normierte Räume 55
- 3.1 Überblick 55
- 3.2 Endlichdimensionale normierte Räume 56
- 3.3 Unendlichdimensionale normierte (Funktionen-)Räume 59
- 3.4 Skalarprodukte und Hilberträume 67
- 3.5 Ausblick 71

4 Kurven in $\mathbb{R}^n$ 73
- 4.1 Grundbegriffe 73
- 4.2 Bogenlänge 78
- 4.3 Parametertransformationen 82
- 4.4 Der Satz über implizite Funktionen für ebene Kurven 84

5 Differenzierbare Abbildungen auf dem $\mathbb{R}^n$ 89
- 5.1 Einführung 89
- 5.2 Partielle Ableitungen, Skalar- und Vektorfelder 91
- 5.3 Bonusmaterial: Interpretation von Gradient, Divergenz und Rotation 102

5.3.1 Gradienten, Gradientenfelder und Potentiale ... 102
5.3.2 Interpretation der Divergenz ... 105
5.3.3 Interpretation der Rotation ... 107
5.4 Bonusmaterial: Beispiele linearer partieller Differentialgleichungen ... 110
5.5 Totale Differenzierbarkeit ... 113
5.6 Taylorentwicklung für skalarwertige Funktionen ... 131
5.7 Taylorentwicklung für vektorwertige Funktionen ... 141
5.8 Ausblick: Niveaumengen, der Satz über implizite Funktionen und Computeralgebra ... 142

6 Inverse und implizite Funktionen ... 145
6.1 Inverse Funktionen im Mehrdimensionalen ... 145
6.1.1 Motivation ... 145
6.1.2 Existenz der Inversen im Mehrdimensionalen ... 148
6.2 Implizite Funktionen ... 154
6.2.1 Anwendung: Navigation mit GPS ... 164

7 Untermannigfaltigkeiten; Extrema mit Nebenbedingungen ... 169
7.1 Untermannigfaltigkeiten im $\mathbb{R}^n$ ... 169
7.2 Extrema unter Nebenbedingungen ... 185
7.3 Bonusmaterial: Gradient, Divergenz und Rotation in Zylinderkoordinaten ... 191

8 Matrixfunktionen ... 199
8.1 Funktionen von Matrizen und Reihen im normierten Raum ... 199
8.2 Matrixnormen ... 201
8.3 Differenzieren von Matrixfunktionen ... 208

9 Gewöhnliche Differentialgleichungen und Systeme ... 213
9.1 Der Satz von Picard-Lindelöf ... 213
9.2 Lineare autonome Systeme ... 228
9.3 Gleichungen zweiter Ordnung mit konstanten Koeffizienten ... 239

10 Parameterabhängige Integrale ... 243
10.1 Stetigkeit und Differenzierbarkeit parameterabhängiger Integrale ... 243
10.2 Faltung von Funktionen ... 252
10.3 Ausblick ... 254

Stichwortverzeichnis ... 257

1 Metrische Räume und Konvergenz

Ihr Bonus als Käufer dieses Buches
Als Käufer dieses Buches können Sie kostenlos unsere Flashcard-App „SN Flashcards“ mit Fragen zurWissensüberprüfung und zum Lernen von Buchinhalten nutzen. Für die Nutzung folgen Sie bitte den folgenden Anweisungen:

1. Gehen Sie auf https://flashcards.springernature.com/login?code=5E099-9CB39-2A287-9B2AD-994C5
2. Erstellen Sie ein Benutzerkonto, indem Sie Ihre Mailadresse angeben und ein Passwort vergeben.
3. Verwenden Sie den folgenden Link, um Zugang zu Ihrem SN Flashcards Set zu erhalten: https://sn.pub/qdp8yn

Sollte der Link fehlen oder nicht funktionieren, senden Sie uns bitte eine E-Mail mit dem Betreff „SN Flashcards“ und dem Buchtitel an customerservice@springernature.com.

1.1 Motivation

Während es in Band 1 um Funktionen einer Variablen ging, steht jetzt die Analysis im Mehrdimensionalen im Vordergrund. Das heißt, wir betrachten Funktionen, deren Definitions- und Wertebereiche im $\mathbb{R}^n$ bzw. $\mathbb{R}^m$ liegen. (Definitions- und Wertebereich können unterschiedliche Dimensionen haben.) Argumente und Werte solcher Funktionen sind also Vektoren.

M. Brokate et al., *Analysis 2*,
https://doi.org/10.1007/978-3-662-71141-5_1

Wenn wir die Grundbegriffe aus Analysis 1 rekapitulieren, geht sehr oft – beispielsweise für Konvergenz, Grenzwert, Stetigkeit, Differenzierbarkeit – der Betrag und damit ein Abstandsbegriff ein. Wir müssen also einen entsprechenden Begriff in Mehrdimensionalen schaffen.

So bedeutet der in Analysis 1 behandelte Konvergenzbegriff für Folgen, dass der Abstand der Folgenglieder a_n zum Grenzwert a beliebig klein wird, oder anders formuliert: Die Länge der Differenz $a_n - a$ wird beliebig klein, strebt also gegen Null.

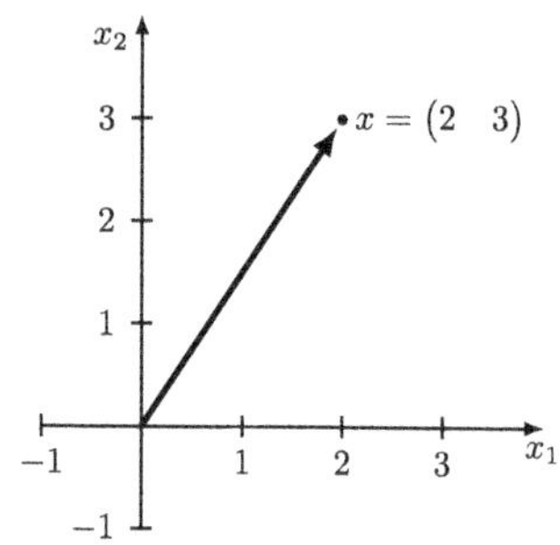

Wie lang ist dieser Vektor? Es gibt mehrere mögliche Antworten.

Bei der Übertragung des Längen- und Abstandsbegriffs auf allgemeinere Situationen gibt es zwei zentrale Herausforderungen:

(i) Im $\mathbb{R}^n$ und allgemein in mehrdimensionalen (oder sogar unendlichdimensionalen) *Vektorräumen* stellt sich die Frage: Was ist die Länge eines Vektors, zum Beispiel in Abb. 1.1 die Länge des Vektors $x = \begin{pmatrix} 2 & 3 \end{pmatrix} \in \mathbb{R}^2$? Wir werden sehen, dass es viele sinnvolle Antworten gibt, darunter

- $\sqrt{13}$, die sogenannte euklidische Länge,
- 3, der Betrag der größten Komponente,
- 5, die Summe der Beträge der Komponenten.

(ii) Wir werden auch Strukturen begegnen, die *kein* Vektorraum sind. Beispielsweise sieht ein Schäferhund einem Windhund „ähnlicher" als einer Katze, hat also intuitiv vom Windhund „einen geringeren Abstand" als von der Katze. Hier gibt es keine offensichtliche Vektorraumstruktur der zugrundeliegenden Menge der Tiere. Im maschinellen Lernen spielt eine verwandte Frage eine große Rolle: Dort versucht man oft, Ähnlichkeiten und damit auch Unterschiede zu erkennen, beispielsweise zur Klassifikation von Bildern in Katzen- und Hundebilder. Intuitiv sucht man dabei einen Abstand zwischen Objekten. Abb. 1.1 zeigt dies schematisch. Der in diesem Kapitel eingeführte Begriff der Metrik ist dabei zentral, man spricht von *metric learning*. Eine Übersicht über diese Thematik findet sich in [1].

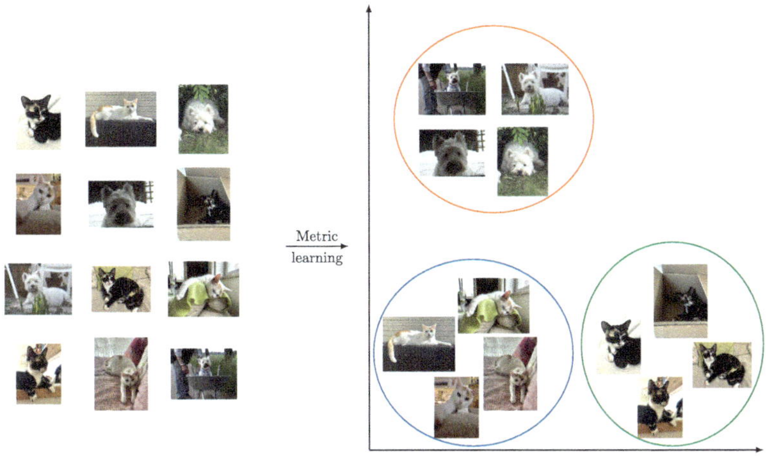

Abb. 1.1 Eine Standardaufgabe im maschinellen Lernen ist, Ähnlichkeiten und Unterschiede zwischen Objekten auf Bildern zu finden. Hier sollen Hunde und Katzen erkannt werden. Ein Weg ist, einen Abstandsbegriff (eine Metrik) zwischen verschiedenen Bildern zu finden, so dass ähnliche Bilder zusammengruppiert werden können. Links der Input, rechts der Output. Die rechts gezeichneten Ellipsen werden später als verallgemeinerte „Kugeln" aufgefasst werden. Siehe [1] für mehr Informationen

1.2 Normierte Räume

Wir beschäftigen uns zunächst mit Herausforderung (i) aus obiger Motivation. Gegeben sei also ein Vektorraum X; wir wollen einen allgemeinen Längen- und Abstandsbegriff auf X finden.

Dazu einige Beispiele aus Analysis 1. Dort hatten wir für den Vektorraum der reellen Zahlen den Abstand $|x - y|$ für reelle Zahlen x und y eingeführt. Für den Vektorraum der komplexen Zahlen hatten wir als Abstand zweier komplexer Zahlen $z, w \in \mathbb{C}$

$$|z - w| = \sqrt{(z - w)\overline{(z - w)}} = \sqrt{\mathrm{Re}\,(z - w)^2 + \mathrm{Im}\,(z - w)^2}$$

eingeführt. Schließlich hatten wir den Vektorraum $B(D; \mathbb{K})$ der beschränkten Funktionen mit der Supremumsnorm versehen (Analysis 1, Definition 13.6; wie gewohnt steht $\mathbb{K}$ für $\mathbb{R}$ oder $\mathbb{C}$). Für $f, g\colon D \to \mathbb{K}$ ist der Abstand in der Supremumsnorm

$$\|f - g\|_\infty = \sup_{x \in D} |f(x) - g(x)|\,.$$

Allen Beispielen ist gemeinsam, dass wir den Abstand durch die Länge des Differenzvektors definieren, also die Länge von $x - y$ bzw. von $z - w$ und $f - g$. Der Begriff der Norm verallgemeinert diesen Längenbegriff.

Definition 1.1 (Norm, normierter Raum)
Sei X ein Vektorraum über $\mathbb{K}$. Eine Abbildung $\|\cdot\|: X \to [0,\infty)$ heißt ***Norm*** *auf X, falls gilt*

(i) *Definitheit*:

$$\|x\| = 0 \quad \Leftrightarrow \quad x = 0\,, \tag{1.1}$$

(ii) *Homogenität*:

$$\|\alpha x\| = |\alpha|\,\|x\| \quad \textit{für alle } \alpha \in \mathbb{K},\ x \in X, \tag{1.2}$$

(iii) *Dreiecksungleichung*:

$$\|x + y\| \le \|x\| + \|y\| \quad \textit{für alle } x, y \in X. \tag{1.3}$$

Ist $\|\cdot\|$ eine Norm auf X, so heißt $(X, \|\cdot\|)$ ***normierter Raum****.*

Da die Betragsfunktion in $\mathbb{R}$ und in $\mathbb{C}$ diese Eigenschaften hat, ist $(\mathbb{R}, |\cdot|)$ ein normierter Raum über $\mathbb{R}$, und $(\mathbb{C}, |\cdot|)$ ist ein normierter Raum über $\mathbb{C}$. Es stellt sich weiterhin heraus, dass

$$\|x\|_2 := \sqrt{\sum_{j=1}^{n} x_j^2}\,, \quad \text{für } x = (x_1, \dots, x_n) \in \mathbb{R}^n\,, \tag{1.4}$$

eine Norm auf dem $\mathbb{R}^n$ definiert, wie in Satz 1.4 bewiesen wird, die sogenannte **euklidische Norm**. Eine entsprechende Norm in $\mathbb{C}^n$ erhält man, wenn man in (1.4) die Quadrate x_j^2 durch $|x_j|^2$ ersetzt,

$$\|x\|_2 := \sqrt{\sum_{j=1}^{n} |x_j|^2}\,, \quad \text{für } x = (x_1, \dots, x_n) \in \mathbb{C}^n\,. \tag{1.5}$$

Während im Eindimensionalen – $(\mathbb{R}, |\cdot|)$ über $\mathbb{R}$, oder $(\mathbb{C}, |\cdot|)$ über $\mathbb{C}$ – die Betragsfunktion und deren skalare Vielfache die einzigen Normen sind, gibt es im Mehrdimensionalen über die euklidische Norm hinaus eine Vielzahl von Normen. Zwei davon sind die **Maximumsnorm** oder **Supremumsnorm**

$$\|x\|_\infty := \max_{1\le j\le n} |x_j|\,, \qquad x = (x_1, \dots, x_n) \in \mathbb{K}^n\,,$$

und die **Summennorm**[1],

$$\|x\|_1 := \sum_{j=1}^{n} |x_j|\,, \qquad x = (x_1, \dots, x_n) \in \mathbb{K}^n\,.$$

In diesen beiden Fällen ergeben sich die Normeigenschaften aus den elementaren Eigenschaften von Maximum, Summe und Betrag.

Bemerkung 1.2
Vektoren im $\mathbb{R}^n = \prod_{j=1}^{n} \mathbb{R}$ sind definitionsgemäß n-Tupel reeller Zahlen. Wir können sie als Spaltenvektoren oder als Zeilenvektoren auffassen. Letzteres führt zur schreibtechnisch ökonomischen und deshalb allgemein (auch von uns) verwendeten Notation $x = (x_1, \dots, x_n)$. Ersteres ist im Kalkül für Vektoren und Matrizen aus der linearen Algebra gebräuchlich, man denke nur an lineare Gleichungssysteme $Ax = b$ mit einer Matrix A und Spaltenvektoren x und b. Da die Transposition eine Bijektion zwischen Spalten- und Zeilenvektoren darstellt, die wir für einen Vektor $x \in \mathbb{R}^n$ als

$$\bigl(x_1, \dots, x_n\bigr) = \begin{pmatrix} x_1 \\ \vdots \\ x_n \end{pmatrix}^T$$

schreiben, lassen sich diese beiden Denk- und Schreibweisen ineinander überführen.

Verschiedene Normen liefern üblicherweise unterschiedliche Werte. Beispielsweise gilt für $x = (1, 1, 1) \in \mathbb{R}^3$:

$$\|x\|_\infty = 1\,, \quad \|x\|_1 = 3\,, \quad \|x\|_2 = \sqrt{3}\,.$$

Fragt man sich, welche Norm zur Behandlung eines gegebenen Problems angemessen ist, können sowohl inner- als auch außermathematische Gesichtspunkte eine Rolle spielen. Für letzteres geben wir jetzt ein Beispiel.

Beispiel 1.3
Zur Bestimmung eines festen konstanten Werts $c \in \mathbb{R}$ liegen Messwerte $y_j \in \mathbb{R}$ mit $1 \le j \le n$ vor, die zu den Zeitpunkten $t_j = j$ ermittelt wurden und die voneinander abweichen können. Zur Bestimmung von c ist es naheliegend, die Norm des Vektors $r(c) := (c - y_1, \dots, c - y_n) \in \mathbb{R}^n$ zu minimieren. Dabei hängt es von der Wahl der Norm ab, welcher Wert sich für c ergibt. Abb. 1.2 veranschaulicht dies links mit einem (zur Illustration nicht realistisch gewähltem) Zahlenbeispiel. Hier ist $n = 7$ und $y_j = 1$ für ungerades j und $y_j = 3$ für gerades j.

[1] Können Sie erklären, warum diese Norm gelegentlich auch Manhattannorm genannt wird?

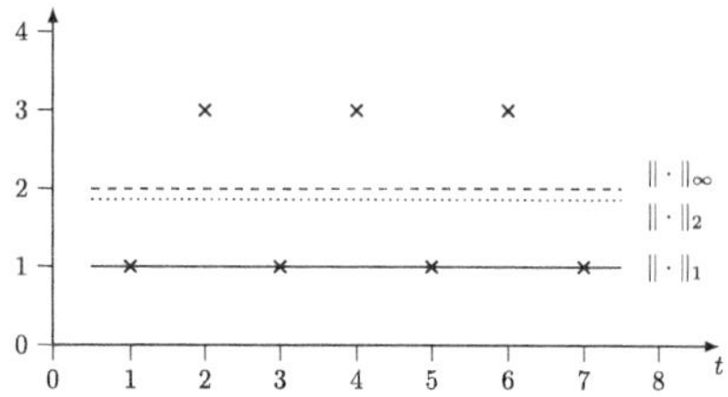

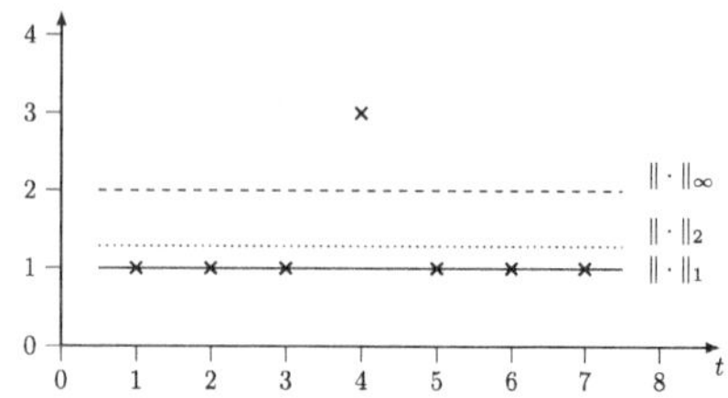

Abb. 1.2 Der Einfluss der Wahl der Norm, siehe Beispiel 1.3

(i) Für die Maximumnorm ergibt sich

$$\|r(c)\|_\infty = \max_{1\le j\le 7} |c - y_j| = \max\{|c-1|, |c-3|\}\,.$$

Für $c = 2$ erhalten wir den Minimalwert $\|r(2)\|_\infty = 1$. Er hängt nicht davon ab, wie oft y_j den Wert 1 bzw. 3 annimmt, solange diese mindestens einmal angenommen werden.

(ii) Für die Summennorm erhalten wir

$$\|r(c)\|_1 = \sum_{1\le j\le 7} |c - y_j| = 4|c-1| + 3|c-3|\,. \tag{1.6}$$

Bereits am Bild erkennt man, dass für das Minimum nur Werte $c \in [1,3]$ in Frage kommen, da $\|r(c)\|_1 > \|r(1)\|_1$ für $c < 1$ und $\|r(c)\|_1 > \|r(3)\|_1$ für $c > 3$ gilt. Für $c \in [1,3]$ folgt aus (1.6), dass $\|r(c)\|_1 = 4(c-1) + 3(3-c) = c + 7$. Dieser Ausdruck wird in $[1,3]$ minimal für $c = 1$. Der in y_j viermal auftretende Wert 1 legt das Ergebnis fest, der dreimal auftretende Wert 3 fällt völlig unter den Tisch.

(iii) Die euklidische Norm liefert

$$\|r(c)\|_2 = \sqrt{\sum_{1\le j\le 7} (c - y_j)^2} = \sqrt{4(c-1)^2 + 3(c-3)^2}\,.$$

Leiten wir die rechte Seite nach c ab und setzen den erhaltenen Ausdruck gleich 0, so ergibt sich $c = 13/7 < 2$, was etwas näher an 1 als an 3 liegt.

Im Zahlenbeispiel in Abb. 1.2 rechts ist wieder $n = 7$, aber $y_4 = 3$ und $y_j = 1$ für alle anderen j. Wie oben erhalten wir für die Maximumnorm und die Summennorm die Minimalstellen $c = 2$ bzw. $c = 1$; für die euklidische Norm ergibt sich die Minimalstelle $c = 9/7$. Im Gegensatz zur ersten Situation hat man den Eindruck, dass die Maximumnorm den Wert $y_4 = 3$ zu stark berücksichtigt, während das Unter-den-Tisch-fallen-lassen dieses Wertes im Falle der Summennorm möglicherweise berechtigt ist. In beiden Situationen liefert die euklidische Norm einen Kompromiss.

Summen- und Maximumsnorm gehören zur Familie der ℓ^p-Normen und sind dort die Extremfälle $p = 1$ und $p = \infty$. Wir zeigen jetzt, dass auch für $p \in (1, \infty)$ Normen definiert sind.

Satz 1.4 (**ℓ^p-Normen im $\mathbb{K}^n$ für $p \in (1, \infty)$**)
Für jedes $p \in (1, \infty)$ erfüllt $\|\cdot\|_p \colon \mathbb{K}^n \to [0, \infty)$ mit

$$\|x\|_p := \left(\sum_{j=1}^{n} |x_j|^p \right)^{\frac{1}{p}} \quad \textit{für alle } x \in \mathbb{K}^n \tag{1.7}$$

die Normaxiome. Insbesondere gilt das für die euklidische Norm $\|\cdot\|_2$.

Zum Nachweis der Normeigenschaft führen wir zwei häufig verwendete Ungleichungen ein. Dazu eine Sprechweise: Ist $p \in (1, \infty)$, nennt man $q := \frac{p}{p-1}$ den **konjugierten Exponenten**. Für konjugierte Exponenten gilt

$$\frac{1}{p} + \frac{1}{q} = 1 . \tag{1.8}$$

Lemma 1.5 (Youngsche Ungleichung)
Seien $a, b \in \mathbb{R}$ mit $a \geq 0$ und $b \geq 0$, sei $p \in (1, \infty)$ und sei $q = \frac{p}{p-1} \in (1, \infty)$ der konjugierte Exponent. Dann ist

$$ab \leq \frac{1}{p} a^p + \frac{1}{q} b^q , \tag{1.9}$$

wobei Gleichheit genau dann eintritt, wenn $a^p = b^q$ ist.

Diese Ungleichung ist nach William Henry Young (1863–1942) benannt. Setzt man $a = x^{1/p}$ und $b = y^{1/q}$, lautet die Youngsche Ungleichung

$$x^{1/p} y^{1/q} \leq \frac{x}{p} + \frac{y}{q} . \tag{1.10}$$

Man nennt dies bisweilen die Ungleichung zwischen den verallgemeinerten arithmetischen und geometrischen Mitteln, denn der Spezialfall $p = 2$ liefert $q = 2$ und damit

$$\sqrt{xy} \leq \frac{x + y}{2} ,$$

die aus dem ersten Band (Satz 4.2) bekannte Ungleichung zwischen den arithmetischen und geometrischen Mitteln.
Beweis Für $a = 0$ oder $b = 0$ ist die Youngsche Ungleichung trivial; ansonsten folgt sie aus der Konkavität des Logarithmus: Für $x \in (0, \infty)$ setzen wir $f(x) = \ln(x)$.

Da $f''(x) = -\frac{1}{x^2} < 0$, ist f konkav (siehe Satz 12.29 aus dem ersten Band). Für $\lambda = \frac{1}{p}$ ist $1 - \lambda = \frac{p-1}{p} = \frac{1}{q}$ und damit wegen der Konkavität

$$\ln\left(\frac{1}{p}a^p + \frac{1}{q}b^q\right) \geq \frac{1}{p}\ln(a^p) + \frac{1}{q}\ln(b^q) = \ln(a) + \ln(b) = \ln(ab)\,.$$

Daraus folgt durch Exponenzieren

$$\frac{1}{p}a^p + \frac{1}{q}b^q \geq ab\,.$$

Gleichheit gilt hier genau, dann wenn $a^p = b^q$ ist. Denn dann steht in obigen Ungleichungen links und rechts das gleiche Argument, wegen der Eigenschaft (1.8) der konjugierten Exponenten. Wegen der strikten Konvexität des Logarithmus ist ansonsten keine Gleichheit möglich. □

Die zweite angekündigte Ungleichung ist nach Otto Hölder (1859–1937) benannt.

Satz 1.6 (Hölder-Ungleichung)
Sei $p \in (1, \infty)$ und $q = \frac{p}{p-1} \in (1, \infty)$ der konjugierte Exponent. Für alle $a_1, \ldots, a_n, b_1, \ldots, b_n \in [0, \infty)$ gilt

$$\sum_{j=1}^{n} a_j b_j \leq \left(\sum_{j=1}^{n} a_j^p\right)^{\frac{1}{p}} \left(\sum_{j=1}^{n} b_j^q\right)^{\frac{1}{q}}\,. \tag{1.11}$$

Der Spezialfall $p = q = 2$ wird meist als **Cauchy-Schwarz-Ungleichung** bezeichnet. In Satz 3.19 werden wir die Cauchy-Schwarz-Ungleichung (für geeignete Vektorräume, nicht nur im $\mathbb{R}^n$) separat beweisen.

Beweis Wir setzen

$$\alpha = \left(\sum_{j=1}^{n} a_j^p\right)^{1/p} \quad \text{und} \quad \beta = \left(\sum_{j=1}^{n} b_j^q\right)^{1/q}\,.$$

Wir betrachten zunächst den Spezialfall $\alpha = 0$. Da $a_1, \ldots, a_n \in [0, \infty)$ nach Annahme gilt, folgt $a_1 = \ldots = a_n = 0$ und damit ist die Hölder-Ungleichung (1.11) trivialerweise erfüllt, als Identität $0 = 0$. Gleiches gilt im Spezialfall $\beta = 0$.

Zum allgemeinen Fall $\alpha \neq 0$ und $\beta \neq 0$: Sei für $j = 1, \ldots, n$

$$x_j = \frac{a_j^p}{\alpha^p} \quad \text{und} \quad y_j = \frac{b_j^q}{\beta^q}\,.$$

Dann gilt mit der Ungleichung (1.10) zwischen den verallgemeinerten arithmetischen und geometrischen Mitteln

$$x_j^{1/p} y_j^{1/q} \leq \frac{x_j}{p} + \frac{y_j}{q}\,,$$

also

$$\frac{a_j}{\alpha} \cdot \frac{b_j}{\beta} \le \frac{1}{p} \frac{a_j^p}{\alpha^p} + \frac{1}{q} \frac{b_j^q}{\beta^q} .$$

Aufsummiert ergibt sich

$$\frac{1}{\alpha\beta} \sum_{j=1}^{n} a_j b_j \le \frac{1}{p} \frac{1}{\alpha^p} \underbrace{\sum_{j=1}^{n} a_j^p}_{=\alpha^p} + \frac{1}{q} \frac{1}{\beta^q} \underbrace{\sum_{j=1}^{n} b_j^q}_{=\beta^q} = 1 ,$$

also

$$\sum_{j=1}^{n} a_j b_j \le \alpha\beta = \left(\sum_{j=1}^{n} a_j^p \right)^{1/p} \left(\sum_{j=1}^{n} b_j^p \right)^{1/p} .$$

Die Hölder-Ungleichung ist damit bewiesen. □

Beweis von Satz 1.4*:* Da jeder der Beträge $|x_j|$ nicht-negativ ist und nur für $x_j = 0$ verschwindet, ist die Summe in (1.7) ebenfalls nicht-negativ, und gleich null nur, falls $x_1 = \cdots = x_n = 0$, also $x = 0$. Daher ist $\| \cdot \|_p$ definit.

Die Homogenität folgt aus der entsprechenden Eigenschaft des Betrags:

$$\|\alpha x\|_p = \left(\sum_{j=1}^{n} |\alpha x_j|^p \right)^{\frac{1}{p}} = \left(|\alpha|^p \sum_{j=1}^{n} |x_j|^p \right)^{\frac{1}{p}} = |\alpha| \|x\|_p .$$

Die Dreiecksungleichung zu $\| \cdot \|_p$ lautet für gegebene $x, y \in \mathbb{K}^n$:

$$\left(\sum_{j=1}^{n} |x_j + y_j|^p \right)^{\frac{1}{p}} \le \left(\sum_{j=1}^{n} |x_j|^p \right)^{\frac{1}{p}} + \left(\sum_{j=1}^{n} |y_j|^p \right)^{\frac{1}{p}} \tag{1.12}$$

und ist auch als **Minkowski-Ungleichung** (Hermann Minkowski, 1864–1909) bekannt. Zur Herleitung der Minkowski-Ungleichung: Wir schätzen zunächst $\|x + y\|_p^p$ mithilfe der Dreiecksungleichung in $\mathbb{K}$ ab:

$$\begin{aligned} \|x + y\|_p^p = \sum_{j=1}^{n} |x_j + y_j|^p &= \sum_{j=1}^{n} |x_j + y_j| |x_j + y_j|^{p-1} \\ &\le \sum_{j=1}^{n} \left[|x_j| + |y_j| \right] |x_j + y_j|^{p-1} \\ &= \sum_{j=1}^{n} |x_j| |x_j + y_j|^{p-1} + \sum_{j=1}^{n} |y_j| |x_j + y_j|^{p-1} . \end{aligned}$$

Nun wenden wir die Hölder-Ungleichung (1.11) mit $a_j := |x_j|$ und $b_j := |x_j + y_j|^{p-1}$ an und erhalten so

$$\sum_{j=1}^{n} \left(|x_j||x_j + y_j|^{p-1}\right) \leq \left(\sum_{j=1}^{n} |x_j|^p\right)^{\frac{1}{p}} \left(\sum_{j=1}^{n} |x_j + y_j|^{(p-1)q}\right)^{\frac{1}{q}} = \|x\|_p \, \|x + y\|_p^{p-1},$$

wobei wir die Relationen $(p-1)q = p$ und $\frac{1}{q} = 1 - \frac{1}{p} = \frac{1}{p}(p-1)$ ausgenutzt haben. Entsprechend gilt auch

$$\sum_{j=1}^{n} \left(|y_j||x_j + y_j|^{p-1}\right) \leq \|y\|_p \, \|x + y\|_p^{p-1}.$$

Insgesamt haben wir damit gezeigt, dass

$$\|x + y\|_p^p \leq \left(\|x\|_p + \|y\|_p\right)\|x + y\|_p^{p-1}.$$

Division durch $\|x + y\|_p^{p-1}$ liefert die Minkowski-Ungleichung (1.12); wir dürfen in diesem letzten Schritt $x + y \neq 0$ voraussetzen, da für $x + y = 0$ die Ungleichung (1.12) offensichtlich richtig ist. □

Die Notation $\|\cdot\|_\infty$ ist nicht willkürlich gewählt. Für festes $x \in \mathbb{K}^n$ kann man nämlich zeigen, dass

$$\lim_{p\to\infty} \|x\|_p = \|x\|_\infty$$

gilt.

Wir werden normierte Räume in Kap. 3 weiter studieren. Zunächst befassen wir uns jedoch mit einem Begriff, der Normen als Spezialfall beinhaltet.

1.3 Metrische Räume

Wir kommen jetzt zu Herausforderung (ii) aus Abschn. 1.1. Wie definiert man einen Abstandsbegriff in einem Raum X, der nicht notwendigerweise ein Vektorraum ist?

Definition 1.7 (Metrik)
*Sei $X \neq \emptyset$ eine Menge. Eine Abbildung $d\colon X \times X \to [0, \infty)$ heißt **Metrik** auf X, falls gilt*

(i) *Definitheit*:

$$d(x, y) = 0 \quad \text{gilt für } x, y \in X \text{ genau dann, wenn } x = y. \tag{1.13}$$

(ii) *Symmetrie*:

$$d(x, y) = d(y, x) \quad \text{für alle } x, y \in X. \tag{1.14}$$

(iii) *Dreiecksungleichung*:

$$d(x, y) \leq d(x, z) + d(z, y) \qquad \textit{für alle } x, y, z \in X. \tag{1.15}$$

Ist d eine Metrik auf X, so heißt (X, d) ***metrischer Raum****.*

So wie eine Norm die *Länge* eines Vektors definiert, beschreibt eine Metrik den *Abstand* zwischen zwei Punkten in X; d steht für *distance*. Dass $d(x, y) \geq 0$ gelten muss, folgt bereits aus (1.13)–(1.15) wegen

$$0 = d(x, x) \leq d(x, y) + d(y, x) = 2d(x, y)\,.$$

Weiter gilt in metrischen Räumen die **umgekehrte Dreiecksungleichung**: Für alle $x, y, z \in X$ ist (Übungsaufgabe)

$$\left|d(x, z) - d(y, z)\right| \leq d(x, y)\,.$$

Normierte Räume sind Beispiele für metrische Räume.

Lemma 1.8
Sei $(X, \|\cdot\|)$ ein normierter Vektorraum. Dann wird durch $d\colon X \times X \to [0, \infty)$ mit

$$d(x, y) = \|y - x\|$$

eine Metrik auf X definiert und damit durch Einschränkung auf nichtleeres $A \subset X$ eine Metrik $d_A = d|_{A\times A}$. Insbesondere definiert der Betrag auf $\mathbb{R}$ eine Metrik, die sogenannte ***Standardmetrik****.*

Beweis Die Definitheit von d folgt unmittelbar aus der Definitheit von $\|\cdot\|$, denn $0 = d(x, y) = \|y - x\|$ impliziert $x = y$. Die Symmetrie von d ergibt sich aus der Homogenität von $\|\cdot\|$, denn

$$d(y, x) = \|x - y\| = \|(-1)(y - x)\| = |(-1)|\|y - x\| = d(x, y).$$

Die Dreiecksungleichung für d ist schließlich eine Konsequenz der Dreiecksungleichung für die Norm $\|\cdot\|$, denn für alle $x, y, z \in X$ gilt

$$d(x, y) = \|y - x\| = \|(y - z) + (z - x)\| \leq \|y - z\| + \|z - x\| = d(z, y) + d(x, z).$$

Dass die Einschränkung einer Metrik auf eine nichtleere Teilmenge eine Metrik ergibt, folgt unmittelbar. □

Zu beachten ist: Nach Lemma 1.8 ist eine nichtleere Teilmenge A eines normierten Raums $(X, \|\cdot\|)$ ein metrischer Raum; A ist aber nur dann ein normierter Raum, wenn es ein Untervektorraum von X ist.

Beispiel 1.9
Auf $\mathbb{R}^n$ ist der **euklidische Abstand** d_2 zweier Punkte x, y definiert durch

$$d_2(x, y) = \|y - x\|_2 = \sqrt{\sum_{j=1}^{n} |y_j - x_j|^2}.$$

Nach Lemma 1.8 ist $(\mathbb{R}^n, d_2)$ ein metrischer Raum. Die Längen in diesem Raum entsprechen der elementargeometrischen Vorstellung.

Auch die anderen ℓ^p-Normen $\|\cdot\|_p$ definieren entsprechend Metriken d_p auf $\mathbb{R}^n$. Bemerkenswert ist insbesondere die Metrik d_1, die nicht die Länge der „Luftlinie" sondern den Weg entlang achsenparalleler „Straßen" misst.

Beispiel 1.10
Im ersten Band hatten wir den Betrag als Abstandsbegriff auf $\mathbb{R}$, hatten aber keinen solchen Begriff für $\overline{\mathbb{R}} := \mathbb{R} \cup \{-\infty, +\infty\}$. Jetzt können wir das, beispielsweise durch die Funktion

$$f(x) := \begin{cases} \frac{x}{1+|x|} & \text{für } x \in \mathbb{R}\,, \\ -1 & \text{für } x = -\infty\,, \\ 1 & \text{für } x = \infty\,. \end{cases}$$

Denn dann gilt (Übung):

$$d(x, y) := |f(x) - f(y)|$$

definiert eine Metrik auf $\overline{\mathbb{R}}$. (Der zentrale Trick dieser Metrik ist, dass $\overline{\mathbb{R}}$ durch f bijektiv und monoton auf das Intervall $[-1, 1]$ abgebildet wird, wo wir schon einen Abstandsbegriff haben.)

Beispiel 1.11

(i) Sei S^2 die Oberfläche der Erdkugel (das Superskript 2 betont hier, dass die Oberfläche ein zweidimensionales Objekt ist). Wir können auf S^2 gemäß Lemma 1.8 eine Metrik mit Hilfe der euklidischen Norm im $\mathbb{R}^3$ erben. Eine andere Metrik auf S^2 erhalten wir, wenn wir als Abstand zweier Punkte auf S^2 die Länge der kürzesten auf S^2 verlaufenden Verbindungsstrecke definieren. Dieses Beispiel zeigt, dass die Einschränkung einer Metrik nicht unbedingt sachgemäß ist; für die meisten Anwendungen ist die zweite Metrik zweckmäßiger.

(ii) Sei X die Menge aller Städte in Europa, die mit München durch einen Straßenzug verbunden sind. Wir erhalten eine Metrik, indem wir als Abstand zweier Städte die Länge des kürzesten verbindenden Straßenzugs definieren. Keine Metrik ergibt sich für die Menge aller Städte, zu denen eine Bahnverbindung existiert, wenn wir als Abstand die kürzeste Fahrzeit laut Bahnfahrplan definieren (SÜPER-Übung[2]).

Beispiel 1.12
Sei X eine Menge mit mindestens zwei Elementen. Die **diskrete Metrik** auf X ist gegeben durch

$$d_{\text{disk}}(x, y) = \begin{cases} 1 \text{ für } x \neq y\,, \\ 0 \text{ für } x = y\,. \end{cases}$$

(Rechnen Sie für sich nach, dass d_{disk} eine Metrik ist!) Wir betrachten $(\mathbb{R}, d_{\text{disk}})$ und überlegen uns, dass d_{disk} nicht durch eine Norm induziert ist. Wäre d_{disk} von einer Norm induziert, also $d_{\text{disk}}(x, y) = \|x - y\|$, so gilt für diese Norm $\|1\| = \|1 - 0\| = d(x, 0) = 1$, aber auch $\|\alpha\| = \|\alpha - 0\| = d(\alpha, 0) = 1 = \|1\|$ für $\alpha > 0$. Für $\alpha \neq 1$ widerspricht dies aber der Homogenität (1.2). Mit dem gleichen Argument sieht man auch, dass die Metrik aus Beispiel 1.10 nicht durch eine Norm induziert ist.

Wir haben also gesehen: Jede Norm induziert eine Metrik, d. h. der Längenbegriff induziert einen Abstandsbegriff. Aber die Umkehrung ist falsch, nicht jede Metrik stammt von einer Norm. Der Abstandsbegriff ist also allgemeiner als der Längenbegriff. Oft ist es dennoch im folgenden Aussagen hilfreich, den Spezialfall $d(x, y) = \|x - y\|$ im Hinterkopf zu haben; damit werden viele Aussagen den entsprechenden Aussagen aus Analysis 1 optisch ähnlich.

Definition 1.13 (Beschränktheit, Durchmesser)
*Sei (X, d) ein metrischer Raum. Eine Menge $Y \subset X$ heißt **beschränkt**, falls*

$$\operatorname{diam}(Y) := \sup\{d(x, y) \mid x, y \in Y\} < \infty.$$

Die Zahl diam (Y) *heißt **Durchmesser** von Y.*

Unmittelbar aus der Definition folgt $\operatorname{diam}(A) \leq \operatorname{diam}(B)$, falls $A \subset B$. Paradigmatisches Beispiel für beschränkte Mengen sind Kugeln.

Definition 1.14 (Offene und abgeschlossene Kugel)
*Seien (X, d) ein metrischer Raum sowie $a \in X$ und $r > 0$. Wir definieren die **offene** und die **abgeschlossene Kugel** um den Mittelpunkt a mit Radius r durch*

$$B(a, r) = \{x \in X \mid d(x, a) < r\}\,,$$
$$K(a, r) = \{x \in X \mid d(x, a) \leq r\}\,.$$

---

[2] „SÜPER" steht für „selber zu Überlegen, Präsentieren und ERklären". Wir ermuntern Sie, sich die Antwort selber zu überlegen und, wenn möglich, jemandem in einer ganz kurzen Präsentation zu erklären.

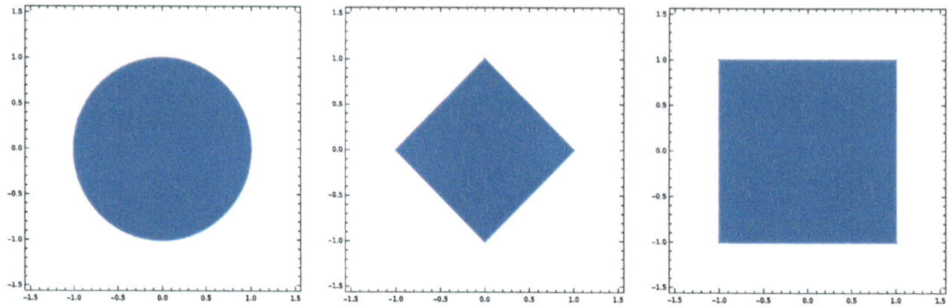

Abb. 1.3 Die Einheitskugeln $B(0, 1)$ in der euklidischen Norm $\|\cdot\|_2$ (links), der Summennorm $\|\cdot\|_1$ (Mitte) und der Supremumsnorm $\|\cdot\|_\infty$ (rechts)

Statt „offene Kugel“ sagen wir oft einfach ***Kugel****. Ist X ein normierter Raum, heißt $B(0, 1)$ die* ***Einheitskugel*** *von X.*

Die Schreibweise $B(a, r)$ kommt daher, dass man im Englischen offene Kugeln als *ball* bezeichnet.

Abb. 1.3 zeigt die Einheitskugeln im $\mathbb{R}^2$ für die drei Normen $\|\cdot\|_2$, $\|\cdot\|_1$ und $\|\cdot\|_\infty$.

Beispiel 1.15

(i) Für die Metrik auf $\overline{\mathbb{R}}$ aus Beispiel 1.10 gilt für $\varepsilon < 1$, dass $B(\infty, \varepsilon) = \left(\frac{1}{\varepsilon} - 1, \infty\right]$, wie Sie nachrechnen sollten.

(ii) Für die diskrete Metrik d_{disk} auf einer mindestens zweielementigen Menge X aus Beispiel 1.12 gilt

$$B(a, \varepsilon) = \begin{cases} \{a\} & \text{für } 0 < \varepsilon \leq 1 \\ X & \text{für } 1 < \varepsilon \end{cases}$$

Dies ist ebenfalls ein Selbsttest.

Bemerkung 1.16
Sei (X, d) ein metrischer Raum. Dank der Dreiecksungleichung gilt $\operatorname{diam}(K(a, r)) \leq 2r$ für beliebige $a \in X$ und $r > 0$. Ist (X, d) durch einen nicht-trivialen normierten Vektorraum $(X, \|\cdot\|)$ gegeben, also $X \neq \{0\}$ und $d(x, y) = \|y - x\|$, siehe Lemma 1.8, dann gilt im Einklang mit der geometrischen Intuition sogar

$$\operatorname{diam}(K(a, r)) = 2r .$$

Um das zu sehen, sei $x \in X \setminus \{0\}$ beliebig. Dann sind $y_\pm := a \pm \frac{r}{\|x\|} x \in K(a, r)$, und $\|y_+ - y_-\| = \|2\frac{r}{\|x\|} x\| = 2\frac{r}{\|x\|}\|x\| = 2r$.

Die nachfolgende Aussage ist ebenfalls intuitiv einleuchtend.

Lemma 1.17
Die folgenden Aussagen über eine nichtleere Teilmenge $M \subset X$ im metrischen Raum (X, d) sind äquivalent.

(i) *M ist beschränkt.*
(ii) *Es gibt ein $a \in M$ und ein $r > 0$, so dass $M \subset K(a, r)$.*
(iii) *Für jedes $a \in X$ gibt es ein $r > 0$, so dass $M \subset K(a, r)$.*

Beweis „(iii) $\Rightarrow$ (ii)“: Das ist offensichtlich, da M als nichtleer vorausgesetzt wurde.

„(ii) $\Rightarrow$ (i)“: Wie nach Definition 1.13 erwähnt, gilt $\operatorname{diam}(M) \leq \operatorname{diam}(K(a, r)) = 2r$.

„(i) $\Rightarrow$ (iii)“: Seien $a \in X$ und $y \in M$ beliebig. Für jedes $x \in M$ gilt wegen der Dreiecksungleichung:

$$d(x, a) \leq d(x, y) + d(y, a) \leq \operatorname{diam}(M) + d(y, a).$$

Wir können also $r := \operatorname{diam}(M) + d(y, a)$ wählen. □

Die folgenden Begriffe werden uns sehr oft begegnen, da sie beispielsweise bei Konvergenz und Stetigkeit zentral sind.

Definition 1.18 (Umgebung)
Seien (X, d) ein metrischer Raum und $x \in X$. Ein $U \subset X$ heißt ***Umgebung*** *von x, falls es ein $\varepsilon > 0$ gibt mit*

$$x \in B(x, \varepsilon) \subset U .$$

Die offene Kugel $B(x, \varepsilon)$ heißt auch ***ε-Umgebung*** *von x.*

Definition 1.19 (Offene und abgeschlossene Mengen)
Seien (X, d) ein metrischer Raum. Eine Menge $O \subset X$ heißt ***offen****, falls O Umgebung jedes Punktes $x \in O$ ist, d. h. falls gilt: Für jedes $x \in O$ existiert ein $\varepsilon > 0$ mit*

$$x \in B(x, \varepsilon) \subset O .$$

Ein $A \subset X$ heißt ***abgeschlossen****, wenn das Komplement $X \setminus A$ offen ist.*

Diese Definition rechtfertigt die Terminologie aus Definition 1.14. Jede offene Kugel $B(a, r)$ eines metrischen Raums ist offen: Ist nämlich $x \in B(a, r)$, so ist $B(x, \varepsilon) \subset B(a, r)$, falls $\varepsilon < r - d(a, x)$. Man kann zeigen (Übung), dass abgeschlossene Kugeln $K(a, r)$ abgeschlossen im Sinne der obigen Definition sind. Analog gilt, dass offene Intervalle in $\mathbb{R}$ offen im obigen Sinne sind und dass abgeschlossene Intervalle abgeschlossen sind.

Nicht jede Teilmenge eines metrischen Raumes ist offen oder abgeschlossen. In $(\mathbb{R}, |\cdot|)$ sind zum Beispiel die halboffenen Intervalle $[a, b)$ und $(a, b]$ mit $a, b \in \mathbb{R}$ weder offen noch abgeschlossen.

Man beachte, dass Offenheit für Teilmengen eines metrischen Raumes X *relativ zu X* definiert ist. So ist zum Beispiel $[0, 1]$ nicht offen in $\mathbb{R}$ (d.h. aufgefasst als

Teilmenge von $\mathbb{R}$), wohl aber offen in sich selbst (d. h. aufgefasst als Teilmenge des metrischen Raums $([0,1], d_{[0,1]})$. Auch ist das Intervall $[0,1)$ nicht offen in $\mathbb{R}$, aber offen in $[0,\infty)$.

Die Definition 1.19 schließt auch den Spezialfall ein, in dem $(X, \|\cdot\|)$ ein normierter Raum ist. Ob eine Teilmenge eines normierten Raums $(X, \|\cdot\|)$ offen ist oder nicht, hängt im Allgemeinen von der Wahl der Norm ab. Es wird sich aber herausstellen, dass im Endlichdimensionalen, also im $\mathbb{R}^n$ und $\mathbb{C}^n$, alle Normen zu denselben offenen Mengen führen (Satz 3.7).

Satz 1.20 (Produktmetrik)
Seien (X_1, d_1) und (X_2, d_2) metrische Räume. Dann wird durch

$$d((x_1, x_2), (y_1, y_2)) = \max\{d_1(x_1, y_1), d_2(x_2, y_2)\}$$

*eine Metrik auf $X_1 \times X_2$ definiert, die sogenannte **Produktmetrik**. Es gilt*

$$B((x_1, x_2), \varepsilon) = B(x_1, \varepsilon) \times B(x_2, \varepsilon)\,,$$
$$K((x_1, x_2), \varepsilon) = K(x_1, \varepsilon) \times K(x_2, \varepsilon)\,,$$

für alle $x_j \in X_j$ mit $j = 1, 2$ und $\varepsilon > 0$.

Beweis Übungsaufgabe. □

Satz 1.21 (Offene und abgeschlossene Mengen im Produktraum)
Seien (X_1, d_1) und (X_2, d_2) metrische Räume. Sind $O_j \subset X_j$ offen in X_j, mit $j = 1, 2$, so ist $O_1 \times O_2$ offen in $X_1 \times X_2$, versehen mit der Produktmetrik. Ebenso ist $A_1 \times A_2$ abgeschlossen in $X_1 \times X_2$, falls $A_j \subset X_j$ abgeschlossen sind für $j = 1, 2$.

Beweis Seien O_j offen in X_j für $j = 1, 2$ und $(x_1, x_2) \in O_1 \times O_2$. Wir wählen $\varepsilon_1, \varepsilon_2$ mit $B(x_j, \varepsilon_j) \subset O_j$ für $j = 1, 2$. Dann ist $B((x_1, x_2), \varepsilon) \subset O_1 \times O_2$ für $\varepsilon := \min\{\varepsilon_1, \varepsilon_2\}$, also ist $O_1 \times O_2$ offen. Seien nun $A_j \subset X_j$ abgeschlossen. Es ist

$$(X_1 \times X_2) \setminus (A_1 \times A_2) = ((X_1 \setminus A_1) \times X_2) \cup (X_1 \times (X_2 \setminus A_2))\,,$$

und die rechte Seite ist offen als Vereinigung zweier offener Mengen: Jeder Punkt in der Vereinigung zweier offener Mengen liegt in mindestens einer der beiden Mengen, und damit in einer offenen Kugel, die in dieser Menge enthalten ist. Siehe auch Satz 2.1. □

Folgerung 1.22
Seien (X_j, d_j) metrische Räume, für $1 \le j \le n$. Dann wird auf

$$X := \prod_{j=1}^{n} X_j$$

eine Metrik d definiert durch

$$d(x, y) = \max_{1 \le j \le n} d_j(x_j, y_j),$$

wobei $x, y \in X$ mit $x = (x_1, \ldots, x_n)$ und $y = (y_1, \ldots, y_n)$. Sind O_j offen in X_j bzw. A_j abgeschlossen in X_j für $1 \le j \le n$, so sind auch

$$\prod_{j=1}^{n} O_j \quad bzw. \quad \prod_{j=1}^{n} A_j,$$

offen bzw. abgeschlossen in (X, d).

Beweis Die Aussage folgt mit vollständiger Induktion aus den Sätzen 1.20 und 1.21. □

Beispiel 1.23
Setzen wir $X_j := \mathbb{K}$ und wählen für d_j die Betragsmetrik, so ist $X = \mathbb{K}^n$, und die Produktmetrik

$$d(x, y) = \max_{1 \le j \le n} |x_j - y_j|$$

entspricht der von der Maximumsnorm auf $\mathbb{K}^n$ erzeugten Metrik. Aus Satz 1.22 ergibt sich dann für $\mathbb{K} = \mathbb{R}$, dass alle achsenparallelen Quader

$$\prod_{j=1}^{n} (a_j, b_j) \quad \text{bzw.} \quad \prod_{j=1}^{n} [a_j, b_j]$$

offen bzw. abgeschlossen sind in $(\mathbb{R}^n, \|\cdot\|_\infty)$.

1.4 Konvergenz

Definition 1.24 (Konvergenz)
*Sei (X, d) ein metrischer Raum. Eine Folge $(x_k)_{k \in \mathbb{N}}$ in X heißt **konvergent** gegen den Grenzwert $a \in X$, falls*

$$\lim_{k \to \infty} d(x_k, a) = 0.$$

Wir schreiben wieder

$$\lim_{k \to \infty} x_k = a,$$

manchmal ergänzt durch „in (X, d)", um die zugrundeliegende metrische Struktur hervorzuheben, oder einfach $x_k \to a$.

Ist die Metrik im Sinne von Lemma 1.8 von einer Norm erzeugt, ist also $d(x, y) = \|y - x\|$ und $(X, \|\cdot\|)$ ein normierter Vektorraum, dann bedeutet Konvergenz

$$\lim_{k\to\infty} \|x_k - a\| = 0\,.$$

Die Konvergenz im metrischen Raum wird also auf die Konvergenz der Zahlenfolge $d(x_k, a)$ gegen 0 zurückgeführt. Wie bei der Konvergenz in $\mathbb{C}$ kommt es nur darauf an, dass die Abstände zum Grenzwert a gegen 0 konvergieren; in welcher Richtung (von a aus gesehen) die Folgenglieder liegen, ist völlig gleichgültig. So konvergiert beispielsweise

$$(1, 0, 0)\,,\ \left(0, \frac{1}{2}, 0\right)\,,\ \left(0, 0, \frac{1}{3}\right)\,,\ \left(-\frac{1}{4}, 0, 0\right)\,, \ldots$$

im $\mathbb{R}^3$ gegen 0.

Lemma 1.25 (Eindeutigkeit des Grenzwerts)
Seien (X, d) ein metrischer Raum und $(x_k)_{k\in\mathbb{N}}$ eine konvergente Folge in X. Dann ist der Grenzwert von $(x_k)_{k\in\mathbb{N}}$ eindeutig bestimmt, und jede Teilfolge von $(x_k)_{k\in\mathbb{N}}$ konvergiert ebenfalls gegen ihn.

Beweis Angenommen, a und b seinen zwei Grenzwerte von $(x_k)_{k\in\mathbb{N}}$. Dann gilt

$$0 \le d(a, b) \le d(a, x_k) + d(x_k, b) \to 0$$

für $k \to \infty$, also $a = b$. Aus $d(a, x_k) \to 0$ folgt dasselbe für jede Teilfolge. □

In metrischen Räumen sind Grenzwerte also eindeutig bestimmt. Abstrakt gesehen beruht dies darauf, dass metrische Räume die sogenannte Hausdorffsche Trennungseigenschaft besitzen, die nach Felix Hausdorff (1868–1942) benannt ist.

Satz 1.26 (Hausdorffsche Trennungseigenschaft)
Sei (X, d) ein metrischer Raum. Dann lassen sich je zwei verschiedene Punkte durch offene Kugeln trennen, genauer: Für alle $x, y \in X$ mit $x \neq y$ gibt es ein $\varepsilon > 0$ mit

$$B(x, \varepsilon) \cap B(y, \varepsilon) = \emptyset\,.$$

Beweis Seien $x, y \in X$ mit $x \neq y$. Wir setzen

$$\varepsilon = \frac{1}{2} d(x, y)\,.$$

Für beliebiges $z \in B(x, \varepsilon)$ gilt

$$2\varepsilon = d(x, y) \le d(x, z) + d(z, y) < \varepsilon + d(z, y)\,,$$

also ist $d(z, y) > \varepsilon$ und damit $z \notin B(y, \varepsilon)$. Also ist $B(x, \varepsilon) \cap B(y, \varepsilon) = \emptyset$. □

Mit der Hausdorffsche Trennungseigenschaft sieht man die Eindeutigkeit des Grenzwerts einer konvergenten Folge so: Angenommen, eine Folge hat zwei verschiedene Grenzwerte a und b. Dann sind die Kugeln $B(a, \varepsilon)$ und $B(b, \varepsilon)$ mit $\varepsilon = \frac{1}{2}d(a, b)$ disjunkt; dies ist ein Widerspruch dazu, dass unendlich viele Folgenglieder in jeder dieser offenen Kugeln liegen müssen, da a und b Grenzwerte sind. Das war übrigens genau das Argument, das in Band 1 zum Beweis der Eindeutigkeit des Grenzwerts verwendet wurde (Analysis 1, Satz 8.5).

Mit dem Umgebungsbegriff lässt sich Konvergenz wie folgt charakterisieren.

Lemma 1.27 (Konvergenz und Umgebung)
Seien (X, d) ein metrischer Raum, $(x_k)_{k\in\mathbb{N}}$ eine Folge in X und $a \in X$. Dann gilt $x_k \to a$ genau dann, wenn es zu jeder Umgebung U von a ein $N \in \mathbb{N}$ gibt mit der Eigenschaft, dass $x_k \in U$ für alle $k \geq N$ erfüllt ist.

Insbesondere liegt Konvergenz gegen a genau dann vor, wenn jede Kugel $B(a, \varepsilon)$ fast alle Folgenglieder enthält.

Beweis Wir schreiben Definition 1.24 um in die geometrische Sprache der offenen Kugeln:

$$\lim_{k\to\infty} x_k = a \quad \Leftrightarrow \quad \forall\, \varepsilon > 0 \;\; \exists\, N \in \mathbb{N} \;\; \forall\, k \geq N : \quad x_k \in B(a, \varepsilon)$$

Damit folgt die behauptete Äquivalenz leicht:

„$\Leftarrow$“ : Dies ist klar, da für jedes $\varepsilon > 0$ die offene Kugel $B(a, \varepsilon)$ eine Umgebung von a ist.

„$\Rightarrow$“ : Sei U eine Umgebung von a. Wir wählen $\varepsilon > 0$ mit $a \in B(a, \varepsilon) \subset U$ und N mit $x_k \in B(a, \varepsilon)$ für alle $k \geq N$. Dann ist $x_k \in U$ für alle $k \geq N$. □

Für Konvergenz einer gegebenen Folge kommt es also nur darauf an, wie die Umgebungen in (X, d) aussehen, oder äquivalent, wie die offenen Mengen in (X, d) aussehen. Sind d_1 und d_2 Metriken auf X, die auf dieselben offenen Mengen führen, so gilt also

$$x_k \to a \text{ in } (X, d_1) \quad \Leftrightarrow \quad x_k \to a \text{ in } (X, d_2)\,.$$

Wir betrachten jetzt Folgen in einem Produktraum, zum Beispiel $\mathbb{K}^n$ mit einer von einer Norm induzierten Metrik, und fragen uns: Wie steht Konvergenz der Folge in Bezug zur Konvergenz der aus den Komponenten gebildeten Folgen (diese Folgen werden auch Komponentenfolgen genannt)? Was die Notation angeht, taucht bei Folgen im Mehrdimensionalen die Komplikation auf, dass sowohl für die Position in der Folge als auch für die Komponenten eines Folgenelements ein Index benötigt wird. Wir schreiben im Folgenden $x_k = (x_{k,1}, \ldots, x_{k,n})$ für Folgenglied x_k. Bisweilen wird der Folgenindex auch als Superskript geschrieben, also

$$x^k = (x_1^k, \ldots, x_n^k)\,.$$

Satz 1.28
Seien (X_j, d_j) metrische Räume, für $1 \leq j \leq n$, und $X := \prod_{j=1}^n X_j$ mit der Produktmetrik d versehen. Sei $(x_k)_{k\in\mathbb{N}}$ eine Folge in X mit *$x_k = (x_{k,1}, \ldots, x_{k,n})$, und*

$a = (a_1, \ldots, a_n) \in X$. *Dann gilt*

$$\lim_{k\to\infty} x_k = a \quad \Leftrightarrow \quad \lim_{k\to\infty} x_{k,j} = a_j \quad \textit{für alle } j \text{ mit } 1 \le j \le n.$$

Beweis Nach Definition der Produktmetrik d als Maximum der Komponentenmetriken gilt

$$d(x_k, a) \to 0 \quad \Leftrightarrow \quad \max_{1\le j\le n} d_j(x_{k,j}, a_j) \to 0 \quad \Leftrightarrow \quad d_j(x_{k,i}, a_j) \to 0 \quad \text{für alle } j.$$

□

Als Spezialfall ergibt sich daraus, dass in $(\mathbb{K}^n, \|\cdot\|_\infty)$ die Konvergenz von $(x_k)_{k\in\mathbb{N}}$ äquivalent zur Konvergenz aller Komponentenfolgen $(x_{k,j})_{k\in\mathbb{N}}$ ist.

Folgerung 1.29
Sei $X = (\mathbb{K}^n, \|\cdot\|_\infty)$. *Sei weiter* $(x_k)_{k\in\mathbb{N}}$ *eine Folge in* X *mit* $x_k = (x_{k,1}, \ldots, x_{k,n})$ *und sei* $a = (a_1, \ldots, a_n) \in X$. *Dann gilt*

$$\lim_{k\to\infty} x_k = a \quad \Leftrightarrow \quad \lim_{k\to\infty} x_{k,j} = a_j \quad \textit{für alle } j \textit{ mit } 1 \le j \le n.$$

Beispiel: Die durch $x_k = \left(\frac{1}{k}, 1 - \frac{1}{k}\right)$ definierte Folge im $\mathbb{R}^2$ konvergiert gegen $(0, 1)$.

Definition 1.30 (Cauchyfolge, Vollständigkeit)
Sei (X, d) *ein metrischer Raum. Eine Folge* $(x_k)_{k\in\mathbb{N}}$ *in* X *heißt* ***Cauchyfolge****, falls es zu jedem* $\varepsilon > 0$ *ein* $N \in \mathbb{N}$ *gibt mit*

$$d(x_k, x_m) < \varepsilon \quad \textit{für alle } k, m \ge N.$$

Der metrische Raum (X, d) *heißt* ***vollständig****, falls jede Cauchyfolge in* X *konvergiert.*

Lemma 1.31
Sei (X, d) *ein metrischer Raum. Dann gilt:*

(i) *Jede konvergente Folge in* X *ist eine Cauchyfolge.*
(ii) *Jede Cauchyfolge ist beschränkt.*

Beweis Zu (i): Sei (x_k) eine Folge mit $x_k \to a$. Zu $\varepsilon > 0$ wählen wir N mit $d(x_k, a) < \frac{\varepsilon}{2}$ für alle $k \ge N$. Dann gilt für $k, m \ge N$

$$d(x_k, x_m) \le d(x_k, a) + d(a, x_m) < \frac{\varepsilon}{2} + \frac{\varepsilon}{2} = \varepsilon.$$

Zu (ii): Sei (x_k) eine Cauchyfolge. Wähle N so, dass $d(x_m, x_N) < 1$ für alle $m \ge N$ gilt. Für beliebige Folgenglieder x_n und x_m ist also

$$d(x_m, x_n) \le d(x_m, x_N) + d(x_N, x_n) \le 2\max\{1, \max_{1\le k\le N} d(x_k, x_N)\} =: C,$$

und damit $\sup_{m,n\in\mathbb{N}} d(x_m, x_n) \leq C$. □

Satz 1.32 (Vollständigkeit von $\mathbb{K}^n$ in der Supremumsnorm)
Der normierte Raum $(\mathbb{K}^n, \|\cdot\|_\infty)$ ist vollständig.

Beweis Sei $(x_k)_{k\in\mathbb{N}}$ eine Cauchyfolge in $(\mathbb{K}^n, \|\cdot\|_\infty)$. Wegen $|x_{k,j} - x_{m,j}| \leq \|x_k - x_m\|_\infty$ ist auch jede Komponentenfolge eine Cauchyfolge in $\mathbb{K}$. Da $\mathbb{K}$ vollständig ist, wie in Analysis 1 gesehen, gilt $x_{k,j} \to a_j$ für ein $a_j \in \mathbb{K}$. Nach Satz 1.28 gilt dann $x_k \to a = (a_1, \ldots, a_n)$. □

Literatur

1. A. Bellet, A. Habrard und M. Sebban. Metric Learning. Synthesis Lectures on Artificial Intelligence and Machine Learning. Morgan & Claypool Publishers, 2015.

Grundbegriffe der Topologie und Stetigkeit

2

2.1 Motivation

In diesem Kapitel wollen wir den Stetigkeitsbegriff im Mehrdimensionalen einführen. Das ist mit dem in Kap. 1 eingeführten Begriff der Metrik (und erst recht dem Normbegriff) möglich. Überlegen Sie sich das: Können Sie aus dem Stegreif aus der intuitiven Interpretation der Stetigkeit „Kleine Änderungen des Inputs resultieren in nur kleinen Änderungen des Outputs" eine mathematische Definition machen? Wie geht dabei der Begriff der Norm bzw. Metrik ein? Vergleichen Sie Ihre Lösung mit Definition 2.20.

Wir beschreiten zwar diesen Weg. Aber wir betonen dabei Konzepte, die es erlauben, einen allgemeineren Stetigkeitsbegriff einzuführen. Dieser Zugang kann die vertraute Stetigkeit ausweiten auf Abbildungen zwischen Mengen, auf denen es keinen oder keinen offensichtlichen Abstandsbegriff gibt. Es ist oft lohnend oder hilfreich, eine zur ε-δ-Formulierung alternative (und allgemeinere) Charakterisierung der Stetigkeit zu besitzen. Wir werden in Satz 2.27 diese Charakterisierung angeben. Im mathematischen Teilgebiet „Topologie" wird das tiefergehend behandelt; wir verweisen auf die Lehrbücher [2–4]. Zur Motivation, dass sich diese Ausweitung lohnt:

(i) Nicht jede Menge, auf der man Stetigkeit definieren will, liegt in natürlicher Weise im $\mathbb{R}^n$. Nehmen wir beispielsweise als Input die Messreihen der Geschwindigkeiten von Autos, wobei kontinuierlich in einem Zeitintervall $[0, T]$ gemessen wird, und als Output den zurückgelegten Weg. Wie können wir testen, ob diese Abbildung stetig ist? Wir werden in Kap. 3 sehen, dass man in Funktionenräumen sorgfältig spezifizieren muss, welcher Abstandsbegriff verwendet wird.
Schon im Endlichdimensionalen kann es unpraktisch sein, eine gegebene Menge als Teilmenge eines $\mathbb{R}^n$ zu betrachten. Nehmen wir als Beispiel die Temperatur

M. Brokate et al., *Analysis 2*,
https://doi.org/10.1007/978-3-662-71141-5_2

auf Erdoberfläche. Man erwartet, dass das eine stetige Abbildung ist, aber wie zeigt man das? Hier können wir den Abstandsbegiff des $\mathbb{R}^3$ verwenden, aber es erscheint sachgemäßer, einen solchen Begriff direkt auf der Erdoberfläche einzuführen.

(ii) Die Theorie der metrischen Räume aus Kap. 1 kann obige Formulierungen der Stetigkeit liefern. Wir gehen dennoch etwas darüber hinaus, indem wir topologische Räume betrachten, die die metrischen Räume als Spezialfall beinhalten. Die Idee der topologischen Räume ist, mit offenen und abgeschlossenen Mengen zu arbeiten. Wir werden Stetigkeit allein durch diese Begriffe charakterisieren können.

Die Stärke dieses topologischen Zugangs ist seine „Elastizität". Wie berechnet man zum Beispiel die Distanz, die bei einer Transatlantik-Kreuzfahrt von Southampton nach New York zurückgelegt wird? Eine gute Nährung erhält man, wenn man die Erde als Kugel beschreibt und den Weg als Strecke auf der Kugeloberfläche berechnet. Genauer wird es, wenn man berücksichtigt, dass die Erde keine Kugel ist, sondern näherungsweise ein Rotationsellipsoid: Durch die Erddrehung ist der Durchmesser am Äquator größer als die Strecke von Nord- zu Südpol. Also kann man den Weg als Strecke auf einem Rotationsellipsoid berechnen. Auch das ist aber nur eine Näherung. Ein genaueres Modell der Erdfigur ist das *Geoid,* definiert als die Menge aller Punkte, die das gleiche Schwerepotential erfahren. Das Geoid wurde 1828 von dem Mathematiker Carl-Friedrich Gauß (1777–1855) eingeführt. Es ist kein Ellipsoid, sondern wird bisweilen etwas flapsig als Kartoffel bezeichnet; die „Potsdamer Kartoffel" des Geoforschungszentrums Potsdam veranschaulicht Abweichungen des Geoids von der regelmäßigen Ellipsoidoberfläche, mit maximalen Abweichungen bis zu 100 m. Theoretisch beschreibt das Geoid die „Normal-Null"-Fläche und damit die Meereshöhe. In der Praxis führen Inhomogenitäten im Erdinneren aber zu örtlich unterschiedlich starken Anziehungen und damit unterschiedlichen Meereshöhen. Im indischen Ozean liegt der Meeresspiegel bis zu 105 m unter dem Rotationsellipsoid.

Für genaue Rechnungen kann dies relevant sein: Die 2004 zwischen dem Schweizer Kanton Aargau und Laufenburg in Deutschland eröffnete Brücke wurde von beiden Seiten aufeinander zu gebaut; dabei wurde anfangs nicht korrekt berücksichtigt, dass die Normal-Null-Meereshöhen (Amsterdamer Pegel für Deutschland, Genfer Hafen für die Schweiz) unterschiedlich sind. Wäre dies nicht rechtzeitig bemerkt und korrigiert worden, hätte eine Differenz von 54 cm zwischen den Brückenhälften geklafft.

Für viele Fragestellungen, beispielsweise die Länge der Transatlantik-Kreuzfahrt, sind die Unterschiede zwischen den Modellen aber vernachlässigbar oder nicht relevant. Es besteht also eine „Elastizität" in der Modellwahl: Die Abstandsbegriffe ändern sich zwar beim Übergang von der Kugelsphäre zur Oberfläche des Rotationsellipsoids (wenn auch nur geringfügig) zum Geoid. Die offenen Mengen entsprechen sich aber bei geeigneter Definition, sprich: Jeder offenen Menge auf der Kugeloberfläche kann bijektiv eine offene Menge auf der Oberfläche des Rotationsellipsoids oder eine offene Menge des Geoids zugeordnet werden. Satz 2.27 gibt eine Charakterisierung der Stetigkeit durch offene Mengen. Strukturell ist das vergleichbar mit der Konvergenz in einem metrischen Raum: Dort kommt es auch nur auf die offenen Mengen um den Grenzwert an, die Zahlenwerte der Abstände spielen keine Rolle (sondern nur deren Konvergenz gegen Null). Man braucht daher nicht zu unterscheiden zwischen Metriken, die die gleichen offenen Mengen erzeugen. In obigem Beispiel der Erdoberflächenbeschreibung kann eine Stetigkeitsuntersuchung für ein kompliziertes Modell wie dem Geoid auf die analoge Untersuchung in einem einfacheren Modell wie der Sphäre erfolgen, wenn die oben erwähne Korrespondenz der offenen Mengen besteht. Diese Flexibilität ist eine große Stärke der Topologie, von der wir in diesem Kapitel die Grundlagen besprechen.

2.2 Topologische Grundbegriffe

Wir erinnern an den Begriff der offenen Menge (Definition 1.19). Sei (X, d) ein metrischer Raum. Eine Teilmenge O von X heißt **offen in X** oder einfach **offen**, falls es zu jedem $x \in O$ ein $\varepsilon > 0$ gibt mit

$$x \in B(x, \varepsilon) \subset O\,.$$

Satz 2.1
Sei (X, d) ein metrischer Raum. Dann gilt:

(i) *$\emptyset$ und X sind offen.*
(ii) *Sind U und V offene Teilmengen von X, so ist auch $U \cap V$ offen.*
(iii) *Ist $(O_j)_{j \in I}$ eine Familie offener Teilmengen von X, so ist auch*

$$\bigcup_{j \in I} O_j$$

offen.

Beweis Aussage (i) ist klar. Zu (ii): Seien U, V offen und $x \in U \cap V$ beliebig. Wir wählen $\varepsilon_1, \varepsilon_2$ mit $B(x, \varepsilon_1) \subset U$ und $B(x, \varepsilon_2) \subset V$. Für $\varepsilon := \min\{\varepsilon_1, \varepsilon_2\}$ ist dann $B(x, \varepsilon) \subset U \cap V$.

Zu (iii): Ist $x \in \cup_{j \in I} O_j$, so gibt es ein $j \in I$ mit $x \in O_j$ und weiter ein $\varepsilon > 0$ mit $B(x, \varepsilon) \subset O_j$, also $B(x, \varepsilon) \subset \cup_{j \in I} O_j$. □

Folgerung 2.2
Sind O_j, $1 \leq j \leq n$, offene Teilmengen eines metrischen Raums (X, d), so ist auch

$$\bigcap_{j=1}^{n} O_j\,,$$

also der Schnitt endlich vieler *offener Mengen, offen.*

Beweis Dies folgt mit Induktion direkt aus Aussage (ii) des Satzes. □

Ein *unendlicher* Durchschnitt offener Mengen braucht *nicht* offen zu sein: So ist beispielsweise für $X = \mathbb{R}$ mit der Standardmetrik

$$\bigcap_{n\in\mathbb{N}} B\left(x, \frac{1}{n}\right) = \{x\}$$

abgeschlossen als Komplement der offenen Menge $\mathbb{R} \setminus \{x\}$.

Satz 2.1 ist der Ausgangspunkt, um den Begriff des metrischen Raumes weiter zu verallgemeinern, und zwar zum Begriff des *topologischen Raumes.* Statt des Abstandsbegriffs wird hier der Begriff der offenen Menge axiomatisiert:

Definition 2.3 (Topologie)
Sei X eine beliebige Menge. Eine Familie $\mathcal{T} \subset \mathcal{P}(X)$ von Teilmengen von X heißt ***Topologie*** *auf X, falls gilt*

(i) $\emptyset \in \mathcal{T}, X \in \mathcal{T}$,
(ii) $U, V \in \mathcal{T} \Rightarrow U \cap V \in \mathcal{T}$,
(iii) $(O_j)_{j\in I} \subset \mathcal{T} \Rightarrow \bigcup_{j\in I} O_j \in \mathcal{T}$.

$(X, \mathcal{T})$ heißt ***topologischer Raum****, die Elemente von $\mathcal{T}$ heißen* ***offene Mengen*** *in $(X, \mathcal{T})$.*

Das Wort „Topologie" bezeichnet auch die mathematische Teildisziplin, die sich mit Topologien im Sinne von Definition 2.3 beschäftigt.

Die Elemente einer Topologie $\mathcal{T}$ haben genau die in Satz 2.1 gezeigten Eigenschaften offener Mengen eines metrischen Raumes; dies erklärt, warum diese Elemente offene Mengen genannt werden.

Den Grund für Definition 2.3 wird Satz 2.27 liefern. Er zeigt: Eine Abbildung zwischen metrischen Räumen ist stetig genau dann, wenn Urbilder offener Mengen offen sind. Nimmt man dieses Resultat als Definition der Stetigkeit, genügt es, zu wissen, welche Mengen offen sind, d. h. wie die Topologien auf den beiden Räumen aussehen.

Metrische Räume sind nach Satz 2.1 auch topologische Räume. Die Umkehrung ist im Allgemeinen nicht richtig, wie das folgende Beispiel zeigt. Sei

$$X = \{\text{Hund, Katze, Maus}\} \tag{2.1}$$

und

$$\mathcal{T} := \{\emptyset, \{\text{Hund, Katze}\}, \{\text{Maus}\}, X\} .$$

Man prüft leicht nach, dass $\mathcal{T}$ eine Topologie auf X definiert. Es gibt aber keine offene Menge, die Hund und Katze trennt (die Maus hat jedoch eine Umgebung, die

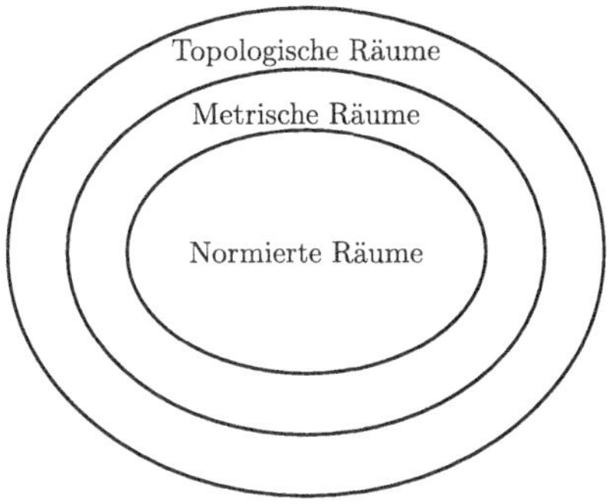

Abb. 2.1 Normierte Räume sind metrische Räume und metrische Raume sind topologische Räume. Die Inklusionen sind strikt, wie Beispiel 1.12 und (2.1) zeigen

sie von Hund und Katze trennt, worüber sie vermutlich froh ist). Damit kann es nach Satz 1.26 keine Metrik geben, deren offenen Mengen genau die Mengen in $\mathcal{T}$ sind.

Bemerkung 2.4
Man sagt, ein topologischer Raum ist ein **Hausdorffraum**, wenn es für jedes Paar von Punkten $x_1, x_2 \in X$ mit $x_1 \neq x_2$ offene Mengen O_1 und O_2 mit $x_1 \in O_1$ und $x_2 \in O_2$ und $O_1 \cap O_2 = \emptyset$ gibt. Man sagt, die offenen Mengen O_1 und O_2 **trennen** die Punkte x_1 und x_2. Jeder metrische Raum ist ein Hausdorffraum, wie Satz 1.26 zeigt (mit $O_1 = B(x_1, \varepsilon)$ und $O_2 = B(x_2, \varepsilon)$, für geeignetes $\varepsilon > 0$). Obiges Beispiel nutzt aus, dass nicht jeder topologische Raum ein Hausdorffraum ist.

Insgesamt ergeben sich also die Inklusionen aus Abb. 2.1: Normierte Räume sind metrische Räume und metrische Raume sind topologische Räume. Beispiel 1.12 und (2.1) zeigen, dass diese Inklusionen strikt sind, es sich also um echte Teilmengen handelt.

Weiter besteht nicht einmal im Hausdorfffall eine Eins-zu-Eins-Äquivalenz zwischen Topologien und Metriken. Zum einen kann man für eine gegebene Topologie fragen, ob es eine Metrik gibt, die genau die gleichen offenen Mengen wie die Topologie besitzt. Wir haben gerade gesehen, dass dies allenfalls für Topologien mit der Hausdorffeigenschaft gehen kann. In Lehrbüchern zur Topologie lernt man im Satz von Nagata und Smirnov, dass metrisierbare Topologien sich durch zwei weitere Eigenschaften charakterisieren lassen (siehe [4, Theorem 40.3]).

Für uns ist die „umgekehrte“ Frage wichtig, nämlich: Erzeugt jede Metrik ihre eigene Topologie, oder können verschiedene Metriken zur gleichen Topologie führen, also die gleichen offenen Mengen besitzen? Letzteres ist richtig; verschiedene Metriken können zur gleichen Topologie führen. Sind d_1 und d_2 Metriken auf einer Menge X mit der folgenden Eigenschaft: Für jedes $a \in X$ und jede Kugel $B_{d_1}(a, r_1)$ bezüglich d_1 gibt es eine Kugel $B_{d_2}(a, r_2)$ mit

$$B_{d_2}(a, r_2) \subset B_{d_1}(a, r_1)\,.$$

Dann sind Mengen, die bezüglich d_1 offen sind auch offen bezüglich d_2. Sind $\mathcal{O}(d_1)$ die offenen Mengen bezüglich d_1 und $\mathcal{O}(d_2)$ die offenen Mengen bezüglich d_2, gilt

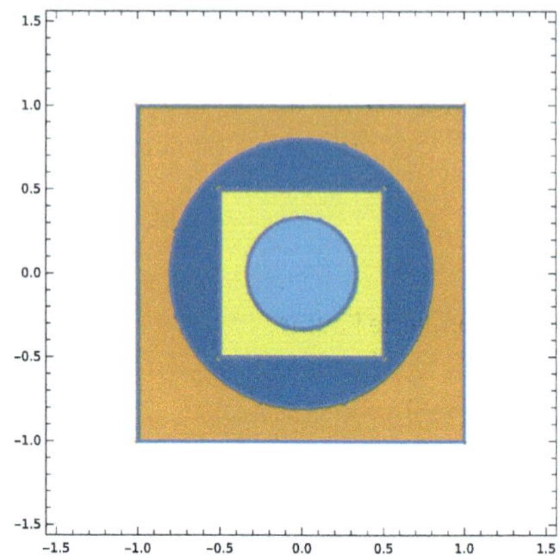

Abb. 2.2 Zur Äquivalenz des euklidischen Abstands („runde Kugeln") und des Abstands der Supremumsnorm $\|\cdot\|_\infty$ („quadratische Kugeln")

also

$$\mathcal{O}(d_1) \subset \mathcal{O}(d_2)\,.$$

Gilt zugleich die umgekehrte Inklusion $\mathcal{O}(d_2) \subset \mathcal{O}(d_1)$, so nennt man die Metriken **äquivalent**. Äquivalente Metriken erfüllen also definitionsgemäß $\mathcal{O}(d_1) = \mathcal{O}(d_2)$.

Für die euklidische Metrik und die von der Supremumsnorm induzierte Metrik rechnet man leicht nach (SÜPER-Übung), dass diese Metriken äquivalent sind, wie in Abb. 2.2 veranschaulicht.

Beispiel 2.5
Ist (X, d_1) ein metrischer Raum, definiert

$$d_2(x, y) := \frac{d_1(x, y)}{1 + d_1(x, y)}$$

eine zu d_1 äquivalente Metrik (Übung); siehe auch Beispiel 1.10. Bezüglich d_2 haben alle Punkte $x, y \in X$ einen Abstand kleiner als 1.

Wir wiederholen den Begriff der abgeschlossenen Menge aus Definition 1.19. Sei (X, d) ein metrischer Raum. Eine Menge $A \subset X$ heißt **abgeschlossen in** X (oder einfach **abgeschlossen**), wenn ihr Komplement $X \setminus A$ offen ist.

Satz 2.6
Sei (X, d) ein metrischer Raum. Dann gilt:

(i) *$\emptyset$ und X sind abgeschlossen.*
(ii) *Sind $(A_j)_{1 \le j \le n}$ abgeschlossen in X, so ist auch*

$$\bigcup_{j=1}^{n} A_j$$

abgeschlossen.

(iii) *Ist* $(A_j)_{j\in I}$ *eine Familie abgeschlossener Teilmengen von* X, *so ist auch*

$$\bigcap_{j\in I} A_j$$

abgeschlossen.

Beweis Die Aussagen folgen direkt aus Satz 1 und Folgerung 2, da $X \setminus \bigcup_j A_j = \bigcap_j (X \setminus A_j)$ und $X \setminus \bigcap_j A_j = \bigcup_j (X \setminus A_j)$ gilt. □

Also sind in X die beiden Mengen $\emptyset$ und X sowohl offen als auch abgeschlossen. (In $\mathbb{R}$ gibt es keine andere Menge, die sowohl offen als auch abgeschlossen ist; aber in $X = (0, 1) \cup (2, 3) \subset \mathbb{R}$ mit der Einschränkung der Standardtopologie von $\mathbb{R}$ auf X sind $(0, 1)$ und $(2, 3)$ jeweils sowohl offen als auch abgeschlossen).

Sei (X, d) ein metrischer Raum. Jede Teilmenge von X, die nur aus einem Punkt besteht, ist abgeschlossen. Das folgt aus der Hausdorffschen Trennungseigenschaft (SÜPER-Übung). Daher folgt aus Satz 2.6 (ii), dass alle endlichen Teilmengen von X abgeschlossen sind. Allerdings können abgeschlossene Mengen auch eine komplizierte Struktur haben, wie das folgende Beispiel zeigt.

Beispiel 2.7 (Cantorsches Diskontinuum)
Sei $C_0 = [0, 1]$. Wir setzen $C_1 = C_0 \setminus \left(\frac{1}{3}, \frac{2}{3}\right)$. C_1 besteht aus den beiden abgeschlossenen Intervallen $\left[0, \frac{1}{3}\right]$ und $\left[\frac{2}{3}, 1\right]$, siehe Abb. 2.3. Wir entfernen nun jeweils deren offenes mittleres Drittel $\left(\frac{1}{9}, \frac{2}{9}\right)$ beziehungsweise $\left(\frac{7}{9}, \frac{8}{9}\right)$, um C_2 zu erhalten. Entsprechend erhalten wir C_{n+1} aus C_n. Die Menge

$$C := \bigcap_{n\in\mathbb{N}} C_n$$

heißt **Cantorsches Diskontinuum**. Als Durchschnitt abgeschlossener Mengen ist C abgeschlossen. Man kann zeigen, dass

$$C = \left\{ \sum_{j=1}^{\infty} a_j 3^{-j} \;\middle|\; a_j \in \{0, 2\} \text{ für alle } j \right\}.$$

Auch wenn die Mengen C_j stark schrumpfen, ist das Cantorsche Diskontinuum überabzählbar; man kann zeigen, dass es eine surjektive Abbildung $C \to [0, 1]$ gibt. Das Cantorsche Diskontinuum ist ein Beispiel eines Fraktals, denn es ist selbstähnlich in folgendem Sinn: Nimmt man zwei Kopien von C, schrumpft sie um den Faktor $\frac{1}{3}$ und verschiebt sie geeignet, so ist die erhaltene Menge identisch zur Ausgangsmenge C. Analoge Konstruktionen sind im Mehrdimensionalen möglich, siehe Abb. 2.4.

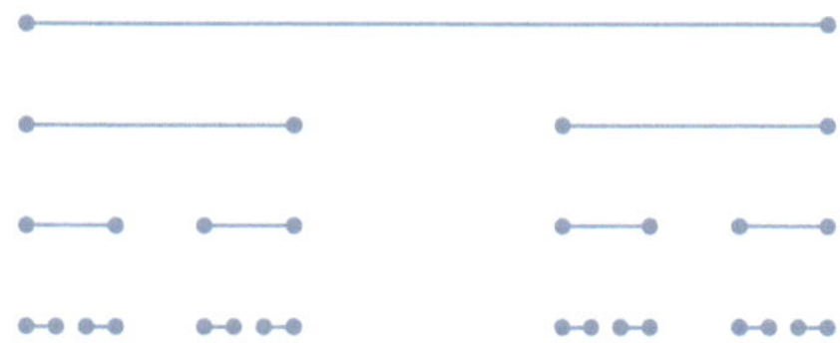

Abb. 2.3 Die Konstruktionsschritte $C_0, \ldots, C_3$ des Cantorschen Diskontinuums, siehe Beispiel 2.7

Abb. 2.4 Die ersten Konstruktionsschritte für das dreidimensionale Cantorsche Diskontinuum, siehe Beispiel 2.7

2.3 Rand, Inneres und Abschluss

Definition 2.8 (Rand, Inneres, Abschluss)
Sei (X, d) ein metrischer Raum und $Y \subset X$. Ein Element $x \in X$ heißt ***Randpunkt*** *von Y, falls jede ε-Umgebung um x sowohl einen Punkt aus Y als auch einen Punkt des Komplements $X \setminus Y$ enthält. Die Menge*

$$\partial Y := \{x \mid x \in X,\ x \text{ ist Randpunkt von } Y\}$$

heißt ***Rand*** *von Y (in X). Die Menge*

$$\operatorname{int}(Y) := Y \setminus \partial Y$$

heißt das ***Innere*** *von Y. Die Menge*

$$\overline{Y} = Y \cup \partial Y$$

heißt der ***Abschluss*** *von Y.*

Lemma 2.9
Sei (X, d) ein metrischer Raum und $Y \subset X$. Dann gilt

$$\operatorname{int}(Y) \subset Y \subset \overline{Y}, \quad \partial Y \cap \operatorname{int}(Y) = \emptyset, \quad \partial Y = \overline{Y} \setminus \operatorname{int}(Y).$$

Der Abschluss $\overline{Y}$ ist also die disjunkte Vereinigung von $\operatorname{int}(Y)$ und ∂Y.

Beweis Dies folgt direkt aus der Definition. □

Beispiel 2.10
In $\mathbb{R}$ mit der Standardmetrik gilt: Ist Y eine Teilmenge mit $(a, b) \subset Y \subset [a, b]$, so ist

$$\partial Y = \{a, b\}, \quad \operatorname{int}(Y) = (a, b), \quad \overline{Y} = [a, b].$$

Definieren wir in einem metrischen Raum (X, d) die Sphäre um a mit Radius r durch

$$S(a, r) = \{x \mid x \in X, \ d(x, a) = r\},$$

so ist

$$S(a, r) = \partial K(a, r) = \partial B(a, r) = K(a, r) \setminus B(a, r).$$

In $\mathbb{R}$ gilt weiterhin: $\partial \mathbb{Q} = \overline{\mathbb{Q}} = \mathbb{R}$, $\operatorname{int}(\mathbb{Q}) = \emptyset$.

Wie auch schon bei den Begriffen „offen" und „abgeschlossen", hängen Inneres, Abschluss und Rand einer Menge Y davon ab, welchen metrischen Raum X man als umgebenden Raum wählt. Für $Y = [a, b]$ als Teilmenge von $X = \mathbb{R}$ gilt

$$\partial Y = \{a, b\}, \quad \operatorname{int}(Y) = (a, b), \quad \overline{Y} = [a, b].$$

Fassen wir nun das Intervall als Teilmenge $Y = \{(x, 0) \mid x \in [a, b]\}$ von $X = \mathbb{R}^2$ auf, so gilt stattdessen

$$\operatorname{int}(Y) = \emptyset, \quad \overline{Y} = \partial Y = Y.$$

Man beachte: Für beliebige Teilmengen Y eines metrischen Raumes gilt im Allgemeinen *nicht*

$$\overline{Y} = \overline{\operatorname{int}(Y)}. \tag{2.2}$$

Beispielsweise gilt (2.2) nicht, wenn Y nichtleer, aber $\operatorname{int}(Y)$ leer ist. Aber auch wenn $\operatorname{int}(Y)$ nichtleer ist, braucht (2.2) nicht zu gelten (Übung).

Der Rand einer Menge kann sehr komplex sein. Ein Paradebeispiel ist der Rand der Mandelbrotmenge (nach Benoit Mandelbrot, 1924–2010). Hier betrachtet man das quadratische Polynom $p_c : z \mapsto z^2 + c$ in der komplexen Ebene, mit Parameter $c \in \mathbb{C}$. Der **Orbit** einer komplexen Zahl z unter p_c ist die Folge der Iterierten $z, p_c(z), p_c(p_c(z)), \ldots$. Dann ist die **Mandelbrotmenge** definiert als

$$Y := \{c \mid c \in \mathbb{C}, \text{der Orbit von } z = 0 \text{ unter Iteration durch } p_c \text{ ist beschränkt}\}.$$

Der Rand ∂Y ist besonders interessant, siehe Abb. 2.5. In jeder ε-Umgebung $B(x, \varepsilon)$ eines Randpunktes $x \in \partial Y$ liegen Parameter, für die der Orbit von 0 unter p_c beschränkt ist, und ebenso Parameter, für die der Orbit unbeschränkt ist. Der Rand der Mandelbrotmenge ist ein Fraktal. Faszinierende Bilder, auch von anderen Fraktalen aus der komplexen Dynamik, finden sich in [5].

Satz 2.11
Sei (X, d) ein metrischer Raum und $Y \subset X$. Dann gilt

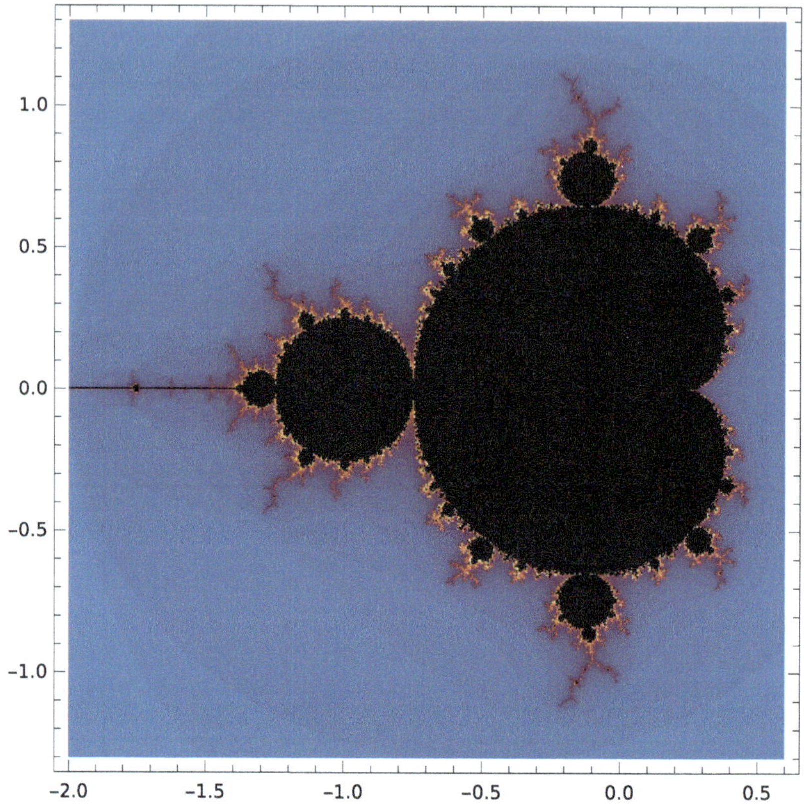

Abb. 2.5 Die Mandelbrotmenge (schwarz gezeichnet) und ihre Rand

(i) int (Y) *ist offen, und* int (Y) *ist die größte offene Teilmenge von* Y.
(ii) $\overline{Y}$ *ist abgeschlossen, und* $\overline{Y}$ *ist die kleinste abgeschlossene Obermenge von* Y.
(iii) ∂Y *ist abgeschlossen.*

Beweis Zu (i): Sei $a \in \operatorname{int}(Y) = Y \setminus \partial Y$. Da $a \notin \partial Y$, gibt es ein $\varepsilon > 0$, so dass $B(a, \varepsilon)$ keinen Punkt von $X \setminus Y$ enthält, also $B(a, \varepsilon) \subset Y$. Sei nun $y \in B(a, \varepsilon)$ beliebig. Für hinreichend kleines $\delta > 0$ gilt $B(y, \delta) \subset B(a, \varepsilon) \subset Y$, also ist $y \notin \partial Y$. Da y beliebig war, folgt $B(a, \varepsilon) \subset Y \setminus \partial Y = \operatorname{int}(Y)$.

Die Charakterisierung int (Y) als größte offene Teilmenge von Y ist eine Übungsaufgabe.

Zu (ii): Für $Z = X \setminus Y$ gilt $\partial Z = \partial Y$ nach Definition. Es folgt

$$\overline{Y} = Y \cup \partial Y = (X \setminus Z) \cup \partial Z = X \setminus (Z \setminus \partial Z) = X \setminus \operatorname{int}(Z).$$

Nach (i) ist int (Z) offen, also ist $\overline{Y}$ abgeschlossen.

Die Charakterisierung $\overline{Y}$ als kleinste abgeschlossene Obermenge von Y ist ebenfalls eine Übungsaufgabe.

Zu (iii): Es ist

$$\partial Y = \overline{Y} \setminus \operatorname{int}(Y) = \overline{Y} \cap (X \setminus \operatorname{int}(Y)),$$

also ist ∂Y abgeschlossen als Durchschnitt der abgeschlossenen Mengen $\overline{Y}$ und $X \setminus \operatorname{int}(Y)$. □

Satz 2.12 (Konvergenz und Abschluss, I)
Sei (X, d) ein metrischer Raum und $A \subset X$, $a \in X$. Dann ist $a \in \overline{A}$ genau dann, wenn es eine Folge $(x_k)_{k \in \mathbb{N}}$ gibt mit $x_k \in A$ für alle k und $x_k \to a$.

Beweis Wir erinnern daran, dass nach Definition des Abschlusses $\overline{A} = A \cup \partial A$ gilt.

„ $\Rightarrow$ “ : Ist $a \in \overline{A}$ und $a \in \partial A$, so gibt es zu jedem $k \in \mathbb{N}$ ein $x_k \in A$ mit $x_k \in B(a, 2^{-k})$. Ist $a \in A$, so können wir einfach $x_k = a$ für alle k setzen.

„ $\Leftarrow$ “ : Sei umgekehrt eine Folge $(x_k)_{k \in \mathbb{N}}$ in A mit $x_k \in A$ und $x_k \to a$ gegeben. Ist $a \in A$, sind wir fertig. Andernfalls wählen wir zu jedem $\varepsilon > 0$ ein k mit $x_k \in B(a, \varepsilon)$. Da $x_k \in A$ und $a \notin A$, folgt $a \in \partial A \subset \overline{A}$. □

Satz 2.13 (Konvergenz und Abschluss, II)
Sei (X, d) ein metrischer Raum und $A \subset X$. Dann sind äquivalent:

(i) *A ist abgeschlossen in X.*
(ii) *$A = \overline{A}$.*
(iii) *Für jede konvergente Folge $(x_k)_{k \in \mathbb{N}}$ in X gilt: Ist $x_k \in A$ für alle k, so ist auch*

$$\lim_{k \to \infty} x_k \in A.$$

Beweis „(ii) $\Rightarrow$ (i)“: Satz 2.11 besagt, dass der Abschluss einer Menge abgeschlossen ist.

„(iii) $\Rightarrow$ (ii)“: Wegen $\overline{A} \supset A$ genügt es zu zeigen, dass $\overline{A} \subset A$. Sei $a \in \overline{A}$. Gemäß Satz 2.12 gibt es eine Folge $(x_k)_{k \in \mathbb{N}}$ in A mit $x_k \to a$. Nach Voraussetzung (iii) ist $a \in A$.

„(i) $\Rightarrow$ (iii)“: Sei A abgeschlossen und $(x_k)_{k \in \mathbb{N}}$ eine Folge in A mit $x_k \to a$. Wäre $a \notin A$, also $a \in X \setminus A$, so gäbe es ein $\varepsilon > 0$ mit $B(a, \varepsilon) \subset X \setminus A$, da $X \setminus A$ offen ist, im Widerspruch zu $x_k \in A$ und $x_k \to a$. □

Bedingung (iii) in Satz 2.13 wird oft verwendet, um nachzuweisen, dass eine Menge A abgeschlossen ist. Ist A durch eine Eigenschaft definiert, so genügt es also zu zeigen, dass diese Eigenschaft beim Grenzübergang erhalten bleibt.

Zur Erinnerung: Ist (X, d) ein metrischer Raum, ist eine nichtleere Teilmenge Y davon ebenfalls ein metrischer Raum, wobei die Metrik durch Einschränkung gegeben wird, siehe Lemma 1.8.

Satz 2.14
Sei (X, d) ein vollständiger metrischer Raum und $Y \subset X$. Dann sind äquivalent:

(i) *Y ist abgeschlossen in X.*
(ii) *Der metrische Raum (Y, d_Y) ist vollständig.*

Beweis „(i) $\Rightarrow$ (ii)": Sei (x_k) eine Cauchyfolge in Y. Da X vollständig ist, gilt $x_k \to a$ mit $a \in X$. Da Y abgeschlossen ist, gilt $a \in Y$ nach Satz 2.13.

„(ii) $\Rightarrow$ (i)": Sei (x_k) eine Folge in Y mit $x_k \to a \in X$. Dann ist (x_k) eine Cauchyfolge in (X, d), also auch Cauchyfolge in (Y, d_Y). Da (Y, d_Y) vollständig ist, gilt $x_k \to b \in Y$. Da der Grenzwert eindeutig ist, gilt $a = b \in Y$. Also ist Y abgeschlossen nach Satz 2.13. □

Definition 2.15
Sei (X, d) ein metrischer Raum. Ein Punkt $a \in X$ heißt ***Häufungspunkt*** *einer Teilmenge $Y \subset X$, falls es eine Folge $(x_k)_{k\in\mathbb{N}}$ in $Y \setminus \{a\}$ gibt, die in X gegen a konvergiert. Ist $a \in Y$ kein Häufungspunkt von Y, so heißt a* ***isoliert*** *in Y.*

Beispiel 2.16
Sei $\mathbb{R}^n$ mit der Standardmetrik gegeben und $O \subset \mathbb{R}^n$ offen. Dann ist jeder Punkt $a \in O$ ein Häufungspunkt. Insbesondere ist jedes $a \in \mathbb{R}^n$ ein Häufungspunkt von $\mathbb{R}^n$ selbst.

Sei (X, d_{disk}) ein metrischer Raum mit der diskreten Metrik aus Beispiel 1.12. Dann gilt (SÜPER-Übung): Sei $x \in X$. Dann ist $\{x\}$ offen. Es gibt keine Häufungspunkte in X, jedes $x \in X$ ist also ein isolierter Punkt. Weiterhin ist X vollständig.

Satz 2.17 (Abgeschlossene Mengen und Häufungspunkte)
Sei (X, d) ein metrischer Raum und $Y \subset X$. Sei $H(Y)$ die Menge der Häufungspunkte von Y in X. Dann gilt:

$$Y \cup H(Y) = \overline{Y} = Y \cup \partial Y \,.$$

Beweis Die zweite Gleichheit ist gerade die Definition des Abschlusses. Sei a ein Häufungspunkt von Y. Dann gilt nach Satz 2.12 $a \in \overline{Y}$, also $Y \cup H(Y) \subset \overline{Y}$. Sei nun $a \in \overline{Y}$. Gilt $a \in Y$, ist nichts zu zeigen. Für $a \notin Y$ gibt es nach Satz 2.12 eine Folge $(x_k)_{k\in\mathbb{N}}$ mit $x_k \in Y$ für alle k und $x_k \to a$, also ist $a \in H(Y)$. □

2.4 Stetigkeit

Wie in Bd. 1 zu Beginn von Kap. 10 geschildert, ist Stetigkeit eine „natürliche" Eigenschaft: In den meisten Fragestellungen aus den Natur- und Ingenieurwissenschaften verursachen kleine Änderungen des Inputs nur kleine Änderungen des Outputs. Typischerweise erfordert deren Beschreibung jedoch mehrere Variablen. Wir geben daher jetzt die kanonische Ausweitung des in Analysis 1 behandelten Stetigkeitsbegriff auf Abbildungen zwischen metrischen Räumen (die mehrdimensional und sogar unendlichdimensional sein dürfen).

Definition 2.18 (ε-δ-Formulierung der Stetigkeit)
*Seien (X, d_1) und (Y, d_2) metrische Räume, sei $f\colon X \to Y$ und $a \in X$. Wir sagen, f ist **stetig in a**, wenn gilt:*

$$\forall\, \varepsilon > 0 \;\; \exists\, \delta > 0 \;\; \forall\, x \in X \; mit \; d_1(x, a) < \delta \quad gilt: \quad d_2(f(x), f(a)) < \varepsilon\,. \tag{2.3}$$

*Die Funktion f heißt **stetig auf** X (oder einfach **stetig**), falls f in jedem Punkt $a \in X$ stetig ist. Wir definieren*

$$C(X; Y) = \{f \mid f\colon X \to Y,\ f \text{ ist stetig}\}\,, \quad C(X) = C(X; \mathbb{R})\,.$$

Speziell in normierten Räumen lautet diese Charakterisierung der Stetigkeit in a

$$\forall\, \varepsilon > 0 \;\; \exists\, \delta > 0: \quad \|x - a\|_X < \delta \quad \Longrightarrow \quad \|f(x) - f(a)\|_Y < \varepsilon\,.$$

Wie in Analysis 1 ist es zum Nachweis der Stetigkeit oft praktisch, mit Folgen zu arbeiten, im Sinne von „Grenzwertbildung und Funktionsanwendung kommutieren bei stetigen Funktionen“. Daher führen wir den Grenzwertbegriff in metrischen Räumen ein, der den bekannten Grenzwertbegriff in natürlicher Weise verallgemeinert.

Definition 2.19 (Grenzwert einer Funktion)
*Seien (X, d_1) und (Y, d_2) metrische Räume. Sei $f\colon X \to Y$ eine Funktion und $a \in X$. Ein $c \in Y$ heißt **Grenzwert von f in** a, falls $c = \lim_{k\to\infty} f(x_k)$ gilt für alle Folgen $(x_k)_{k\in\mathbb{N}}$ in X mit $\lim_{k\to\infty} x_k = a$. Wir schreiben*

$$c = \lim_{\substack{x\to a\\ x\in X}} f(x)\,, \quad c = \lim_{x\to a} f(x)\,, \qquad oder \qquad f(x) \to c \;\; f\ddot{u}r \;\; x \to a\,.$$

Satz 10.7 aus Analysis 1 verallgemeinert sich wie folgt.

Satz 2.20 (Äquivalenz von Stetigkeit und Folgenstetigkeit)
Seien (X, d_1) und (Y, d_2) metrische Räume, sei $f\colon X \to Y$ und $a \in X$. Dann ist f stetig in a genau dann, wenn gilt:

$$\lim_{x\to a} f(x) = f(a)\,,$$

*d. h. aus $x_n \to a$ folgt $f(x_n) \to f(a)$. Letztere Eigenschaft nennen wir bisweilen **Folgenstetigkeit**.*

Beweis „$\Rightarrow$“ : *Sei (x_k) eine Folge in X mit $x_k \to a$. Sei $\varepsilon > 0$. Wir wählen δ gemäß* (2.3) *und $N \in \mathbb{N}$ so, dass $d_1(x_k, a) < \delta$ für alle $k \geq N$. Dann gilt $d_2(f(x_k), f(a)) < \varepsilon$ für alle $k \geq N$. Es folgt $f(x_k) \to f(a)$.*

„$\Leftarrow$“ : Angenommen, (2.3) gilt nicht, dann gibt es ein $\varepsilon > 0$ und eine Folge (x_k) mit

$$d_1(x_k, a) < \frac{1}{k}\,, \quad d_2(f(x_k), f(a)) \geq \varepsilon\,,$$

also $x_k \to a$, aber $f(x_k) \not\to f(a)$. □

Satz 2.21 (Stetigkeit der Verkettung)
Seien (X, d_1), (Y, d_2) *und* (Z, d_3) *metrische Räume, und* $f: X \to Y$ *und* $g: Y \to Z$. *Ist* f *stetig in* $a \in X$ *und* g *stetig in* $f(a)$, *so ist* $g \circ f$ *stetig in* a.

Beweis Sei $(x_k)_{k\in\mathbb{N}}$ eine Folge in X mit $x_k \to a$, dann folgt $f(x_k) \to f(a)$, da f stetig in a, und weiter $g(f(x_k)) \to g(f(a))$. □

Satz 2.22
Addition, Subtraktion, Multiplikation und Division definieren stetige Funktionen

$$(\mathbb{K}^2, \|\cdot\|_\infty) \to (\mathbb{K}, |\cdot|)$$

(die Division $(x_1, x_2) \mapsto x_1/x_2$ *ist auf der Menge* $D := \{(x_1, x_2) \mid x_2 \neq 0\}$ *definiert).*

Beweis Sei $f(x) := x_1 + x_2$ für $x := (x_1, x_2) \in \mathbb{K}^2$. Sei $(x_k)_{k\in\mathbb{N}}$ eine konvergente Folge in $\mathbb{K}^2$, $x_k = (x_{k,1}, x_{k,2})$, dann gilt

$$\begin{aligned} f\left(\lim_{k\to\infty} x_k\right) &= f\left(\left(\lim_{k\to\infty} x_{k,1}, \lim_{k\to\infty} x_{k,2}\right)\right) = \lim_{k\to\infty} x_{k,1} + \lim_{k\to\infty} x_{k,2} \\ &= \lim_{k\to\infty} (x_{k,1} + x_{k,2}) = \lim_{k\to\infty} f(x_k)\,. \end{aligned}$$

Analog argumentiert man für die anderen Operationen. □

Wir betrachten jetzt den Fall, dass f mehrere Komponenten besitzt, also $f = (f_1, \ldots, f_n)$ gilt.

Satz 2.23
Seien (X, d), (Y_1, d_1) *und* (Y_2, d_2) *metrische Räume. Eine Funktion* $f: X \to Y_1 \times Y_2$, *wobei* $Y_1 \times Y_2$ *mit der Produktmetrik versehen ist, ist stetig in* $a \in X$ *genau dann, wenn* $f_1: X \to Y_1$ *und* $f_2: X \to Y_2$ *stetig in* $a \in X$ *sind. Analoges gilt für Abbildungen mit Bildmenge* $Y_1 \times \ldots \times Y_n$, *wobei* (Y_j, d_j) *für* $j = 1, \ldots, n$ *metrische Räume sind und* $f = (f_1, \ldots, f_n): X \to \prod_{j=1}^n Y_j$.

Kurz gesagt ist f stetig in $a \in X$ genau dann, wenn alle Komponentenfunktionen f_j in a stetig sind.
Beweis Sei allgemein $f = (f_1, \ldots, f_n): X \to \prod_{j=1}^n Y_j$. Nach Satz 1.28 gilt $f(x_k) \to f(a)$ genau dann, wenn $f_j(x_k) \to f_j(a)$ für alle $j \in \{1, \ldots, n\}$ gilt. □

Vorsicht: Das „Zerlegen“ in komponentenweise Stetigkeit funktioniert bei mehrdimensionalem *Bild.* Ist der Definitionsbereich X mehrdimensional, kann aus der Stetigkeit der Beschränkungen auf achsenparallele Geraden *nicht* die Stetigkeit von f gefolgert werden!

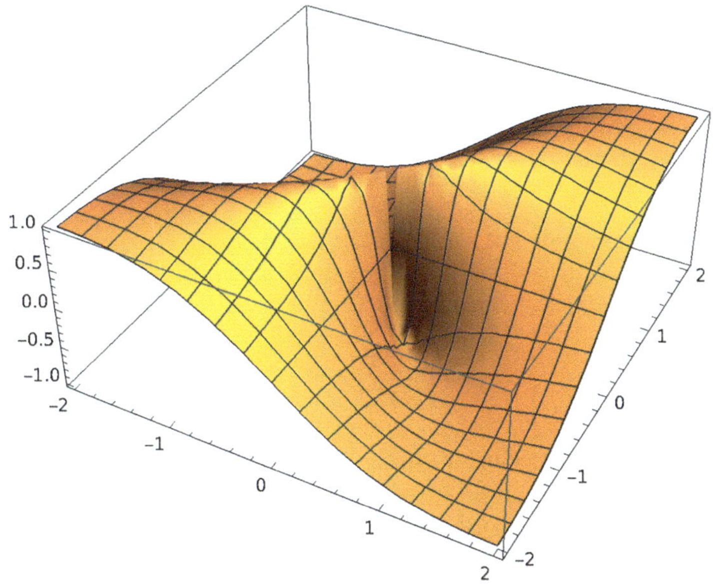

Abb. 2.6 Ein Plot der Funktion (2.4)

Beispiel 2.24
Die Funktion $f\colon \mathbb{R}^2 \to \mathbb{R}$,

$$f(x, y) = \begin{cases} \frac{2xy}{x^2+y^2} & \text{für } (x, y) \neq (0, 0)\,, \\ 0 & \text{für } (x, y) = (0, 0) \end{cases} \tag{2.4}$$

ist unstetig im Ursprung, da an allen Punkten $(x, x) \neq (0, 0)$ gilt $f(x, x) - f(0, 0) = 1$. Die Einschränkungen auf achsenparallelen Geraden, $x \mapsto f(x, c)$ und $x \mapsto f(c, x)$ mit $c \in \mathbb{R}$, sind aber alle stetig, wie Abb. 2.6 illustriert und wie man an (2.4) erkennt.

Satz 2.25
Sei (X, d) ein metrischer Raum und seien $f, g\colon X \to \mathbb{K}$ stetig in $a \in X$. Dann sind auch $f + g$, $f - g$, $f \cdot g$ und f/g stetig in a (letzteres, falls $g(a) \neq 0$).

Beweis $f + g\colon X \to \mathbb{K}$ lässt sich schreiben als Komposition

$$X \underset{(f,g)}{\longrightarrow} \mathbb{K}^2 \underset{+}{\longrightarrow} \mathbb{K}\,, \quad x \mapsto (f(x), g(x)) \mapsto f(x) + g(x)\,.$$

Die Behauptung folgt aus den Sätzen 2.21, 2.22 und 2.23. Der Beweis für die anderen Operationen ist analog. □

Beispiel 2.26

(i) Die Projektionsabbildungen $p_j\colon \mathbb{K}^n \to \mathbb{K}$, $p_j(x_1, \ldots, x_n) := x_j$, sind stetig.
(ii) Ein $f\colon \mathbb{K}^n \to \mathbb{K}$ der Form

$$f(x_1, \ldots, x_n) = x_1^{\alpha_1} x_2^{\alpha_2} \cdots x_n^{\alpha_n}, \quad \alpha_j \in \mathbb{N},$$

heißt **Monom**. Monome sind stetig. Zum Beispiel: $f(x_1, x_2, x_2) = x_1^2 x_3$ ist ein Monom im $\mathbb{K}^3$. Hier ist $\alpha_1 = 2, \alpha_2 = 0$ und $\alpha_3 = 1$.
(iii) Sei I eine endliche Teilmenge von $\mathbb{N}^n$. Ein $f\colon \mathbb{K}^n \to \mathbb{K}$ der Form

$$f(x_1, \ldots, x_n) = \sum_{\alpha \in I} c_{\alpha_1 \alpha_2 \cdots \alpha_n} x_1^{\alpha_1} x_2^{\alpha_2} \cdots x_n^{\alpha_n}$$

heißt **Polynom** vom Grad N, wobei

$$N = \max \left\{ \sum_{j=1}^{n} \alpha_j \;\middle|\; \alpha = (\alpha_1, \ldots, \alpha_n) \in I \right\}.$$

Polynome sind stetig. Beispiel: $f(x_1, x_2, x_3) = 2x_1^2 x_3^3 - 3x_2^4$ ist ein Polynom vom Grad 5 in $\mathbb{K}^3$. Es ist $I = \{(2, 0, 3), (0, 4, 0)\}$ und $c_{203} = 2$, $c_{040} = -3$.
(iv) Jede lineare Abbildung $f\colon \mathbb{K}^n \to \mathbb{K}^m$ ist stetig: Die Komponentenfunktionen f_j haben die Form

$$f_j(x) = \sum_{k=1}^{n} a_{jk} x_k,$$

wobei $A = (a_{jk})$ die Matrix ist, welche f in der kanonischen Basis darstellt.

Jetzt kehren wir zur ε-δ-Formulierung der Stetigkeit zurück, um zu zeigen, dass Urbilder offener Mengen unter einer stetigen Abbildung offen sind.

Satz 2.27 (Charakterisierung der Stetigkeit in topologischer Sprache)
Seien (X, d_1) und (Y, d_2) metrische Räume und sei $f\colon X \to Y$. Dann sind äquivalent:

(i) *f ist stetig auf X.*
(ii) *Das Urbild $f^{-1}(O)$ jeder offenen Menge $O \subset Y$ ist offen in X.*
(iii) *Das Urbild $f^{-1}(A)$ jeder abgeschlossenen Menge $A \subset Y$ ist abgeschlossen in X.*

Beweis „(i) $\Rightarrow$ (iii)“: Sei $A \subset Y$ abgeschlossen und sei $(x_k)_{k\in\mathbb{N}}$ eine Folge in $f^{-1}(A)$ mit $x_k \to x \in X$. Dann ist $f(x_k) \in A$ für alle $k \in \mathbb{N}$ und wegen der Stetigkeit von f folgt $f(x_k) \to f(x)$, also ist $f(x) \in A$ nach Satz 2.13. Damit ist $x \in f^{-1}(A)$. Wiederum nach Satz 2.13 ist $f^{-1}(A)$ abgeschlossen.

„(iii) $\Rightarrow$ (ii)“: Ist O offen in Y, so ist $Y \setminus O$ abgeschlossen, also ist auch $f^{-1}(Y \setminus O)$ abgeschlossen, und damit ist $f^{-1}(O) = X \setminus f^{-1}(Y \setminus O)$ offen in X.

„(ii) $\Rightarrow$ (i)“: Sei $(x_k)_{k \in \mathbb{N}}$ eine Folge in X mit $x_k \to a$ und sei $\varepsilon > 0$. Wir setzen $U := f^{-1}(B(f(a), \varepsilon))$. Dann ist $a \in U$ und U ist offen in X. Nach Lemma 1.27 gibt es $N \in \mathbb{N}$ mit $x_k \in U$ für alle $k \geq N$, also $f(x_k) \in B(f(a), \varepsilon)$ für alle $k \geq N$. Es folgt $f(x_k) \to f(a)$. □

Folgerung 2.28
Seien (X, d) ein metrischer Raum, $f: X \to \mathbb{R}$ stetig und $c \in \mathbb{R}$. Dann gilt:

- *Die Mengen*

$$\{x \mid x \in X,\ f(x) < c\} \quad \textit{und} \quad \{x \mid x \in X,\ f(x) > c\}$$

  sind offen in X.
- *Die Mengen*

$$\{x \mid x \in X,\ f(x) \leq c\} \quad \textit{und} \quad \{x \mid x \in X,\ f(x) \geq c\}$$

  *sowie die **Niveaumenge** von f zum Niveau c,*

$$N_c(f) := \{x \mid x \in X,\ f(x) = c\},$$

  sind abgeschlossen in X.

Beweis Dies folgt aus Satz 2.27, da die Mengen $(-\infty, c)$ und (c, ∞) offen in $\mathbb{R}$ und die Mengen $(-\infty, c]$, $[c, \infty)$ und $\{c\}$ abgeschlossen in $\mathbb{R}$ sind. □

Definition 2.29 (Gleichmäßige Stetigkeit)
*Seien (X, d_1) und (Y, d_2) metrische Räume, sei $f: X \to Y$. Die Funktion f heißt **gleichmäßig stetig auf** X, falls gilt*

$$\forall\, \varepsilon > 0 \;\; \exists\, \delta > 0 \;\; \forall\, x, y \in X: \textit{ Aus } d_1(x, y) < \delta \textit{ folgt } d_2(f(x), f(y)) < \varepsilon.$$

Es ist illustrativ, für $f: X \to Y$ die Anforderungen von Stetigkeit in X und gleichmäßiger Stetigkeit in Quantorenschreibweise zu vergleichen. Für *Stetigkeit in X* ist nach Definition 2.18 erforderlich

$$\forall\, a \in X \;\; \forall\, \varepsilon > 0 \;\; \exists\, \delta > 0 \;\; \forall\, x \in X: \quad d_1(x, a) < \delta \quad \Rightarrow \quad d_2(f(x), f(a)) < \varepsilon\,;$$

gleichmäßige Stetigkeit verlangt mehr, nämlich

$$\forall\, \varepsilon > 0 \;\; \exists\, \delta > 0 \;\; \forall\, a, x \in X: \quad d_1(x, a) < \delta \quad \Rightarrow \quad d_2(f(x), f(a)) < \varepsilon\,;$$

„gleichmäßig" bedeutet also (genau wie in Analysis 1 besprochen), dass δ nicht von a abhängen darf, sondern „gleichmäßig" für alle $a \in X$ gewählt werden muss. Durch diesen Vergleich sehen wir unmittelbar, dass jede auf X gleichmäßig stetige Funktion auch stetig auf X ist. Wir werden uns in Satz 2.39 weiter mit dem Verhältnis von Stetigkeit und gleichmäßiger Stetigkeit beschäftigen.

Eine wichtige Teilklasse stetiger Funktionen sind Lipschitz-stetige Funktionen; wir werden ihnen bei der Behandlung des Banachschen Fixpunktsatzes in Abschn. 2.6 und bei der Behandlung gewöhnlicher Differentialgleichungen in Kap. 9 wieder begegnen.

Definition 2.30
Seien (X, d_1) und (Y, d_2) metrische Räume. Eine Abbildung $f\colon X \to Y$ heißt ***Lipschitz-stetig*** *mit* ***Lipschitzkonstante*** *L, falls gilt*

$$d_2(f(x), f(\tilde{x})) \leq L d_1(x, \tilde{x})\,, \quad \textit{für alle } x, \tilde{x} \in X. \tag{2.5}$$

Für eine Abbildung $f\colon X \to Y$ zwischen normierten Räumen $(X, \|\cdot\|_X)$ und $(Y, \|\cdot\|_Y)$ nimmt die Ungleichung (2.5) die Form

$$\|f(x) - f(\tilde{x})\|_Y \leq L\|x - \tilde{x}\|_X$$

an.

Als Beispiel: Ist (X, d) ein metrischer Raum, $x_0 \in X$ und $f\colon X \to \mathbb{R}$ definiert durch

$$f(x) = d(x, x_0)\,,$$

so ist f Lipschitz-stetig, denn

$$|f(x) - f(\tilde{x})| = \big|d(x, x_0) - d(\tilde{x}, x_0)\big| \leq d(x, \tilde{x})\,.$$

Insbesondere ist in jedem normierten Raum $(X, \|\cdot\|)$ die Norm

$$f(x) = \|x\|$$

Lipschitz-stetig.

Es gilt:

$$\text{Lipschitz-stetig} \quad \Rightarrow \quad \text{gleichmäßig stetig} \quad \Rightarrow \quad \text{stetig;}$$

dass die Umkehrungen nicht gelten, zeigen beispielsweise die stetige, aber nicht gleichmäßig stetige Funktion $f\colon \mathbb{R} \to \mathbb{R}, x \mapsto x^2$ und die gleichmäßig stetige, aber nicht Lipschitz-stetige Funktion $g\colon [0, 1] \to \mathbb{R}, \mapsto \sqrt{x}$ (vergleiche Analysis 1, Beispiel nach Folgerung 10.31). Die eben aufgestellten Behauptungen zu zeigen ist ein guter Selbsttest, der das Verständnis der verschiedenen Begriffe prüft.

2.5 Kompaktheit

Definition 2.31 (Kompakte Menge)
Sei (X, d) ein metrischer Raum. Eine Teilmenge K von X heißt **kompakt**, *falls* jede *Folge $(x_k)_{k \in \mathbb{N}}$ in K eine konvergente Teilfolge besitzt, deren Grenzwert ebenfalls in K liegt. Insbesondere ist ein metrischer Raum (X, d) selbst kompakt, wenn jede Folge in X eine konvergente Teilfolge besitzt.*

Beispiel: Jedes abgeschlossene beschränkte Intervall $[a, b]$ ist kompakt in der Betragsmetrik (dies folgt aus dem Satz von Bolzano-Weierstraß, Satz 8.23 in Analysis 1).

Kompaktheit ist eine Eigenschaft eines metrischen Raums und hängt nur von der Metrik ab.

Statt „kompakt“ sagt man auch „folgenkompakt“. Das liegt daran, dass in allgemeinen topologischen Räumen $(X, \mathcal{T})$ der Begriff der Kompaktheit anders definiert wird, nämlich über die sogenannte „endliche Überdeckungseigenschaft“. Dies geht so: Man versteht unter einer offenen **Überdeckung** eines topologischen Raumes eine Familie $\{O_j\}_{j \in J}$ offener Mengen in X mit der Eigenschaft, dass jeder Punkt $x \in X$ in mindestens einer Menge O_j liegt. Hierbei ist J eine beliebige Indexmenge. Ein topologischer Raum $(X, \mathcal{T})$ ist **(überdeckungs)-kompakt**, wenn für *jede* vorgegebene Überdeckung $\{O_j\}_{j \in J}$ eine endliche Teilüberdeckung existiert, d. h. wenn endlich viele $O_{j_1}, \ldots, O_{j_n}$ ausgewählt werden können, die X bereits überdecken,

$$X = O_{j_1} \cup \ldots \cup O_{j_n} .$$

In metrischen Räumen ist (Überdeckungs-)Kompaktheit äquivalent zur Folgenkompaktheit, wie in Topologielehrbüchern gezeigt wird (siehe [4, Theorem 28.2]). Aus der deutschsprachigen Literatur zur Topologie verweisen wir auf [2, Abschn. 6.3] und [3, Abschn. 4.1].

Bemerkung 2.32
Wir werden den Begriff der Überdeckungskompaktheit hier nicht weiter vertiefen. Aber ein Vorteil gegenüber der Formulierung durch Folgenkompaktheit ist, dass ein Problem klarer zutage tritt, das wir Ihnen nicht verheimlichen wollen. Grob gesagt ist „Stetigkeit“ gut (jedenfalls normalerweise besser als Unstetigkeit) und ebenso ist „Kompaktheit“ ein guter Begriff. Man hätte oft gerne beide zusammen. Angenommen, wir haben eine Menge X (wirklich eine Menge, ohne weitere Struktur!) und eine Funktion $f : X \to \mathbb{R}$. Wir suchen dann eine Topologie auf X, mit der f stetig ist *und* X kompakt ist. Das ist keine esoterische Spielerei, sondern hat handfeste Vorteile – so ist dann $f(X)$ kompakt, wie wir unten in Satz 2.37 sehen werden. Wie bewerkstelligen wir das?

- Zur Kompaktheit von X müssen wir zu *jeder* Überdeckung mit offenen Mengen eine endliche offene Teilüberdeckung finden. Das ist einfacher, wenn es *wenig* offene Mengen gibt, denn damit gibt es auch wenig Überdeckungen.

- Zur Stetigkeit verwenden wir Satz 2.27. Dementsprechend ist f stetig, wenn *Urbilder* offener Mengen in $\mathbb{R}$ offen sind (also in X offen sind). Das ist leichter, wenn es *viele* offene Mengen gibt.

Sie sehen also: Kompaktheit und Stetigkeit sind in gewisser Weise antagonistisch. In der Praxis ist es klug, einen Mittelweg zu beschreiten und eine Topologie zu wählen, die genug offene Mengen enthält, um Abbildungen stetig zu machen, jedoch klein genug ist, um Kompaktheit zu gewährleisten. In der Funktionalanalysis werden Sie dazu unter dem Stichwort „schwache Topologie" mehr lernen können.

Satz 2.33
Seien (X_1, d_1) und (X_2, d_2) kompakte metrische Räume und d die Produktmetrik auf $X_1 \times X_2$. Dann ist $(X_1 \times X_2, d)$ kompakt.

Beweis Sei $(x_k)_{k\in\mathbb{N}}$, mit $x_k = (x_{k,1}, x_{k,2})$ eine Folge in $X = X_1 \times X_2$. Wähle eine in X_1 konvergente Teilfolge $(x_{k_j,1})_{j\in\mathbb{N}}$ von $(x_{k,1})$ und daraus eine in X_2 konvergente Teilfolge $(x_{k_{j_m},2})_{m\in\mathbb{N}}$ von $(x_{k_j,2})_{j\in\mathbb{N}}$. Dann ist auch $(x_{k_{j_m},1})_{m\in\mathbb{N}}$ in X_1 konvergent, also ist $(x_{k_{j_m}})_{m\in\mathbb{N}}$ konvergent in X. □

Folgerung 2.34
Seien *(X_j, d_j)* **für** *$1 \le j \le n$, kompakte metrische Räume und d die Produktmetrik auf $\prod_{j=1}^n X_j$. Dann ist auch $\left(\prod_{j=1}^n X_j, d\right)$ kompakt.*

Beweis Dies folgt mit Induktion aus Satz 2.33. □

Folgerung 2.35
Jeder abgeschlossene achsenparallele Quader

$$Q := \prod_{j=1}^{n} [a_j, b_j]$$

mit $a_j, b_j \in \mathbb{R}$ und $a_j \le b_j$ ist kompakt in $(\mathbb{R}^n, \|\cdot\|_\infty)$.

Beweis Dies ergibt sich aus Folgerung 2.34, da alle Intervalle $[a_j, b_j]$ kompakt sind. □

Satz 2.36
Sei (X, d) ein metrischer Raum und $K \subset X$ kompakt. Dann gilt:

(i) *K ist abgeschlossen und beschränkt.*
(ii) *Ist $Y \subset X$ abgeschlossen und $Y \subset K$, so ist auch Y kompakt.*

Beweis Behauptung (i). *Schritt 1: K ist abgeschlossen.* Sei $(x_k)_{k\in\mathbb{N}}$ eine Folge in K mit $x_k \to a \in X$. Da K kompakt ist, gibt es eine Teilfolge (x_{k_m}) und ein $b \in K$ mit

$x_{k_m} \to b$. Da auch $x_{k_m} \to a$, folgt wegen der Eindeutigkeit des Grenzwertes $a = b$, also ist $a \in K$. Nach Satz 2.13 ist K abgeschlossen.

Schritt 2: K ist beschränkt. Wir zeigen dies durch einen Widerspruchsbeweis. Angenommen, K ist unbeschränkt. Dann gibt es, wie wir gleich zeigen werden, eine Folge $(x_k)_{k\in\mathbb{N}}$ in K mit $d(x_m, x_n) > 1$ für alle $n > m$ mit $m, n \in \mathbb{N}$. Damit ist keine Teilfolge dieser Folge eine Cauchyfolge, im Widerspruch zur Kompaktheit von K.

Die Folge (x_k) wird rekursiv konstruiert. Wähle $x_1 \in K$ beliebig. Seien $x_1, \dots, x_m$ bereits konstruiert. Für alle $y, z \in K$ und alle $1 \le j, k \le m$ gilt dann

$$d(y, z) \le d(y, x_j) + d(x_j, x_k) + d(x_k, z) \le d(y, x_j) + M + d(x_k, z),$$

wobei $M := \max_{1\le j,k\le m} d(x_j, x_k)$. Es folgt für alle $y, z \in K$

$$d(y, z) - M \le \min_{1\le j\le m} d(y, x_j) + \min_{1\le k\le m} d(x_k, z).$$

Wir wählen nun $y, z \in K$ mit $d(y, z) > M + 2$; dies ist möglich, da K unbeschränkt ist. Dann ist

$$\min_{1\le j\le m} d(y, x_j) > 1 \qquad \text{oder} \qquad \min_{1\le k\le m} d(x_k, z) > 1.$$

Im ersteren Fall setzen wir $x_{m+1} := y$, andernfalls $x_{m+1} := z$.

Behauptung (ii): Sei $(x_k)_{k\in\mathbb{N}}$ eine Folge in Y. Dann gibt es eine konvergente Teilfolge $x_{k_m} \to a$ mit $a \in K$. Da Y abgeschlossen ist, ist $a \in Y$. □

Satz 2.37
Seien (X, d_1) und (Y, d_2) metrische Räume, $K \subset X$ kompakt und $f: K \to Y$ stetig. Dann ist auch $f(K)$ kompakt.

Beweis Sei (y_k) eine Folge in $f(K)$. Für alle $k \in \mathbb{N}$ wählen wir $x_k \in K$ mit $f(x_k) = y_k$. Da K kompakt ist, gibt es eine Teilfolge (x_{k_m}) und ein $a \in K$ mit $x_{k_m} \to a$. Es folgt $y_{k_m} = f(x_{k_m}) \to f(a) \in f(K)$, da f stetig ist. □

Der folgende Satz ist einer der wichtigsten Sätze der Analysis.

Satz 2.38 (Satz vom Maximum)
Sei (X, d) ein metrischer Raum, $K \subset X$ kompakt mit $K \ne \emptyset$ und $f: K \to \mathbb{R}$ stetig. Dann ist $f(K)$ beschränkt, und f nimmt auf K sowohl Maximum als auch Minimum an, d. h. es gibt $p, q \in K$ mit

$$f(p) = \sup_{x\in K} f(x), \quad f(q) = \inf_{x\in K} f(x).$$

Beweis Nach Satz 2.37 ist $f(K)$ kompakt, also nach Satz 2.36 beschränkt und abgeschlossen in $\mathbb{R}$. Aus der Beschränktheit folgt $\sup f(K) < \infty$, aus der Abgeschlossenheit folgt $\sup f(K) \in f(K)$, es gibt also ein $p \in K$ mit $f(p) = \sup_{x\in K} f(x)$. Analog wird für das Minimum argumentiert. □

Satz 2.39
Seien (X, d_1) und (Y, d_2) metrische Räume und $f: X \to Y$. Dann gilt: Ist f stetig auf X und X ist kompakt, so ist f gleichmäßig stetig auf X.

Beweis Wir nehmen an, f sei nicht gleichmäßig stetig. Dann gibt es ein $\varepsilon > 0$ und für alle $k \in \mathbb{N}$ Elemente $x_k, y_k \in X$ mit

$$d_1(x_k, y_k) < \frac{1}{k}, \quad \text{aber} \quad d_2(f(x_k), f(y_k)) \geq \varepsilon. \tag{2.6}$$

Sei (x_{k_m}) eine konvergente Teilfolge von (x_k) mit $x_{k_m} \to a \in X$. Aus

$$d_1(y_{k_m}, a) \leq d_1(y_{k_m}, x_{k_m}) + d_1(x_{k_m}, a) < \frac{1}{k_m} + d_1(x_{k_m}, a)$$

folgt auch $y_{k_m} \to a$. Es gilt

$$0 \leq d_2(f(y_{k_m}), f(x_{k_m})) \leq d_2(f(x_{k_m}), f(a)) + d_2(f(y_{k_m}), f(a)) \to 0,$$

da f stetig in a, im Widerspruch zu (2.6). □

Obiges Resultat ist ein sehr bequeme Art, gleichmäßige Stetigkeit zu erhalten: Auf einer *kompakten* Menge kann δ aus der Stetigkeitsdefinition unabhängig von dem untersuchten Punkt a gewählt werden, auf kompakten Mengen definierte stetige Abbildungen sind also gleichmäßig stetig. Gleichmäßige Stetigkeit und insbesondere Satz 2.39 werden in Kap. 10 bei der Behandlung parameterabhängiger Integrale eine zentrale Rolle spielen.

2.6 Der Banachsche Fixpunktsatz

In diesem Abschnitt ernten wir die Früchte der investierten Arbeit und beweisen einen sogenannten Fixpunktsatz, der uns später sowohl die Existenz einer Inversen zu einer gegebenen mehrdimensionalen Funktion f liefern wird (Satz 6.3) als auch die Lösung von gewöhnlichen Differentialgleichungen (Abschn. 9.1), natürlich unter geeigneten Voraussetzungen. Auch anderswo erweist sich der hier behandelte Banachsche Fixpunktsatz als ein mächtiges Werkzeug.

Definition 2.40 (Fixpunkt)
Sei X eine Menge und f eine ***Selbstabbildung*** *von X, d. h. $f: X \to X$. Ein $x \in X$ mit*

$$x = f(x) \tag{2.7}$$

heißt ***Fixpunkt*** *von f. Die Iteration*

$$x_{k+1} = f(x_k), \quad \textit{für } x_0 \in X \textit{ gegeben},$$

heißt ***Fixpunktiteration***.

A priori ist nicht garantiert, dass eine Fixpunktiteration konvergiert. Wir analysieren jetzt eine Situation, in der das geschieht. Da f dabei stetig sein wird, folgt sofort, dass der Grenzwert der Iteration ein Fixpunkt ist.

Fixpunktsätze machen Aussagen über Lösungen der Fixpunktgleichung $x = f(x)$, insbesondere über Existenz und Eindeutigkeit von Fixpunkten, unter gewissen Voraussetzungen an X und f. Fixpunktsätze stellen ein zentrales Werkzeug der Analysis dar. Als Beispiel betrachten wir ein Anfangswertproblem für eine gewöhnliche Differentialgleichung,

$$x'(t) = \sin(tx(t)), \quad x(0) = 1. \tag{2.8}$$

Wir können (2.8) durch Integration umformen zu

$$x(t) = 1 + \int_0^t \sin(\tau x(\tau))\, \mathrm{d}\tau. \tag{2.9}$$

Jetzt können wir (2.9) als Fixpunktgleichung der Form (2.7) interpretieren, indem wir $X = C[0, 1]$ setzen und $f : C[0, 1] \to C[0, 1]$ definieren durch

$$(f(x))(t) = 1 + \int_0^t \sin(\tau x(\tau))\, \mathrm{d}\tau.$$

Wir werden später in Abschn. 9.1 ein Verfahren zum Lösen dieser Art von Integralgleichungen vorstellen, das auf dem folgenden Banachschen Fixpunksatz 2.43 basiert.

Jetzt verwenden wir die in Definition 2.30 eingeführte Lipschitzstetigkeit.

Definition 2.41
Sei (X, d) ein metrischer Raum. Eine Lipschitz-stetige Abbildung $f : X \to X$ mit einer Lipschitzkonstante L kleiner als 1 heißt **Kontraktion**. *In diesem Fall nennen wir $L < 1$ die* **Kontraktionskonstante** *von f.*

Vorsicht! Definition 2.41 ausgeschrieben:

$$\exists L < 1 \quad \forall x, y \in X \text{ gilt } \; d(f(x), f(y)) \leq L d(x, y). \tag{2.10}$$

Dies ist eine *gleichmäßige* Bedingung: Für alle x und y muss es ein gemeinsames $L < 1$ geben. Es reicht *nicht*, zu verlangen

$$d(f(x), f(y)) < d(x, y) \quad \forall x, y \in X \text{ mit } x \neq y \tag{2.11}$$

wie das folgende Beispiel zeigt, das eine SÜPER-Übung ist.

Beispiel 2.42

(i) Die Funktion $\cos\colon [-1, 1] \to [-1, 1]$ ist eine Kontraktion, mit $L = \sin(1)$.
(ii) Die Funktion $\cos\colon \mathbb{R} \to \mathbb{R}$ erfüllt (2.11), aber nicht (2.10), siehe Abb. 2.7. Also ist cos auf der reellen Achse *keine* Kontraktion.

Jetzt gewinnen wir eines der wichtigsten Werkzeuge zum Lösen von Gleichungen.

Satz 2.43 (Banachscher Fixpunktsatz, Kontraktionssatz)
Sei (X, d) ein vollständiger metrischer Raum und $f\colon X \to X$ eine Kontraktion. Dann gilt:

(i) *Die Selbstabbildung f hat genau einen Fixpunkt x.*
(ii) *Für jedes $x_0 \in X$ konvergiert die durch die Fixpunktiteration $x_{k+1} = f(x_k)$ definierte Folge $(x_k)_{k\in\mathbb{N}}$ gegen x.*
(iii) *Ist $L < 1$ eine Lipschitzkonstante für f, so gilt die* a posteriori Fehlerabschätzung

$$d(x_k, x) \leq \frac{L}{1-L} d(x_{k-1}, x_k)\,. \tag{2.12}$$

Weiter gilt in dieser Situation die a priori Fehlerabschätzung

$$d(x_k, x) \leq \frac{L^k}{1-L} d(x_0, x_1)\,. \tag{2.13}$$

Wir erinnern an die Vereinbarung aus Analysis 1, dass Funktionen nicht auf der leeren Menge definiert werden, oben also implizit $X \neq \emptyset$ vorausgesetzt wird. – Die Fehlerschranken heißen so, weil (2.13) von Anfang an, also *a priori* gegeben ist, nämlich sobald x_0 und x_1 bekannt sind. Die *a posteriori*-Schranke begrenzt nach der Berechnung von x_k, also *a posteriori*, den Fehler zur Lösung.
Beweis Schritt 1: Konvergenz der Fixpunktiteration. Sei $x_0 \in X$ beliebig, sei $L < 1$ eine Lipschitzkonstante für f. Dann gilt für die durch die Fixpunktiteration definierte

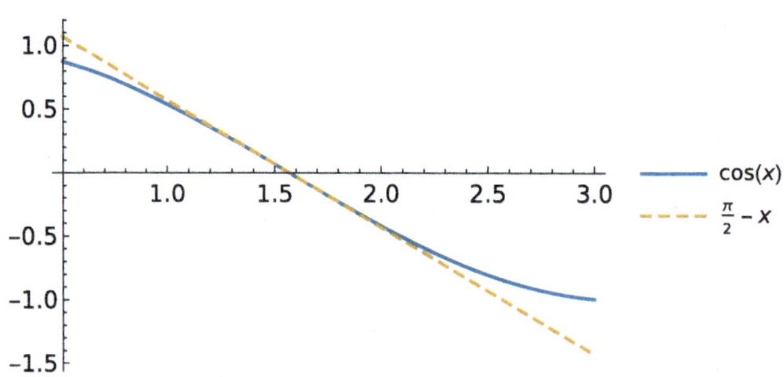

Abb. 2.7 Die Funktion $\cos\colon \mathbb{R} \to \mathbb{R}$ ist *keine* Kontraktion

Folge $(x_k)_{k\in\mathbb{N}}$

$$d(x_k, x_{k+1}) = d(f(x_{k-1}), f(x_k)) \le Ld(x_{k-1}, x_k) \quad \text{für alle } k \in \mathbb{N},$$

also (mit Induktion)

$$d(x_k, x_{k+1}) \le L^k d(x_0, x_1) \quad \text{für alle } k \in \mathbb{N}.$$

Damit ist für alle $k, m \in \mathbb{N}$

$$\begin{aligned} d(x_k, x_{k+m}) &\le d(x_k, x_{k+1}) + \ldots + d(x_{k+m-1}, x_{k+m}) \\ &\le L^k d(x_0, x_1) + \ldots + L^{k+m-1} d(x_0, x_1) = L^k \left(\sum_{j=0}^{m-1} L^j \right) d(x_0, x_1) \\ &\le \frac{L^k}{1-L} d(x_0, x_1), \qquad \text{da } L < 1. \end{aligned} \tag{2.14}$$

Die Folge $(x_k)_{k\in\mathbb{N}}$ ist also eine Cauchyfolge, und konvergiert damit wegen der Vollständigkeit von X gegen ein $x \in X$. Aus der Stetigkeit von f folgt

$$x = \lim_{k\to\infty} x_k = \lim_{k\to\infty} f(x_{k-1}) = f(x).$$

Schritt 2: Eindeutigkeit des Fixpunkts. Ist y ebenfalls Fixpunkt von x, so gilt

$$d(x, y) = d(f(x), f(y)) \le Ld(x, y),$$

also $(1 - L)d(x, y) \le 0$, also $d(x, y) = 0$ und damit $x = y$.

Schritt 3: Fehlerschranken. Zum Beweis der *a posteriori Fehlerabschätzung* (2.45) zeigen wir ähnlich wie oben

$$d(x_k, x_{k+m}) \le L \left(\sum_{j=0}^{m-1} L^j \right) d(x_{k-1}, x_k) \le \frac{L}{1-L} d(x_{k-1}, x_k),$$

also

$$d(x_k, x) = \lim_{m\to\infty} d(x_k, x_{k+m}) \le \frac{L}{1-L} d(x_{k-1}, x_k).$$

Analog ergibt sich die *a priori Fehlerabschätzung* (2.13) aus (2.14),

$$d(x_k, x) = \lim_{m\to\infty} d(x_k, x_{k+m}) \le \frac{L^k}{1-L} d(x_0, x_1).$$

□

Folgerung 2.44
Ist A eine nichtleere abgeschlossene Teilmenge eines vollständigen metrischen Raumes X und $f : A \to A$ eine Kontraktion, so gelten alle Aussagen von Satz 2.43, wobei X durch A ersetzt wird.

Beweis Nach Satz 2.14 sind abgeschlossene Teilmengen eines vollständigen metrischen Raumes vollständig. □

Beispiel 2.45
Nach Beispiel 2.42 ist $\cos : [-1, 1] \to [-1, 1]$ eine Kontraktion mit $L = \sin(1) < 1$. Da $[-1, 1]$ vollständig ist als abgeschlossene Teilmenge von $\mathbb{R}$ (Satz 2.14), besitzt die Gleichung

$$x = \cos(x)$$

nach dem Banachschen Fixpunktsatz 2.43 auf diesem Intervall eine eindeutige Lösung. Die Iterationsvorschrift $x_{k+1} = \cos(x_k)$ liefert eine gegen diesen Fixpunkt konvergierende Folge, siehe Abb. 2.8. Mit $x_0 = 0$ als Startwert ergibt sich $x_1 = 1$ und die *a priori*-Fehlerschranke (2.13)

$$d(x_k, x) \leq \frac{L^k}{1 - L} d(x_0, x_1) = \frac{\sin(1)^k}{1 - \sin(1)} .$$

Abb. 2.9 zeigt diese Fehlerschranken. Man sieht, dass diese Schranke den echten Fehler anfangs deutlich überschätzt.

Beispiel 2.46
Das in Analysis 1 in Satz 8.16 behandelte Heronverfahren (babylonisches Wurzelziehen) lässt sich als Anwendung des Banachschen Fixpunktsatzes verstehen. Sei $b > 0$ die Zahl, deren Wurzel wir approximieren wollen, und $x_0 > 0$ ein beliebiger Startwert. Dann hatten wir rekursiv eine Folge definiert durch

$$x_{n+1} = \frac{1}{2}\left(x_n + \frac{b}{x_n}\right) \quad \text{für } n \in \mathbb{N} .$$

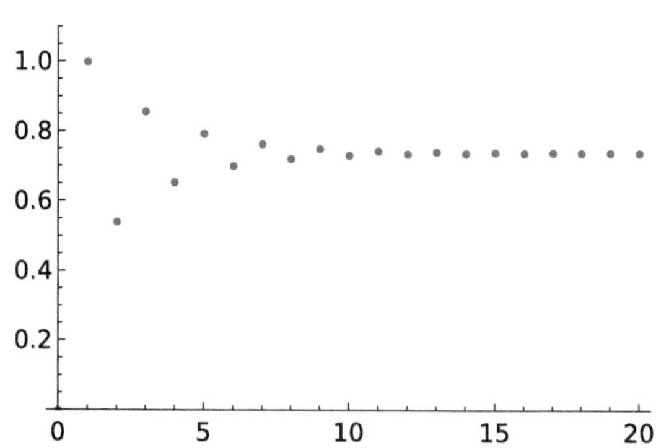

Abb. 2.8 Die Funktion $\cos : [-1, 1] \to [-1, 1]$ ist eine Kontraktion. Die Abbildung zeigt die Iteration $x_{k+1} = \cos(x_k)$ des Banachschen Fixpunktsatzes für den Startwert $x_0 = 0$

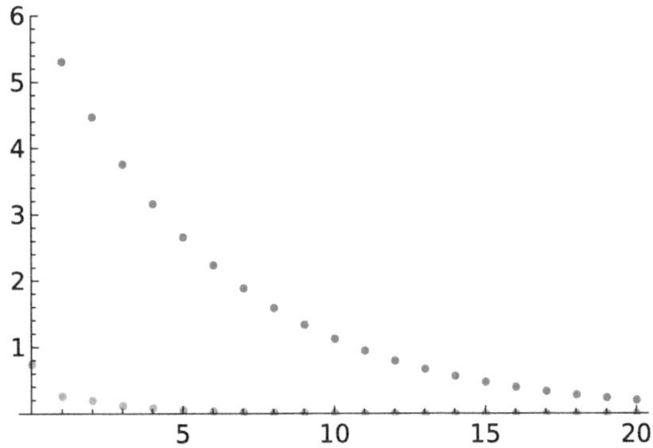

Abb. 2.9 Die *a priori*-Fehlerschranke (2.13) für die Fixpunktiteration zur Lösung von $x = \cos(x)$ mit Startwert $x_0 = 0$ (blau) und der tatsächliche Fehler (gelb)

Das ist die Fixpunktiteration für die Funktion

$$f\colon (0,\infty) \to (0,\infty), \qquad x \mapsto \frac{1}{2}\left(x + \frac{b}{x}\right).$$

Dann ist der Bildbereich $f((0,\infty))$ das Intervall $I := \left[\sqrt{b}, \infty\right)$, und die Ableitung

$$f'(x) = \frac{1}{2}\left(1 - \frac{b}{x^2}\right)$$

nimmt auf I eingeschränkt Werte in $\left[0, \frac{1}{2}\right)$ an. Damit ist die Restriktion von $f|_I\colon I \to I$ von f eine Kontraktion mit Kontraktionskonstante $L = \frac{1}{2}$; dies folgt mit dem Mittelwertsatz der Differentialrechnung (Analysis 1, Folgerungen 12.19 und 12.20). Also konvergiert das Heronverfahren nach dem Banachschen Fixpunktsatz 2.43 für alle Startwerte in I (und daraus folgt, dass das Verfahren ggfs. mit einem Iterationsschritt mehr für alle Startwerte in $(0,\infty)$ konvergiert).

2.7 Koordinatentransformationen

Bijektive stetige Abbildungen sind oft von besonderem Interesse. Ein wichtiges Beispiel ist die Einführung neuer Koordinaten im $\mathbb{R}^n$.

Polarkoordinaten in der Ebene: In $\mathbb{R}^2$ können, mit Ausnahme des Ursprungs, alle Punkte $(x, y) \in \mathbb{R}^2$ durch Polarkoordinaten (r, φ) beschrieben werden, wobei $r \in (0,\infty)$ und $\varphi \in \mathbb{R}$. Die Abbildung

$$f\colon (0,\infty) \times \mathbb{R} \to \mathbb{R}^2, \quad f(r,\varphi) = (r\cos(\varphi), r\sin(\varphi))$$

repräsentiert die Transformation von Polarkoordinaten auf kartesische Koordinaten. Wir kennen diese Darstellung schon aus Analysis 1, Abschn. 11.3, über die Polarkoordinatendarstellung komplexer Zahlen. Es gilt

$$x = r\cos(\varphi), \qquad y = r\sin(\varphi). \tag{2.15}$$

Hier wird der durch $r > 0$ und $-\pi < \varphi \leq \pi$ gegebene „Halbstreifen" der (r, φ)-Ebene bijektiv auf $\mathbb{R}^2 \setminus \{0\}$ abgebildet.

Berechnungen können sich durch die Wahl eines geeigneten Koordinatensystems deutlich vereinfachen, und geeignete Koordinaten können sehr erhellend sein.

Zum Beispiel ist es instruktiv, die Funktion aus Beispiel 2.24 (wir bezeichnen sie jetzt mit g statt mit f),

$$g(x, y) = \begin{cases} \frac{2xy}{x^2+y^2} & \text{für } (x, y) \neq (0, 0)\,, \\ 0 & \text{für } (x, y) = (0, 0)\,, \end{cases}$$

in Polarkoordinaten zu schreiben. Mit (2.15) gilt für $\tilde{g}(r, \varphi) = g(f(r, \varphi))$, dass

$$\tilde{g}(r, \varphi) = 2\cos(\varphi)\sin(\varphi) = \sin(2\varphi)\,.$$

Also ist $\tilde{g}$ längs vom Ursprung ausgehender Halbgeraden konstant. Wir sehen unmittelbar, dass $\tilde{g}$ in jeder Umgebung des Nullpunktes alle Bildwerte $[-1, 1]$ annimmt; mit Polarkoordinaten ist das eher einfacher zu sehen als aus Abb. 2.6.

Für Koordinatentransformationen gibt es verschiedene Konventionen. Wir haben hier für φ das halboffene Intervall $(-\pi, \pi]$ gewählt; das hat den Vorteil, dass eine Bijektion auf jeden Punkt bis auf den Ursprung definiert ist. Der Nachteil dieser Konvention ist, dass die Umkehrabbildung $(r, \varphi) \to (x, y)$ nicht in jedem Punkt stetig sein kann: Hier ist die Umkehrabbildung in jedem Punkt auf der negativen reellen Achse unstetig. Oft ist es praktisch, wenn Funktion und Umkehrabbildung stetig sind; wir werden das in Kürze als „Homöomorphismus" definieren. Deshalb beschränkt man Polarkoordinaten oft auf ein offenes Intervall für φ und nimmt in Kauf, dass es eine Halbgerade von Punkten gibt, die nicht als Bild angenommen werden. Für die Wahl $\varphi \in (-\pi, \pi)$ ist dies die negative reelle Halbachse, für die auch oft vorkommende Wahl $\varphi \in (0, 2\pi)$ ist das die positive reelle Halbachse.

Kugelkoordinaten in $\mathbb{R}^3$, auch räumliche Polarkoordinaten genannt: Analog zum zweidimensionalen Fall werden räumliche Polarkoordinaten definiert durch

$$\begin{aligned} x &= r\cos(\varphi)\cos(\theta) \\ y &= r\sin(\varphi)\cos(\theta) \\ z &= \, r\sin(\theta) \end{aligned} \tag{2.16}$$

mit $r \in (0, \infty)$, $\varphi \in (-\pi, \pi]$ und $\theta \in \left[-\frac{\pi}{2}, \frac{\pi}{2}\right]$, siehe Abb. 2.11.

Die Winkel der Kugelkoordinaten werden zur Positionsbestimmung von Sternen benutzt: Hier bestimmt φ die Position auf einer Kreislinie in der Äquatorebene und wird oft als Azimut bezeichnet. Für den Höhenwinkel θ gibt es verschiedene Konventionen: In der theoretischen Physik wird θ meist im Bezug zum Nordpol gemessen und dann als Zenitwinkel bezeichnet. Bei uns misst θ die geographische Breite, also den Winkel zur Äquatorebene.

Abb. 2.10 Zylinderkoordinaten

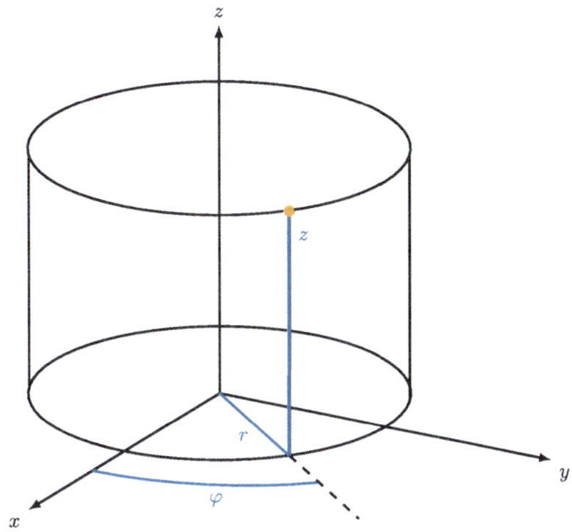

Abb. 2.11 Kugelkoordinaten

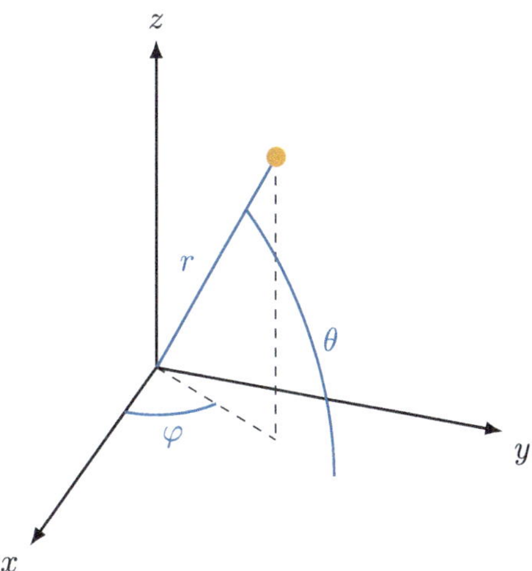

In $\mathbb{R}^n$ werden Polarkoordinaten $(r, \varphi, \theta_1, \ldots, \theta_{n-2})$ eingeführt durch

$$\begin{aligned}
x_1 &= r\cos(\varphi)\cos(\theta_1)\ \cos(\theta_2)\ldots\cos(\theta_{n-3})\ \cos(\theta_{n-2})\\
x_2 &= r\sin(\varphi)\cos(\theta_1)\ \cos(\theta_2)\ldots\cos(\theta_{n-3})\ \cos(\theta_{n-2})\\
x_3 &= \qquad\qquad r\sin(\theta_1)\cos(\theta_2)\ldots\cos(\theta_{n-3})\ \cos(\theta_{n-2})\\
&\ \vdots \qquad\qquad\qquad \ddots\\
x_{n-1} &= \qquad\qquad\qquad\qquad\qquad r\sin(\theta_{n-3})\cos(\theta_{n-2})\\
x_n &= \qquad\qquad\qquad\qquad\qquad\qquad\qquad r\sin(\theta_{n-2})
\end{aligned}$$

mit $r \in (0, \infty)$, $\varphi \in (-\pi, \pi]$ und $\theta_j \in \left[-\frac{\pi}{2}, \frac{\pi}{2}\right]$ für $j = 1, \ldots, n-2$. Im nächsten Abschnitt sehen wir als Anwendung der Polarkoordinaten in $\mathbb{R}^3$, wie das Vektorfeld auf der Kugeloberfläche im $\mathbb{R}^3$ aus Abb. 2.12 mit Hilfe von Kugelkoordinaten auf die Ebene abgebildet werden kann.

Polarkoordinaten sind besonders zur Beschreibung von radialsymmetrischen Funktionen geeignet. **Zylinderkoordinaten** helfen bei der Beschreibung von Problemen, die eine Rotationssymmetrie um eine ausgezeichnete Achse besitzen, siehe Abb. 2.10. Die Transformation lautet für Symmetrie bezüglich der z-Achse

$$f\colon (0,\infty)\times\mathbb{R}\times\mathbb{R}\to\mathbb{R}^3,\quad f(r,\varphi,z)=(r\cos(\varphi), r\sin(\varphi), z) \tag{2.17}$$

Zum Abschluss eine Warnung. Die Umkehrung einer bijektiven stetigen Abbildung $f\colon X\to Y$ muss nicht stetig sein. Zum Beispiel: Die Abbbildung $f\colon [0,2\pi)\to S^1 := \{z\in\mathbb{C} \mid |z|=1\}$, $x\mapsto \exp(ix)$ ist stetig und bijektiv, die Umkehrabbildung ist aber unstetig im Punkt 1. Ein **Homöomorphismus** ist eine bijektive stetige Abbildung $f\colon X\to Y$, deren Umkehrabbildung ebenfalls stetig ist. Ein Beispiel ist die Abbildung f aus Beispiel 1.10, die $\overline{\mathbb{R}}$ auf $[-1,1]$ abbildet.

2.8 Ausblick

Das Video auf der Webseite [1] gibt eine schöne Einführung in einige Aspekte der Topologie; die Seite beschreibt zudem auch Anwendungen dieser Disziplin. Wer weiterlesen will: ein Klassiker unter den Topologiebüchern ist [4].

Wir beschließen dieses Kapitel mit einer Perle der Topologie, nämlich dem Satz vom Igel. Wir werden diesen Satz später mit der Sprache der Vektorfelder genauer formulieren können. Dann können wir sagen: Auf einer Sphäre $S^n\subset\mathbb{R}^{n+1}$ gibt es genau dann ein tangentiales, stetiges und nirgends verschwindendes Vektorfeld, wenn n ungerade ist. Um dies etwas zu verstehen, spezialisieren wir auf den Fall $n=2$ und interpretieren das tangentiale Vektorfeld als Wind auf der Sphäre in $\mathbb{R}^3$, wie zu Beginn des Kapitels. Dann besagt der Satz, dass jedes tangentiale Vektorfeld mindestens eine Nullstelle hat. Also: Irgendwo auf der Erde muss es immer mindestens einen Ort geben, an dem es windstill ist. Welcher Ort das ist, kann natürlich im Lauf der Zeit wechseln.

Alternativ kann man sich statt Wind auch Stacheln eines Igels vorstellen, der zu einer Kugel zusammengerollt ist. Die Frage lautet dann: Kann man einen Igel so kämmen, dass es es keinen Glatzpunkt gibt? Obiges Resultat zeigt, dass dies nicht geht (sofern es sich um einen dreidimensionalen Igel handelt, also mit zweidimensionaler Oberfläche...).

Dieses Resultat wird auch mit einem Fixpunktsatz bewiesen – allerdings nicht dem Banachschen Fixpunktsatz, sondern dem Brouwerschen Fixpunktsatz (L. E. J. Brouwer, 1881–1966). Wir werden den Satz vom Igel hier nicht beweisen, sondern nur nachprüfen, dass er für Abb. 2.12 erfüllt ist. Dort ist der Nordpol ein windstiller Punkt (also Glatzpunkt in der Igelterminologie). Leichter als in Abb. 2.12 ist das zu sehen, wenn wir den Wind von der Darstellung auf der Kugel zu räumlichen Polarkoordinaten (r,φ,θ) wie in (2.16), hier mit $r\in\mathbb{R}$ fest, transformieren, siehe Abb. 2.13. Eine populärwissenschaftliche Behandlung des Satzes vom Igel und anderer mathematischer Schätze findet sich in [6].

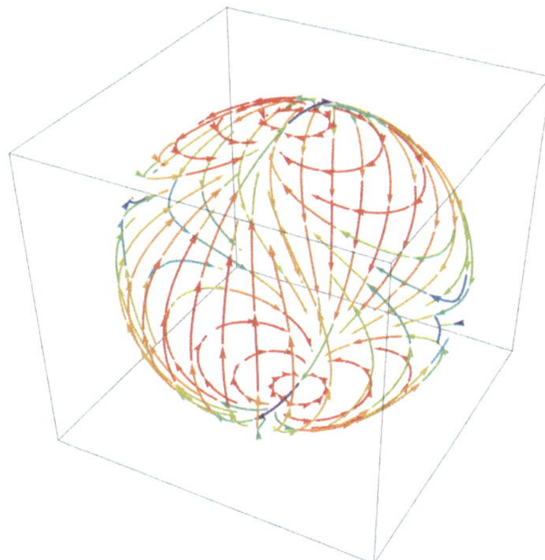

Abb. 2.12 Ein Vektorfeld auf einer Kugeloberfläche

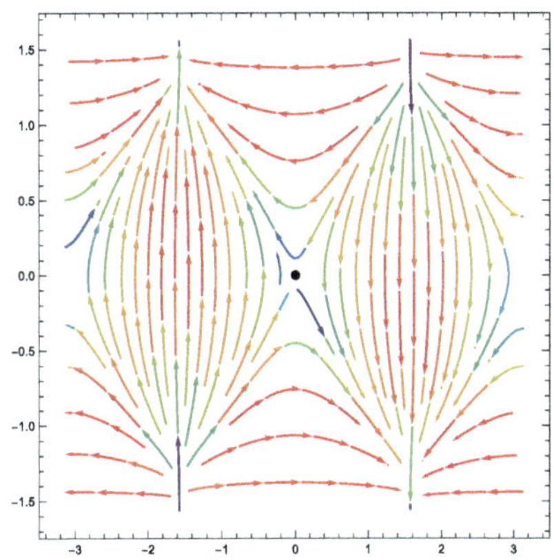

Abb. 2.13 Das Vektorfeld aus Abb. 2.12 in den Winkeln (φ, θ) der dreidimensionalen Kugelkoordinaten. Das Bild des „windstillen" Ortes, d. h., des Punktes mit verschwindendem Vektorfeld, ist mit einem Punkt markiert

Literatur

1. *How Is Topology Applicable to the Real World?* Institute for Advanced Studies. 2015. https://www.ias.edu/ideas/2015/macpherson-topology-video.
2. K. Jänich. *Topologie*. Springer-Verlag, Berlin, 2005.
3. G. Laures und M. Szymik. *Grundkurs Topologie*. Springer-Lehrbuch. Springer Spektrum, Berlin, 2015.
4. J. R. Munkres. *Topology: a first course*. Englewood Cliffs, N.J.: Prentice-Hall Inc., 1975.
5. H.-O. Peitgen und P. H. Richter. *The beauty of fractals*. Images of complex dynamical systems. Springer-Verlag, Berlin, 1986.
6. I. Stewart. *Professor Stewarts mathematische Schätze*. Rowohlt, 2013.

Endlich- und unendlichdimensionale normierte Räume

3

3.1 Überblick

Wir sind normierten Räumen schon in Abschn. 1.2 begegnet. Jetzt werden wir die in den letzten Kapiteln erarbeitete Theorie auf diese Räume anwenden.

Die Einsichten der letzten beiden Kapitel könnten uns nervös gemacht haben: Im Eindimensionalen war alles klar, es gibt mit der Festlegung $\|1\| = 1$ genau eine Norm auf $\mathbb{R}$, nämlich den Betrag (Übung).

Wir haben aber gesehen, dass es im Mehrdimensionalen verschiedene Normen gibt. Der Konvergenzbegriff hängt von der Norm ab. Kann es also sein, dass eine Folge bezüglich einer Norm konvergiert, aber nicht bezüglich einer anderen Norm?

In diesem Kapitel wenden wir uns u. a. dieser Frage zu. Kurz gesagt werden wir sehen:

- In $\mathbb{R}$, also im Eindimensionalen, haben wir nur eine Norm und damit nur einen Konvergenzbegriff.
- Im Mehrdimensionalen, also im $\mathbb{R}^n$ mit $n \geq 2$, gibt es verschiedene Normen und dementsprechend verschiedene Konvergenzbegriffe. Diese sind aber alle äquivalent, in folgendem Sinne: Konvergenz bezüglich einer Norm liegt genau dann vor, wenn Konvergenz gegenüber einer beliebigen anderen Norm vorliegt. Anschaulich ordnen verschiedene Normen einem Vektor verschiedene Längen zu (Abb. 1.1); „Kleinheit" in einer Norm impliziert aber „Kleinheit" in jeder anderen Norm; siehe Satz 3.7.
- Im Unendlichdimensionalen, insbesondere für Funktionenräume, ist dies *falsch:* Im Unendlichdimensionalen sind Normen nicht äquivalent, es kann also Konvergenz bezüglich einer Norm auftreten, ohne dass Konvergenz bezüglich einer anderen Norm vorliegt. Zwar sind unendlichdimensionale normierte Räume strukturell ihren endlichdimensionalen Geschwistern in vielfacher Weise ähnlich, wie wir sehen werden. Aber es gibt wichtige Unterschiede, von denen wir einige behandeln werden.

M. Brokate et al., *Analysis 2*,
https://doi.org/10.1007/978-3-662-71141-5_3

3.2 Endlichdimensionale normierte Räume

Wir ernten wieder Früchte der in den letzten Kapitel geleisteten Arbeit. Für $(\mathbb{R}^n, \|\cdot\|)$ mit einer Norm $\|\cdot\|$ hier ein wichtiger Satz.

Satz 3.1 (Bolzano-Weierstraß im Mehrdimensionalen)
Sei K eine Teilmenge von $(\mathbb{R}^n, \|\cdot\|_\infty)$. Dann gilt

$$K \text{ kompakt} \quad \Leftrightarrow \quad K \text{ abgeschlossen und beschränkt.}$$

Beweis „ $\Rightarrow$ “: Dies ist Satz 2.36 (i).

„ $\Leftarrow$ “: Nach Lemma 1.17 gibt es ein $C > 0$, so dass K in einer Kugel bezüglich der Supremumsnorm mit Mittelpunkt 0 und Radius $C > 0$ liegt. Diese Kugel ist ein „Quader“ der Form

$$\prod_{j=1}^{n} [-C, C]$$

(vergleiche Abb. 2.2). Da K abgeschlossen und der Quader nach Folgerung 2.35 kompakt ist, ist K nach Satz 2.36 (ii) kompakt. □

Hier ist die Supremumsnorm der Bequemlichkeit halber gewählt; Satz 3.7 und die darauf folgenden Bemerkungen erlauben eine Ausweitung auf andere Normen.

Folgerung 3.2
In $(\mathbb{C}^n, \|\cdot\|_\infty)$ gilt ebenfalls: Eine Teilmenge K ist genau dann kompakt, wenn sie abgeschlossen und beschränkt ist.

Beweis Die kanonische Bijektion zwischen $\mathbb{C}^n$ und $\mathbb{R}^{2n}$ ordnet jeder Komponente eines Vektors in $\mathbb{C}^n$ seinen Real- und Imaginärteil zu. Damit kann die Behauptung auf die entsprechende Aussage im $\mathbb{R}^{2n}$ zurückgeführt werden. □

Wir wiederholen zwei Sätze aus Abschn. 2.5, spezialisiert auf normierte Räume.

Satz 3.3
Seien $(X, \|\cdot\|_X)$ und $(Y, \|\cdot\|_Y)$ normierte Räume, $K \subset X$ kompakt und $f: K \to Y$ stetig. Dann ist auch $f(K)$ kompakt.

Beweis Dies ist ein Spezialfall von Satz 2.37. □

Satz 3.4 (Satz vom Maximum, Fassung für normierte Räume)
Sei $(X, \|\cdot\|)$ ein normierter Raum, $K \subset X$ kompakt und $f: K \to \mathbb{R}$ stetig. Dann ist $f(K)$ beschränkt, und f nimmt auf K sowohl Maximum als auch Minimum an, d. h. es gibt $p, q \in K$ mit

$$f(p) = \sup_{x \in K} f(x), \quad f(q) = \inf_{x \in K} f(x).$$

Beweis Dies ist ein Spezialfall von Satz 2.38. □

Definition 3.5
Seien X ein Vektorraum und $\|\cdot\|$, $\|\cdot\|_\star$ Normen auf X. Die beiden Normen heißen ***äquivalent,*** *falls es Konstanten $c_1, c_2 > 0$ gibt mit*

$$c_1\|x\| \le \|x\|_\star \le c_2\|x\|$$

für alle $x \in X$.

Ist diese Definition von Äquivalenz kompatibel zu der Äquivalenz von Metriken aus Abschn. 2.2, Normen erzeugen ja Metriken? Der folgende Satz zeigt, dass dem so ist.

Satz 3.6
Zwei Normen sind genau dann äquivalent, wenn sie äquivalente Metriken und damit dieselbe Topologie erzeugen.

Beweis Übung. □

Jetzt kommen wir zu dem schon zu Beginn dieses Kapitels erwähnten Satz. Dieser Satz ist ein echtes Geschenk, denn er besagt, dass wir zur Untersuchung der Konvergenz in $\mathbb{R}^n$ oder $\mathbb{C}^n$ die für uns bequemste Norm aussuchen dürfen und das Resultat dann auch für alle anderen Normen gilt.

Satz 3.7 (Äquivalenz von Normen)
Seien $\|\cdot\|$ und $\|\cdot\|_\star$ zwei Normen auf dem $\mathbb{K}^n$. Dann gibt es reelle Zahlen $c_1, c_2 > 0$ mit

$$c_1\|x\| \le \|x\|_\star \le c_2\|x\|\,, \quad \textit{für alle } x \in \mathbb{K}^n. \tag{3.1}$$

Kurz: Auf dem $\mathbb{K}^n$ sind alle Normen äquivalent.

Beweis Zwei Normen, die beide zu einer dritten äquivalent sind, sind auch zueinander äquivalent (SÜPER-Übung).

Es reicht also, die Äquivalenz einer beliebigen Norm $\|\cdot\|$ zur Supremumsnorm $\|\cdot\|_\infty$ zu zeigen, also die Existenz zweier Konstanten c_1 und c_2, so dass

$$c_1\|x\|_\infty \le \|x\| \le c_2\|x\|_\infty\,, \quad \text{für alle } x \in \mathbb{K}^n.$$

Schritt 1: Konstruktion von c_2 Sei

$$x = \sum_{j=1}^{n} x_j e_j\,,$$

wobei e_j der j-te Einheitsvektor ist. Es folgt

$$\|x\| \leq \sum_{j=1}^{n} |x_j| \|e_j\| \leq \left(\sum_{j=1}^{n} \|e_j\| \right) \max_{1 \leq j \leq n} |x_j| = \underbrace{\left(\sum_{j=1}^{n} \|e_j\| \right)}_{=:c_2} \|x\|_\infty .$$

Schritt 2: Existenz von c_1 Die Idee ist, die Normfunktion $\|\cdot\|$ auf der Einheitssphäre bezüglich der Norm $\|\cdot\|_\infty$ zu betrachten und zu sehen, dass ein Minimum angenommen wird. Wir definieren also $f : (\mathbb{K}^n, \|\cdot\|_\infty) \to (\mathbb{R}, |\cdot|)$ durch

$$f(x) = \|x\| .$$

Die Funktion f ist stetig, da für jede Folge $(x_k)_{k\in\mathbb{N}}$ in $\mathbb{K}^n$ mit $x_k \to a$ gilt

$$0 \leq |f(x_k) - f(a)| = | \, \|x_k\| - \|a\| \, | \leq \|x_k - a\| \leq c_2 \|x_k - a\|_\infty ,$$

also auch $f(x_k) \to f(a)$. Wir betrachten die Einheitssphäre bezüglich $\|\cdot\|_\infty$,

$$S := \{x \mid x \in \mathbb{K}^n, \ \|x\|_\infty = 1\} .$$

S ist eine abgeschlossene und beschränkte Teilmenge von $(\mathbb{K}^n, \|\cdot\|_\infty)$, also kompakt nach Satz 3.1. Daher wird nach Satz 2.38 das Minimum von f auf S angenommen, d. h. es gibt ein $y \in \mathbb{K}^n$ mit $\|y\|_\infty = 1$ und

$$0 < f(y) = \|y\| = \min_{x \in S} \|x\| .$$

Wir setzen $c_1 = \|y\|$. Es gilt dann für alle $x \in \mathbb{K}^n$ mit $x \neq 0$, dass $x/\|x\|_\infty \in S$, also

$$c_1 \leq \left\| \frac{x}{\|x\|_\infty} \right\| .$$

Daher gilt die linke Ungleichung in (3.1) für alle $x \in \mathbb{K}^n$. □

Wie eingangs skizziert, ergibt sich aus Satz 3.7 folgende Erkenntnis: Die Richtigkeit der Aussagen „(x_k) ist konvergent in $(\mathbb{K}^n, \|\cdot\|)$“ und „$(x_k)$ ist Cauchyfolge bezüglich $(\mathbb{K}^n, \|\cdot\|)$“ hängt *nicht* von der Wahl der Norm $\|\cdot\|$ ab. Der Begriff der Konvergenz in $\mathbb{R}^n$ bzw. $\mathbb{C}^n$ ist also von der Wahl der Norm unabhängig! Kurz: In $\mathbb{K}^n$ sind in allen Normen die gleichen Folgen konvergent. Siehe Abb. 3.1 zur gegenseitigen Einschachtelung von Kugeln verschiedener Normen in $\mathbb{R}^2$. Ebenso gilt: Ist $Y \subset \mathbb{K}^n$, so hängen die Mengen $\operatorname{int}(Y)$, $\overline{Y}$, ∂Y sowie die Eigenschaften „offen“, „abgeschlossen“, „kompakt“ und „beschränkt“ ebenfalls nicht davon ab, welche Norm auf $\mathbb{K}^n$ man gewählt hat.

Die folgende Definition führt einen grundlegenden Begriff ein, benannt nach dem polnischen Mathematiker Stefan Banach (1892–1945), dem wir auch den Fixpunktsatz 2.43 verdanken.

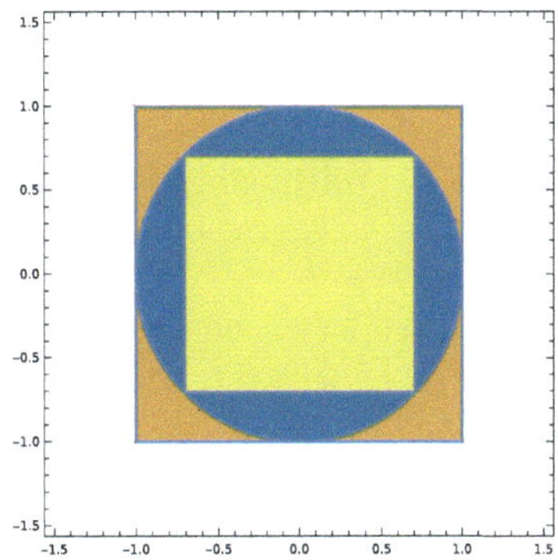

Abb. 3.1 Zur Äquivalenz von Normen (Satz 3.7). Äquivalenz von Normen impliziert, dass Kugeln verschiedener Normen ineinander geschachtelt werden können, hier $\|\cdot\|_\infty$ (äußeres und inneres Quadrat) und die euklidische Einheitskugel

Definition 3.8 (Banachraum)
Ein vollständiger normierter Raum $(X, \|\cdot\|)$ *heißt* ***Banachraum.***

Satz 3.9 (Vollständigkeit von $\mathbb{K}^n$)
Sei $\|\cdot\|$ *eine Norm. Der normierte Raum* $(\mathbb{K}^n, \|\cdot\|)$ *ist ein Banachraum.*

Beweis Dies folgt direkt aus Satz 1.32 und 3.7. □

3.3 Unendlichdimensionale normierte (Funktionen-)Räume

Wir beschäftigen uns jetzt erstmals etwas tiefer mit unendlichdimensionalen Vektorräumen. Daher hier ein Spoiler mit den wichtigsten Gemeinsamkeiten und Unterschieden zu endlichdimensionalen Räumen:

(i) Viele Aussagen über normierte Räume gelten sowohl für endlichdimensionale als auch für unendlichdimensionale Räume, denn weder die Definition des Vektorraums noch die der Norm nimmt auf die Dimension Bezug. Insbesondere gibt es unendlichdimensionale Funktionenräume, die Banachräume sind.
(ii) Eine Hälfte des Satzes 3.1 von Bolzano-Weierstraß gilt nicht im Unendlichdimensionalen. Zwar sind auch im Unendlichdimensionalen kompakte Mengen abgeschlossen und beschränkt, aber es gibt in jedem unendlichdimensionalen Raum beschränkte und abgeschlossene Mengen, die nicht kompakt sind.
(iii) Im Unendlichdimensionalen sind verschiedene Normen im Allgemeinen *nicht* äquivalent, es gibt also keine Entsprechung zu Satz 3.7.

Zunächst sehen wir, dass wichtige Funktionenräume die schöne Eigenschaft haben, dass es auf ihnen Normen gibt, die sie zum Banachraum machen.

Wir erinnern an die Definition des Raums $B(D; \mathbb{K})$ der beschränkten Funktionen auf einer Menge D mit Werten in $\mathbb{K}$. Wir hatten in Analysis 1 bereits gezeigt (ohne es so zu nennen), dass $B(D; \mathbb{K})$ mit der Supremumsnorm zu einem normierten Raum wird.

Satz 3.10 (Vollständigkeit des Raums der beschränkten Funktionen)
Sei D eine nichtleere Menge. Dann ist der Raum $(B(D; \mathbb{K}), \|\cdot\|_\infty)$ *ein Banachraum.*

Beweis Wir haben nur die Vollständigkeit zu zeigen. Sei $(f_k)_{k\in\mathbb{N}}$ eine Cauchyfolge in $(B(D; \mathbb{K}), \|\cdot\|_\infty)$.

Schritt 1: Definition der Grenzfunktion Wegen

$$|f_k(t) - f_m(t)| \le \sup_{s\in D} |f_k(s) - f_m(s)| = \|f_k - f_m\|_\infty$$

ist $(f_k(t))_{k\in\mathbb{N}}$ für jedes $t \in D$ eine Cauchyfolge in $\mathbb{K}$. Da $\mathbb{K}$ vollständig ist, können wir also definieren

$$f(t) := \lim_{k\to\infty} f_k(t)\,.$$

Schritt 2: Beschränktheit der Grenzfunktion f Nach Satz 1.31 ist die Folge $(f_k)_{k\in\mathbb{N}}$ beschränkt in $B(D; \mathbb{K})$, also existiert ein $C > 0$ mit

$$|f_k(t)| \le \|f_k\|_\infty \le C$$

für alle $k \in \mathbb{N}$ und alle $t \in D$, also ist auch $|f(t)| \le C$ für alle $t \in D$.

Schritt 3: Gleichmäßige Konvergenz gegen f Wir zeigen $\|f_k - f\|_\infty \to 0$. Sei $\varepsilon > 0$. Wir wählen N so groß, dass

$$\|f_k - f_m\|_\infty < \frac{\varepsilon}{2} \qquad \text{für alle } k, m \ge N\,.$$

Sei nun $t \in D$. Wir wählen $m \ge N$ so, dass

$$|f(t) - f_m(t)| < \frac{\varepsilon}{2}\,.$$

Dann gilt für alle $k \ge N$

$$|f(t) - f_k(t)| \le |f(t) - f_m(t)| + |f_m(t) - f_k(t)| < \frac{\varepsilon}{2} + \frac{\varepsilon}{2} = \varepsilon\,.$$

Da $t \in D$ beliebig war, folgt

$$\|f - f_k\|_\infty = \sup_{t\in D} |f(t) - f_k(t)| \le \varepsilon$$

für alle $k \ge N$. □

Der Beweis war relativ mühsam, da wir zu einer beliebigen Cauchyfolge die Grenzfunktion konstruieren mussten. Der Nachweis der Banachraum-Eigenschaft, also der Vollständigkeit, vereinfacht sich stark, wenn man einen Teilraum eines Raumes untersucht, den man schon als Banachraum identifiziert hat. Wegen Satz 2.14 genügt es dann nämlich zu zeigen, dass dieser Teilraum abgeschlossen ist. Ein Beispiel dieser Strategie sehen wir jetzt.

Satz 3.11
Der Raum $(C[a,b], \|\cdot\|_\infty)$ *ist ein Banachraum.*

Beweis Nach Satz 3.10 ist $(B([a,b];\mathbb{R}), \|\cdot\|_\infty)$ ein Banachraum. Sei $(f_n)_{n\in\mathbb{N}}$ eine Folge in $C[a,b]$, die in $B([a,b])$ gleichmäßig gegen eine Funktion f konvergiert. In Analysis 1 wurde in Satz 13.4 mit einem sogenannten „$\varepsilon/3$-Beweis“ gezeigt, dass dann f stetig ist. Also ist $C[a,b]$ abgeschlossen und nach Satz 2.14 vollständig. □

Wir können den Raum $C[a,b]$ mit anderen Normen ausstatten. Am wichtigsten sind die sogenannten L^p-Normen, die den ℓ^p-Normen auf dem $\mathbb{K}^n$ entsprechen. Wir definieren in Analogie zu Satz 1.4

$$\|f\|_1 = \int_a^b |f(t)|\,\mathrm{d}t \tag{3.2}$$

und für $p \in (1,\infty)$

$$\|f\|_p = \left(\int_a^b |f(t)|^p\,\mathrm{d}t\right)^{\frac{1}{p}}; \tag{3.3}$$

formal haben wir dabei Summen durch Integrale ersetzt. Aus Analysis 1 ist bekannt, dass stetige Funktionen $f\colon [a,b]\to\mathbb{R}$ integrierbar sind. Wir kennen schon

$$\|f\|_\infty = \max_{a\le t\le b} |f(t)|\,. \tag{3.4}$$

Die Funktionen $\|f\|_p$ sind tatsächlich Normen auf $C[a,b]$.

Satz 3.12 (**L^p-Normen**)
Für jedes $p\in[1,\infty]$ *erfüllt* $\|\cdot\|_p\colon C[a,b]\to\mathbb{R}$ *die Normaxiome.*

Beweis Der Beweis der Normaxiome aus Definition 1.1 ist völlig analog zum Beweis von Satz 1.4; man muss lediglich die Summen durch Integrale über die Funktionswerte von f ersetzen. Statt (1.11) benutzt man die Hölder-Ungleichung für Integrale (wir werden diese Ungleichung in Analysis 3 beweisen). Ein subtiler Punkt steckt im Nachweis der Definitheit (1.1). Hier verwendet man, dass das Integral über die nichtnegative stetige Funktion $|f|^p$ nur dann verschwindet, wenn $|f|^p$ und damit auch f selbst die Nullfunktion ist. Dies hatten wir in Analysis 1 in Satz 14.29 bewiesen. □

Eine naheliegende Frage ist, ob man mit der L^p-Norm für $p \in [1, \infty)$ nicht nur den Raum $C[a, b]$ der stetigen Funktionen, sondern auch den Untervektorraum

$$R^p[a,b] := \{ f \in R[a,b] \mid \|f\|_p < \infty \}$$

der Regelfunktionen $R[a, b]$ zu einem normierten Vektorraum manchen kann. In der Tat ist $R^p[a, b]$ ein Vektorraum, aber $\|\cdot\|_p$ ist auf diesem Raum *keine* Norm. Genauer: $\|\cdot\|_p$ erfüllt das Definitheitsaxiom (1.1) nicht. Beispielsweise ist eine Funktion f, die sich nur an einem Punkt von der Nullfunktion unterscheidet, eine Regelfunktion mit $\|f\|_p = 0$. Dieses Thema wird in Analysis 3 genauer behandelt.

Normen auf unendlichdimensionalen Vektorräumen müssen *nicht* äquivalent sein. Wir zeigen das an einem Beispiel.

Beispiel 3.13
Die L^1-Norm und die L^∞-Norm auf $C[a, b]$ (also die Supremumsnorm) sind nicht äquivalent. Für $f_n : [a, b] \to \mathbb{R}$,

$$f_n(t) := \max\{1 - n(t - a)\,,\, 0\}\,, \tag{3.5}$$

gilt $f_n \in C[a, b]$, für $n \in \mathbb{N}$. Offensichtlich ist $\|f_n\|_\infty = 1$ für alle $n \in \mathbb{N}$, und $\|f_n\|_1 = \frac{1}{2n}$ für $n \geq \frac{1}{b-a}$. Damit ist für diese Folge für $n \geq \frac{1}{b-a}$

$$\|f_n\|_\infty = 2n \|f_n\|_1\,.$$

Es kann also keine Konstante $C < \infty$ geben, so dass $\|f_n\|_\infty \leq C \|f_n\|_1$ gilt.

Nicht jeder unendlichdimensionale normierte Raum ist ein Banachraum. Zum Beispiel ist $(C^1(-1, 1), \|\cdot\|_\infty)$ ein normierter Raum, jedoch *kein* Banachraum. Beispielsweise gilt für

$$f_n(t) := \sqrt{t^2 + \frac{1}{n}}\,,$$

dass $f_n \in C^1(-1, 1)$. Wenn diese Folge gleichmäßig konvergieren würde, könnte der Grenzwert nur $f(t) := |t|$ sein, diese Funktion liegt aber nicht $C^1(-1, 1)$.

Beispiel 3.14 (Fredholmsche Integralgleichung)
Der Banachsche Fixpunktsatz gilt in beliebigen Banachräumen, nicht nur in endlichdimensionalen. Wir behandeln jetzt ein Beispiel in einem unendlichdimensionalen Banachraum. In Anwendungen lassen sich Probleme oft als Integralgleichung der Form

$$f(t) = \int_a^b k(s,t) f(s)\, \mathrm{d}s + g(t) \tag{3.6}$$

formulieren, wobei $g : [a, b] \to \mathbb{R}$ eine gegebene stetige Funktion ist, die sogenannte Kernfunktion $k : [a, b] \times [a, b] \to \mathbb{R}$ stetig, also nach Satz 2.39 gleichmäßig stetig ist und $f: [a, b] \to \mathbb{R}$ gesucht ist. (Die hier geschilderte Theorie funktioniert genauso, wenn alle auftretenden Funktionen als Wertebereich $\mathbb{C}$ haben.) Gl. (3.6) ist eine **inhomogenen Fredholmsche Integralgleichung zweiter Art** (Erik Ivar Fredholm, 1866–1927); hier bedeutet „Fredholmsche Integralgleichung", dass die Integralgrenzen a und b fest sind und nicht von t abhängen; „zweiter Art" liegt vor, da auf der linken Seite von (3.6) f gegeben ist und nicht wie bei Gleichungen erster Art die Nullfunktion. In (3.6) ist g ist die Inhomogenität.

Wir setzen voraus, dass

$$L := \sup_{t \in [a,b]} \int_a^b |k(s,t)| \, \mathrm{d}s < 1 .$$

Zunächst müssen wir einen geeigneten Funktionenraum wählen. Die oben definierten Ausdrücke müssen dort enthalten sein bzw. Sinn ergeben. Es bietet sich an, $(C[a,b], \|\cdot\|_\infty)$ zu wählen, denn dann ist insbesondere das Integral in (3.6) wohldefiniert und die Gl. (3.6) ist damit sinnvoll. Wir setzten also $X := C[a,b]$. Als Norm wählen wir $\|\cdot\|_\infty$, da wir dann nach Satz 3.11 in einem Banachraum arbeiten. Wir betrachten den Integraloperator

$$\begin{aligned} I &: (C[a,b], \|\cdot\|_\infty) \to (C[a,b], \|\cdot\|_\infty), \\ I(f)(t) &:= \int_a^b k(s,t) f(s) \, \mathrm{d}s \qquad \text{für } t \in [a,b] . \end{aligned}$$

Dass $I(f)$ eine stetige Funktion und damit I eine Selbstabbildung ist, folgt mit Satz 10.1, der später behandelt wird. Aus diesem Satz ergibt sich auch, dass das Supremum in der Definition von L ein Maximum ist. Weiter gilt

$$\begin{aligned} |I(f)(t)| &= \left| \int_a^b k(s,t) f(s) \, \mathrm{d}s \right| \le \int_a^b |k(s,t) f(s)| \, \mathrm{d}s \\ &\le \|f\|_\infty \int_a^b |k(s,t)| \, \mathrm{d}s \le L \|f\|_\infty ; \end{aligned}$$

durch Übergang zum Supremum über $t \in [a,b]$ erhalten wir

$$\|I(f)\|_\infty \le L \|f\|_\infty , \tag{3.7}$$

und wegen $L < 1$ ist I eine Kontraktion auf $(C[a,b], \|\cdot\|_\infty)$. Ebenso ist

$$\begin{aligned} \tilde{I} &: (C[a,b], \|\cdot\|_\infty) \to (C[a,b], \|\cdot\|_\infty), \\ \tilde{I}(f)(t) &= I(f)(t) + g(t) \qquad \text{für } t \in [a,b] \end{aligned}$$

eine Kontraktion, da die Addition von g nur eine Translation darstellt,

$$\left\| \tilde{I}(f_1) - \tilde{I}(f_2) \right\|_\infty = \|I(f_1) - I(f_2)\|_\infty \le L \|f_1 - f_2\|_\infty .$$

Damit liefert der Banachsche Fixpunktsatz 2.43 eine eindeutige Lösung $f \in C[a, b]$ der Integralgleichung (3.6).

Wir geben jetzt eine bemerkenswerten Eigenschaft linearer Abbildungen zwischen normierten (endlich- oder unendlichdimensionalen) Räumen an.

Satz 3.15
Seien $(X, \|\cdot\|_X)$ und $(Y, \|\cdot\|_Y)$ normierte Räume, sei $f\colon X \to Y$ linear. Dann sind äquivalent:

(i) *f ist stetig auf X.*
(ii) *f ist stetig in 0.*
(iii) *Es gibt ein $C > 0$ mit*

$$\|f(x)\|_Y \leq C\|x\|_X\,, \quad \textit{für alle } x \in X. \tag{3.8}$$

Man kann Satz 3.15 so formulieren: Lineare Operatoren sind genau dann stetig, wenn sie im Nullpunkt stetig sind. Zum Nachweis der Stetigkeit verwendet man typischerweise das Kriterium (iii).
Beweis „(iii) $\Rightarrow$ (i)": Sei $a \in X$ und (x_k) eine Folge in X mit $x_k \to a$. Dann gilt

$$0 \leq \|f(x_k) - f(a)\|_Y = \|f(x_k - a)\|_Y \leq C\|x_k - a\|_X \to 0\,,$$

also $\|f(x_k) - f(a)\|_Y \to 0$, also $f(x_k) \to f(a)$.
„(i) $\Rightarrow$ (ii)": Hier ist nichts zu zeigen.
„(ii) $\Rightarrow$ (iii)": Wir wenden (2.3) an mit $\varepsilon = 1$ und $a = 0$ (also $f(a) = 0$). Wähle $\delta > 0$ so, dass $\|f(x)\|_Y < 1$ für alle $x \in X$ mit $\|x\|_X < \delta$ ist. Sei nun $x \in X$ beliebig, $x \neq 0$. Dann ist

$$\left\|\frac{\delta}{2\|x\|_X}x\right\|_X = \frac{\delta}{2} < \delta\,,$$

also

$$\|f(x)\|_Y = \frac{2\|x\|_X}{\delta}\left\|f\left(\frac{\delta}{2\|x\|_X}x\right)\right\|_Y < \frac{2}{\delta}\|x\|_X\,.$$

□

Abbildungen zwischen normierten Räumen werden in der Mathematik oft als **Operatoren** bezeichnet. Der Begriff des Operators ist allerdings nicht einheitlich definiert. Der historische Ausgangspunkt der Operatortheorie war, Operatoren zwischen Funktionenräumen zu betrachten, wie I in Beispiel 3.14. Es ist oft üblich, lineare Operatoren mit Großbuchstaben zu bezeichen, etwa $L\colon X \to Y$ oder $T\colon X \to Y$. Oft schreibt man bei Operatoren keine Klammern für das Argument, notiert also Lx statt $L(x)$. Sind $(X, \|\cdot\|_X)$ und $(Y, \|\cdot\|_Y)$ normierte Räume und $L\colon X \to Y$ linear und stetig, dann definiert

$$\|L\| := \sup_{\substack{x \in X\\ x \neq 0}} \frac{\|Lx\|_Y}{\|x\|_X} = \sup_{\substack{x \in X\\ \|x\|_X = 1}} \|Lx\|_Y \tag{3.9}$$

eine Norm, die sogenannte **Operatornorm.** Dass die Operatornorm wohldefiniert ist, folgt aus Satz 3.15 (iii). Die Normeigenschaften rechnet man leicht nach. Wir werden in Abschn. 8.2 Matrixnormen betrachten, d. h. Operatornormen auf dem $\mathbb{R}^n$.

In Beispiel 3.14 hatten wir bereits gesehen, dass die Fredholmsche Integralgleichung zweiter Art zu einem Operator auf $(C[a, b], \|\cdot\|_\infty)$ führt. Dieser ist linear und wegen der Abschätzung (3.7) gemäß Satz 3.15 (iii) auch stetig. Analog kann man Operatoren betrachten, die durch Differentiation entstehen. Die folgenden Beispiele zeigen, dass Integraloperatoren bessere Stetigkeitseigenschaften als Differentialoperatoren haben.

Beispiel 3.16

(i) Auf $X = C[a, b]$ betrachten wir den *Integraloperator*

$$I: X \to \mathbb{R}, \quad I(f) = \int_a^b f(t)\,\mathrm{d}t\,.$$

Er ist linear und stetig bezüglich beider Normen aus (3.2) und (3.4),

$$\|f\|_1 = \int_a^b |f(t)|\,\mathrm{d}t \quad \text{und} \quad \|f\|_\infty = \max_{a \le t \le b} |f(t)|\,,$$

da

$$|I(f)| = \left|\int_a^b f(t)\,\mathrm{d}t\right| \le \int_a^b |f(t)|\,\mathrm{d}t = \|f\|_1 \le (b-a)\|f\|_\infty\,.$$

Dasselbe folgt aus Satz 3.15 (iii) für den Integraloperator

$$\tilde{I}: X \to X\,, \quad \tilde{I}(f)(x) = \int_a^x f(t)\,\mathrm{d}t\,,$$

da

$$\left\|\tilde{I}f\right\|_\infty = \max_{x \in [a,b]} \left|\int_a^x f(t)\,\mathrm{d}t\right| \le \int_a^b |f(t)|\,\mathrm{d}t = \|f\|_1$$

und daher mit derselben Rechnung wie oben

$$\left\|\tilde{I}f\right\|_1 \le (b-a)\left\|\tilde{I}f\right\|_\infty \le (b-a)\|f\|_1 \le (b-a)^2\|f\|_\infty\,.$$

(ii) Sei $X = (C^1(I) \cap B(I), \|\cdot\|_\infty)$ mit $I = (-\pi, \pi)$ der Raum der beschränkten, stetig differenzierbaren Funktionen auf I. Der *Differentialoperator*

$$D: X \to \mathbb{R}, \qquad f \mapsto f'(0)$$

ist linear, aber nicht stetig. Denn für die Funktionenfolge $f_n(t) := \frac{1}{n} \sin\left(n^2 t\right)$ gilt $\|f_n\|_\infty = \frac{1}{n} \to 0$, aber $f_n'(0) = n\cos(0) = n$. Es kann also keine reelle Konstante C geben, mit der (3.8) erfüllt ist. (Man kann zeigen, dass D auch dann unstetig ist, wenn man $f'(0)$ durch $f'(c)$ mit $c \in I$ ersetzt, solange $c \neq \pm\frac{\pi}{2}$ gilt.)

(iii) Wir betrachten wieder $X = C[a, b]$ mit der Supremumsnorm. Die *Punktauswertung* in a, also die lineare Abbildung

$$T\colon X \to \mathbb{R}, \quad T(f) = f(a),$$

ist stetig bezüglich $\|\cdot\|_\infty$, da $|T(f)| = |f(a)| \leq \|f\|_\infty$. Sie ist aber *nicht* stetig bezüglich $\|\cdot\|_1$. Um dies zu sehen, betrachten wir die Folge (3.5) aus Beispiel 3.13,

$$f_n(t) = \max\{1 - n(t-a)\,,\, 0\}.$$

Dann gilt

$$|T(f_n)| = |f_n(a)| = 1,$$

aber (für $n \geq \frac{1}{b-a}$)

$$\|f_n\|_1 = \frac{1}{2n} \to 0,$$

und somit ist (3.8) für kein $C > 0$ erfüllt.

Das Beispiel 3.16 (ii) könnte direkt aus einem Horrorfilm entsprungen sein: Es handelt sich um eine *Nullfolge* in X, deren Bild *unbeschränkt* ist. Schlimmer geht es kaum (und noch dazu handelt es sich um den Differentialoperator, den man immer für einen harmlosen Zeitgenossen gehalten hatte). Können Sie in einer SÜPER-Übung eine Folge produzieren, deren Bild beschränkt bleibt, wenn D auf sie angewandt wird, die aber trotzdem zeigt, dass D unstetig ist?

In der Schule wird Differentiation oft als leicht und Integration als schwer beschrieben, „Differentiation ist ein Handwerk und Integration ist eine Kunst". Das ist richtig, wenn es darum geht, ohne Computerhilfe explizite Formeln für Ableitungen bzw. Stammfunktionen zu erhalten; die Bestimmung letzterer kann etwa trickreiche Substitutionen erfordern. Aber die obigen Beispiele illustrieren, dass strukturell Differentiation schwerer als Integration ist: Beide sind lineare Operatoren, aber Differentialoperatoren sind oft unstetig. Dieses Problem kann in Anwendungen einiges Kopfzerbrechen bewirken. Unter anderem deshalb hatten wir in Abschn. 2.6 die Differentialgleichung (2.8) in eine Integralgleichung (2.9) umgeschrieben. Aus der Sicht der mathematischen Theorie bietet die Behandlung von Integralausdrücken oft Vorteile im Vergleich zu Ausdrücken, welche Ableitungen enthalten.

3.4 Skalarprodukte und Hilberträume

Das Besondere an der euklidischen Norm ist, dass sie aus einem Skalarprodukt entsteht, an dessen Definition wir hier erinnern. Setzen wir

$$\langle x, y\rangle := \sum_{j=1}^{n} x_j y_j , \qquad x, y \in \mathbb{R}^n , \tag{3.10}$$

so ist $\langle x, y\rangle$ eine reelle Zahl, und es gilt

$$\|x\|_2 = \sqrt{\langle x, x\rangle} . \tag{3.11}$$

Im Komplexen betrachtet man statt (3.10)

$$\langle x, y\rangle := \sum_{j=1}^{n} \overline{x_j} y_j , \qquad x, y \in \mathbb{C}^n . \tag{3.12}$$

Es ergibt sich also eine komplexe Zahl. Dadurch erreicht man, dass (3.11) auch in $\mathbb{C}^n$ gilt, wegen

$$\sqrt{\langle x, x\rangle} = \sqrt{\sum_{j=1}^{n} \overline{x_j} x_j} = \sqrt{\sum_{j=1}^{n} |x_j|^2} .$$

Wie Normen betrachtet man auch Skalarprodukte auf Vektorräumen, ohne sich dabei auf den endlichdimensionalen Fall einzuschränken. Ausführlicher werden Skalarprodukte in der linearen Algebra behandelt.

Definition 3.17 (Skalarprodukt, reeller Fall)
Sei X ein Vektorraum über $\mathbb{R}$. Eine Abbildung $\langle \cdot, \cdot \rangle : X \times X \to \mathbb{R}$ heißt ***Skalarprodukt*** *auf X, falls gilt*

(i) *Die Abbildung ist* definit,

$$\langle x, x\rangle > 0 \qquad \textit{für alle } x \in X \textit{ mit } x \neq 0, \tag{3.13}$$

(ii) symmetrisch, *d. h.*

$$\langle x, y\rangle = \langle y, x\rangle \qquad \textit{für alle } x, y \in X, \tag{3.14}$$

(iii) *und* linear,

$$\langle x, \alpha y + \beta z\rangle = \alpha \langle x, y\rangle + \beta \langle x, z\rangle \qquad \textit{für alle } x, y, z \in X \textit{ und alle } \alpha, \beta \in \mathbb{R}. \tag{3.15}$$

Aus (3.14) und (3.15) folgt unmittelbar

$$\langle \alpha x + \beta y, z \rangle = \alpha \langle x, z \rangle + \beta \langle y, z \rangle \qquad \text{für alle } x, y, z \in X \text{ und alle } \alpha, \beta \in \mathbb{R}.$$

Ein Skalarprodukt im Reellen ist also nichts anderes als eine symmetrische positiv definite Bilinearform. Ist X ein reeller Vektorraum, so ist eine *Bilinearform* eine Abbildung $a\colon X \times X \to \mathbb{R}$, die in beiden Argumenten linear ist; a ist symmetrisch, wenn $a(x, y) = a(y, x)$ für alle $x, y \in X$ gilt; a ist positiv definit, wenn $a(x, x) > 0$ für $x \neq 0$ erfüllt ist.

Ist nun X ein Vektorraum über $\mathbb{C}$, so kommt die komplexe Konjugation ins Spiel, und zwar so, dass die Definition für $\mathbb{R}$ sich als Spezialfall ergibt.

Definition 3.18 (Skalarprodukt, komplexer Fall)
Sei X ein Vektorraum über $\mathbb{C}$. *Eine Abbildung* $\langle \cdot, \cdot \rangle : X \times X \to \mathbb{C}$ *heißt* ***Skalarprodukt*** *auf X, falls gilt:*

(i) *Die Abbildung ist* definit,

$$\langle x, x \rangle > 0 \qquad \textit{für alle } x \in X \textit{ mit } x \neq 0, \tag{3.16}$$

(ii) hermitesch, *d. h.*

$$\langle x, y \rangle = \overline{\langle y, x \rangle} \qquad \textit{für alle } x, y \in X, \tag{3.17}$$

(iii) *und* sesquilinear, *d. h.*

$$\langle x, \alpha y + \beta z \rangle = \alpha \langle x, y \rangle + \beta \langle x, z \rangle \qquad \textit{für alle } x, y, z \in X \textit{ und alle } \alpha, \beta \in \mathbb{C}. \tag{3.18}$$

In Eigenschaft (3.16) wird implizit verlangt, dass die Zahl $\langle x, x \rangle$ für jedes $x \in X$ reell ist; andernfalls würde die Ungleichung keinen Sinn machen.

Aus (3.17) und (3.18) folgt nunmehr

$$\langle \alpha x + \beta y, z \rangle = \overline{\alpha} \langle x, z \rangle + \overline{\beta} \langle y, z \rangle \qquad \text{für alle } x, y, z \in X \text{ und alle } \alpha, \beta \in \mathbb{C};$$

dies erklärt, weshalb das komplexe Skalarprodukt nur sesquilinear („anderthalbfach linear") ist: Das komplexe Skalarprodukt ist im zweiten Argument linear, aber im ersten nur semilinear, nämlich linear bis auf Konjugation von α und β. Ob Linearität im zweiten Argument und Semilinearität im ersten Argument verlangt wird oder umgekehrt, ist nicht einheitlich festgelegt. Wir folgen hier der in der mathematischen Physik und in Lehrbüchern zur linearen Algebra oft anzutreffenden Konvention, die erste Komponente zu konjugieren. In der Analysis wird im Allgemeinen die umgekehrte Konvention verwendet, bei der die zweite Komponente konjugiert wird. Die beiden Konventionen lassen sich natürlich leicht ineinander übersetzen. Beispielsweise in unserer Notation ist die Projektion von x auf y gegeben als $\frac{\langle y,x \rangle}{\langle y,y \rangle} y$, bei Konjugation in der zweiten Komponente hingegen durch $\frac{\langle x,y \rangle}{\langle y,y \rangle} y$.

Skalarprodukte stammen aus der Geometrie und der Algebra. Für uns in der Analysis ist insbesondere interessant, dass wir aus den Eigenschaften des Skalarprodukts die Dreiecksungleichung für die zugehörige Norm erhalten. Im endlichdimensionalen Fall beinhaltet dies insbesondere die euklidische Norm $\|\cdot\|_2$ als Spezialfall.

Satz 3.19 (Cauchy-Schwarz-Ungleichung)
Sei X ein Vektorraum über $\mathbb{K}$ mit einem Skalarprodukt $\langle\cdot,\cdot\rangle$. Dann wird durch

$$\|x\| := \sqrt{\langle x, x\rangle}$$

eine Norm auf X definiert. Außerdem gilt für alle $x, y \in X$ die ***Cauchy-Schwarz-Ungleichung***

$$|\langle x, y\rangle| \leq \|x\|\,\|y\| \quad \textit{für alle } x, y \in X. \tag{3.19}$$

Die Norm (3.19) *wird als die vom Skalarprodukt* **induzierte Norm** *bezeichnet.*

Diese Ungleichung ist nach Augustin-Louis Cauchy (1789–1857) und Hermann Amandus Schwarz (1843–1921) benannt.

Als Intuition zur Cauchy-Schwarz-Ungleichung: Wir beobachten dass (3.19) als Gleichheit (statt als Ungleichung) erfüllt ist, wenn x und y parallel oder antiparallel sind, also $x = \lambda y$ mit $\lambda \in \mathbb{C}$ gilt. Insofern kann man erwarten, dass (3.19) als echte Ungleichung gilt, wenn x und y nicht parallel oder antiparallel sind. Daher ist es instruktiv, die Projektion von x auf y zu betrachten; dies ist der Vektor $\frac{\langle y,x\rangle}{\langle y,y\rangle}y$. Dementsprechend ist die Projektion von x auf das orthogonale Komplement von y gegeben als $x - \frac{\langle y,x\rangle}{\langle y,y\rangle}y$. Wir erwarten, dass die Cauchy-Schwarz-Ungleichung als echte Ungleichung (mit $<$ statt $\leq$) erfüllt ist, wenn dieser Vektor eine nichtverschwindende Länge hat. Berechnen wir die Länge dieses Vektors, erhalten wir $\langle x, x\rangle - \frac{|\langle y,x\rangle|^2}{\langle y,y\rangle} \geq 0$; hier verwenden wir, dass die Länge eines Vektors nichtnegativ ist. Daraus ergibt sich die Cauchy-Schwarz-Ungleichung durch Multiplikation mit $\langle y, y\rangle$ und Wurzelziehen. Der Fall $y = 0$ ist in obiger Diskussion auszunehmen, allerdings gilt die Cauchy-Schwarz-Ungleichung für $y = 0$ trivialerweise.

Beweis Wir zeigen zunächst (3.19). Seien $x, y \in X$ mit $y \neq 0$. Die obige intuitive Diskussion legt nahe, die Länge des Vektors $x - \frac{\langle y,x\rangle}{\langle y,y\rangle}y$ zu berechnen. Wir schreiben dies zunächst als $x + \alpha y$, berechnen die Länge eines solchen Vektors und spezialisieren dann α. Für jedes $\alpha \in \mathbb{K}$ gilt

$$\begin{aligned} 0 \leq \langle x + \alpha y, x + \alpha y\rangle &= \langle x, x\rangle + \overline{\alpha}\,\langle y, x\rangle + \alpha\,\langle x, y\rangle + \alpha\overline{\alpha}\,\langle y, y\rangle \\ &= \langle x, x\rangle + \overline{\alpha}\overline{\langle x, y\rangle} + \alpha\,\langle x, y\rangle + |\alpha|^2\,\langle y, y\rangle\,. \end{aligned}$$

Setzen wir speziell

$$\alpha = -\frac{\overline{\langle x, y\rangle}}{\langle y, y\rangle}\,,$$

so folgt

$$0 \le \langle x, x \rangle - 2\frac{\langle x, y \rangle \overline{\langle x, y \rangle}}{\langle y, y \rangle} + \frac{|\langle x, y \rangle|^2}{\langle y, y \rangle},$$

und weiter

$$0 \le \langle x, x \rangle \langle y, y \rangle - |\langle x, y \rangle|^2,$$

also gilt (3.19). Nun die Normeigenschaften: Aus $\|x\| = 0$ folgt $\langle x, x \rangle = 0$ und damit $x = 0$ wegen (3.16). Für $\alpha \in \mathbb{K}$ und $x \in X$ gilt

$$\|\alpha x\|^2 = \langle \alpha x, \alpha x \rangle = \alpha\overline{\alpha} \langle x, x \rangle = |\alpha|^2 \|x\|^2 .$$

Die Dreiecksungleichung gilt wegen

$$\begin{aligned} \|x + y\|^2 &= \|x\|^2 + \langle x, y \rangle + \langle y, x \rangle + \|y\|^2 \le \|x\|^2 + 2\|x\| \, \|y\| + \|y\|^2 \\ &= (\|x\| + \|y\|)^2 , \end{aligned}$$

dabei wurde die bereits bewiesene Cauchy-Schwarzsche Ungleichung verwendet. □

Als Spezialfall von Satz 3.19 ergibt sich, dass das Skalarprodukt (3.12),

$$\langle x, y \rangle = \sum_{j=1}^{n} \overline{x_j} y_j , \qquad x, y \in \mathbb{K}^n ,$$

eine Norm auf dem $\mathbb{K}^n$ erzeugt und somit die euklidische Norm (1.5) tatsächlich eine Norm ist. Wir notieren dieses wichtige Resultat.

Folgerung 3.20
Durch

$$\|x\|_2 = \sqrt{\sum_{j=1}^{n} |x_j|^2}$$

wird eine Norm auf dem $\mathbb{K}^n$ *definiert.*

Definition 3.21
Sei X ein Vektorraum über $\mathbb{K}$ *mit einem Skalarprodukt* $\langle \cdot, \cdot \rangle$. *Ist X vollständig bezüglich der durch das Skalarprodukt induzierten Norm, so spricht man von einem* ***Hilbertraum.***

Hilberträume sind also Spezialfälle von Banachräumen, in dem Sinne, dass die Norm in einem Hilbertraum von einem Skalarprodukt stammt. Beispielsweise ist $(\mathbb{K}^n, \|\cdot\|_2)$ ein Hilbertraum.

Ist in einem Hilbertraum das zugrundeliegende Skalarprodukt reell, so ist es möglich, den Begriff des **Winkels** einzuführen. Motiviert wird dies durch elementargeometrische Überlegungen für das euklidische Skalarprodukt (3.10) auf dem $\mathbb{R}^n$. Demzufolge gilt

$$\cos \angle(x, y) = \frac{\langle x, y\rangle}{\|x\|\,\|y\|}, \tag{3.20}$$

wobei $\angle(x, y) \in [0, \pi]$ der Winkel zwischen den Vektoren $x, y \in \mathbb{R}^n \setminus \{0\}$ ist. In einem allgemeinen Hilbertraum $(X, \langle\cdot,\cdot\rangle)$ kann man die Formel (3.20) benutzen, um den Winkel zwischen den Vektoren $x, y \in X \setminus \{0\}$ zu *definieren.* Die Cauchy-Schwarz-Ungleichung (3.19) impliziert, dass der Quotient auf der rechten Seite stets im Intervall $[-1, 1]$ liegt, und damit tatsächlich (genau) ein „Winkel" $\angle(x, y) \in [0, \pi]$ existiert. Dabei entsprechen die Spezialfälle $\angle(x, y) = 0$ und $\angle(x, y) = \pi$ gerade $\langle x, y\rangle = \|x\|\,\|y\|$ beziehungsweise $\langle x, y\rangle = -\|x\|\,\|y\|$. Aus dem Beweis von (3.19) folgt, dass letzteres genau dann passiert, wenn $x = \alpha y$ ist, mit $\alpha > 0$ beziehungsweise $\alpha < 0$, also x und y parallel beziehungsweise antiparallel sind. Zwei Elemente x, y eines Hilbertraumes sind **orthogonal** zueinander, wenn $\langle x, y\rangle = 0$ gilt.

Wir kommen jetzt zur angekündigten Aussage über Kompaktheit in unendlichdimensionalen Räumen. In jedem unendlichdimensionalen normierten Räumen $(X, \|\cdot\|)$ gibt es abgeschlossene und beschränkte Mengen, die nicht kompakt sind. Genauer gilt: Ist X ein unendlichdimensionaler normierter Raum, so ist die abgeschlossene Einheitskugel nicht kompakt. Wir skizzieren den Grund: Die Einheitskugel $K(0, 1)$ ist abgeschlossen und beschränkt. Allerdings ist sie nicht kompakt. Gibt es nämlich eine Basis von (unendlich vielen) Einheitsvektoren e_j (das wird in der Funktionalanalysis behandelt; Einheitsvektoren sind Elemente e des normierten Raumes mit $\|e\| = 1$), so können wir die Folge

$$e_1, e_2, e_3, \ldots$$

betrachten. Diese Folge hat keine konvergente Teilfolge, da $\|e_j - e_k\|$ für $j \neq k$ keine Nullfolge bildet. Sehen kann man das leicht in dem Fall, dass X ein Hilbertraum ist. Dann kann man eine Orthonormalbasis wählen, also eine Basis bei der $\|e_j\| = 1$ für alle j gilt, und dass e_j und e_k für $j \neq k$ einen rechten Winkel bilden. Dann gilt, wie im $\mathbb{R}^n$, $\|e_j - e_k\| = \sqrt{2}$ für $j \neq k$. Also haben in diesem Fall alle Folgenglieder voneinander den Abstand $\sqrt{2}$; eine solche Folge kann keine konvergente Teilfolge haben.

3.5 Ausblick

Können wir einem Banachraum ansehen, ob er ein Hilbertraum ist, also ein Skalarprodukt besitzt? Für $(\mathbb{R}^n, \|\cdot\|_2)$ haben wir das zugehörige Skalarprodukt gefunden, und das hätte man in diesem Fall leicht erraten können. Ebenso kann man auf dem

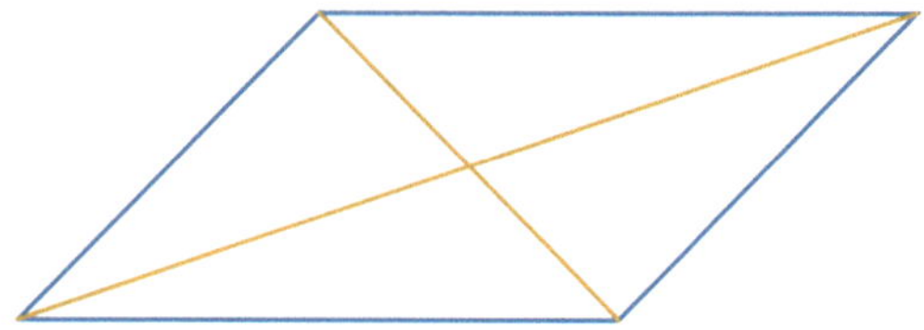

Abb. 3.2 Zur Parallelogrammgleichung

Raum $C[a, b]$ der reellwertigen stetigen Funktionen durch

$$\|f\|_2 = \left(\int_a^b |f(t)|^2 \, \mathrm{d}t \right)^{\frac{1}{2}}$$

eine Norm definieren. Für diese Norm gibt es ein Skalarprodukt, nämlich

$$\langle f, g \rangle = \int_a^b f(t)g(t) \, \mathrm{d}t \, .$$

Aber gibt es ein Skalarprodukt zu anderen Normen? Können wir vielleicht für $(\mathbb{R}^n, \|\cdot\|_\infty)$ ein Skalarprodukt finden? Skalarprodukte verallgemeinern die euklidische Geometrie, und dort gilt die *Parallelogrammgleichung*

$$\|x + y\|^2 + \|x - y\|^2 = 2\|x\|^2 + 2\|y\|^2 \, .$$

Dies besagt, dass die Summe der über den Diagonalen errichteten Quadrate flächengleich ist zur Summe der Quadrate über die Seiten, siehe Abb. 3.2. Mann kann zeigen, dass ein Banachraum genau dann ein Hilbertraum ist, wenn diese Parallelogrammgleichung erfüllt ist. Probieren wir das etwa mit $(\mathbb{R}^2, \|\cdot\|_\infty)$ aus, sieht man leicht (Übung), dass die Parallelogrammgleichung nicht erfüllt ist, so dass es kein zugrundeliegendes Skalarprodukt geben kann.

In der Funktionalanalysis werden wir die reichhaltige Theorie der Banachräume studieren. Grob gesagt haben Hilberträume den Vorzug, dass man in ihnen mit Basen ähnlich wie in der linearen Algebra argumentieren kann. Wer etwas weiterlesen will, dem sei etwa [1] empfohlen.

Literatur

1. M. Haase. Functional analysis. Bd. 156. Graduate Studies in Mathematics. An elementary introduction. American Mathematical Society, Providence, RI, 2014.

Kurven in $\mathbb{R}^n$

4

4.1 Grundbegriffe

In diesem Kapitel betrachten wir auf einem Intervall definierte Abbildungen mit Wertebereich $\mathbb{R}^n$. Hier wird $\mathbb{R}^n$, soweit nichts anderes gesagt, mit der euklidischen Norm $\|x\|_2 = \sqrt{\sum_{j=1}^n x_j^2}$ und dem euklidischen Skalarprodukt $\langle x, y \rangle = \sum_{j=1}^n x_j y_j$ versehen.

Definition 4.1 (Kurve)
*Sei $I \subset \mathbb{R}$ ein Intervall. Eine **Kurve** ist eine stetige Abbildung $\gamma: I \to \mathbb{R}^n$. Das heißt, es gibt stetige Funktionen $\gamma_1, \ldots, \gamma_n: I \to \mathbb{R}$ mit*

$$\gamma(t) = (\gamma_1(t), \ldots, \gamma_n(t))$$

*für alle $t \in I$. Die Bildmenge $\gamma(I)$ heißt **Spur** der Kurve γ. Die Elemente $\gamma(t)$ der Spur von γ heißen **Kurvenpunkte.***

Als kleiner Selbsttest: IstdashierdieSpureinerKurve ?

Grob gesprochen besteht eine Kurve aus der Menge der Kurvenpunkte, also der Spur, *und* dem Fahrplan, mit dem diese Menge durchlaufen wird. Letzteres wird durch die Abbildungsvorschrift festgelegt. So haben mit $I = [0, 2\pi]$ die Kurven

$$\gamma: I \to \mathbb{R}^2, \quad \gamma(t) = (\cos(t), \sin(t)), \tag{4.1}$$

$$\delta: I \to \mathbb{R}^2, \quad \delta(t) = (\cos(t), -\sin(t)) \tag{4.2}$$

dieselbe Spur, nämlich den Einheitskreis $\{(x, y) \mid x^2 + y^2 = 1\}$. Allerdings durchlaufen die Kurven die Spur in entgegengesetzter Richtung, nämlich γ im sogenannten mathematisch positiven Sinn, gegen den Uhrzeigersinn, und γ im mathematisch

M. Brokate et al., *Analysis 2*,
https://doi.org/10.1007/978-3-662-71141-5_4

negativen Sinn, also im Uhrzeigersinn; siehe Abb. 4.1. Oft interpretiert man den Definitionsbereich I als ein Zeitintervall und t dementsprechend als Zeit.

Wir müssen aufpassen, dass uns unsere Intuition nicht in die Irre leitet: Man ist geneigt, sich eine Kurve „eindimensional“ vorzustellen, also die Spur als Ansammlung von Objekten, die keine Fläche bedecken. Das ist normalerweise so, aber nicht notwendigerweise: Wie schon in Analysis 1 skizziert, gibt es raumfüllende Kurven, zum Beispiel die Peanokurve; siehe Abb. 4.2.

Im Folgenden werden wir die Ableitung nach der Variablen t mit einem Punkt $\dot{}$ statt einem Strich $'$ bezeichnen und daher $\dot{\gamma}(t)$ statt $\gamma'(t)$ schreiben. Der Grund ist, dass t in Anwendungen oft eine Interpretation als Zeit besitzt; in der Physik ist es üblich, Zeitableitungen mit einem Punkt zu kennzeichnen. In dieser Notation wird beispielsweise die Kettenregel $(f(g))'(t) = f'(g(t))g'(t)$ geschrieben als $(\dot{f(g)})(t) = f'(g(t))\dot{g}(t)$. Das ist lediglich ein Umschreiben der bekannten Regel, das aber den Vorteil bringt, notationell daran zu erinnern, was die Definitionsgebiete der beteiligten Funktionen ist: $f(g) = f \circ g$ und g sind auf einem „Zeitintervall“

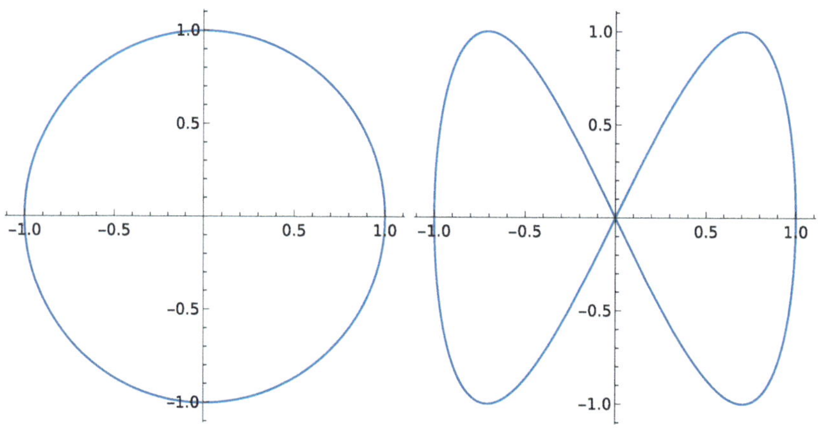

Abb. 4.1 Links: Spur der Kurven aus (4.1) und (4.2). Rechts: Spur der Kurve $\gamma\colon [0, 2\pi] \to \mathbb{R}^2$, $t \mapsto (\sin(t), \sin(2t))$, eine sogenannte *Lemniskate*. Lemniskaten sind Kurven in Form einer Acht

Abb. 4.2 Drei Approximationsschritte zur Konstruktion einer raumfüllenden Peanokurve (ganz rechts mit reduzierter Strickstärke gezeichnet)

definiert und haben daher als Ableitungssymbol einen Punkt $\dot{}$, f ist nicht auf einem Zeitintervall definiert und hat daher das Ableitungssymbol $'$.

Definition 4.2
Eine Kurve $\gamma = (\gamma_1, \ldots, \gamma_n)\colon I \to \mathbb{R}^n$ heißt ***(stetig) differenzierbar,*** *falls alle $\gamma_j\colon I \to \mathbb{R}$ mit $1 \le j \le n$ (stetig) differenzierbar sind. Ist $I = [a, b]$ abgeschlossen, bedeutet stetige Differenzierbarkeit, dass in den Randpunkten a und b die rechts- bzw. linksseitige Ableitung existiert und die resultierende Funktion $\dot{\gamma}\colon [a, b] \to \mathbb{R}^n$ stetig ist auf $[a, b]$. Die durch*

$$\dot{\gamma}(t) = \lim_{\substack{h \to 0 \\ h \neq 0}} \frac{\gamma(t+h) - \gamma(t)}{h} = (\dot{\gamma}_1(t), \ldots, \dot{\gamma}_n(t)) \in \mathbb{R}^n$$

definierte Ableitung von γ in $t \in I$ heißt ***Tangentialvektor*** *an γ in $\gamma(t)$. Falls $\dot{\gamma}(t) \neq 0$, so heißt*

$$\frac{\dot{\gamma}(t)}{\|\dot{\gamma}(t)\|_2}$$

der ***Tangentialeinheitsvektor*** *an γ in $\gamma(t)$. Eine Kurve $\gamma = (\gamma_1, \ldots, \gamma_n)\colon I \to \mathbb{R}^n$ heißt* ***k-mal (stetig) differenzierbar,*** *falls für alle $1 \le j \le n$ die Funktionen $\gamma_j\colon I \to \mathbb{R}$ k-mal (stetig) differenzierbar sind.*

Wir betrachten einige Beispiele. Für die Kurve γ in (4.1), die den Einheitskreis durchläuft, gilt

$$\dot{\gamma}(t) = (-\sin(t), \cos(t)), \quad \|\dot{\gamma}(t)\|_2 = 1, \quad \frac{\dot{\gamma}(t)}{\|\dot{\gamma}(t)\|_2} = (-\sin(t), \cos(t)).$$

Es gilt:

$$\langle \dot{\gamma}(t), \gamma(t) \rangle = -\sin(t)\cos(t) + \cos(t)\sin(t) = 0,$$

der Tangentialvektor $\dot{\gamma}(t)$ steht also stets senkrecht auf dem Vektor $\gamma(t)$, der in radiale Richtung weist.

Eine *Schraubenlinie* im $\mathbb{R}^3$ erhalten wir durch

$$\gamma\colon \mathbb{R} \to \mathbb{R}^3, \quad \gamma(t) = (r\cos(t), r\sin(t), ct), \quad r > 0, c > 0.$$

Es ist

$$\dot{\gamma}(t) = (-r\sin(t), r\cos(t), c).$$

Es ist hilfreich, sich den Tangentialvektor $\dot{\gamma}(t)$ an den Basispunkt $\gamma(t)$ angeheftet vorzustellen, siehe Abb. 4.3 für das Beispiel einer Schraubenlinie.

Weiter definiert jede stetige Funktionen $f\colon I \to \mathbb{R}$, wobei $I \subset \mathbb{R}$ ein Intervall ist, eine Kurve $\gamma\colon I \to \mathbb{R}^2$, durch die Festsetzung $\gamma(t) = (t, f(t))$ für $t \in I$. Der Graph der Funktion und die Spur von γ stimmen dann überein.

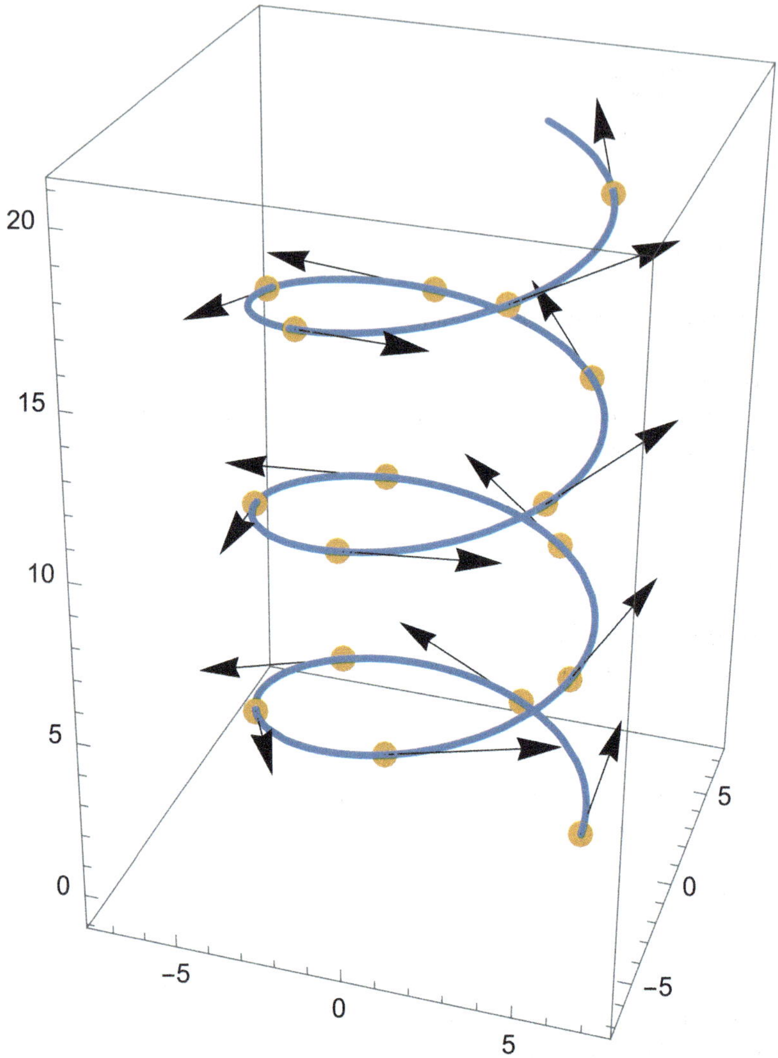

Abb. 4.3 Tangentialvektoren an einigen Punkte einer Schraubenlinie

Eine Kurve $\gamma : [a, b] \to \mathbb{R}^n$ heißt **geschlossen,** falls $\gamma(a) = \gamma(b)$ gilt; Beispiele sind die Kreislinien (4.1), (4.2) und die Lemniskate aus Abb. 4.1. Geschlossene Kurven sind offensichtlich nicht injektiv, die durch das Entfernen eines Randpunktes entstehende Restriktion kann jedoch injektiv sein. Jedoch muss auch die so entstandene Kurve nicht injektiv sein; sogenannte Doppelpunkte sind hier die Obstruktion.

Definition 4.3 (Doppelpunkt)
Sei $I \subset \mathbb{R}$ ein Intervall und $\gamma : I \to \mathbb{R}^n$ eine Kurve. Ein $x \in \mathbb{R}^n$ heißt ***Doppelpunkt*** *von γ, falls es $t, s \in I$ gibt mit $t \neq s$ und $x = \gamma(t) = \gamma(s)$.*

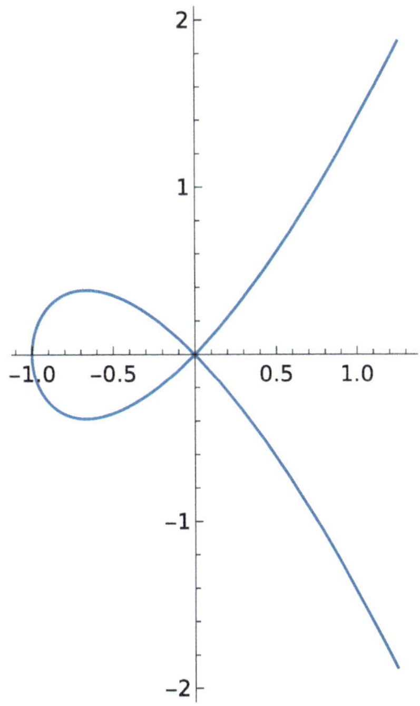

Abb. 4.4 Ein Doppelpunkt in (0, 0). Gezeigt ist die Spur der Kurve aus (4.3)

Für die Kurve $\gamma\colon [0, 4\pi] \to \mathbb{R}^2$, $t \mapsto (\cos(t), \sin(t))$ gilt, dass jeder Kurvenpunkt ein Doppelpunkt ist. Die Kurve

$$\gamma\colon \mathbb{R} \to \mathbb{R}^2, \quad \gamma(t) = (t^2 - 1, t^3 - t), \tag{4.3}$$

hat den Doppelpunkt $(0, 0) = \gamma(1) = \gamma(-1)$, siehe Abb. 4.4.

Die Ordnungsrelation $\leq$ auf I definiert eine Orientierung für eine Kurve $\gamma\colon I \to X$. Sind $t, s \in I$ mit $s < t$, so sagen wir, dass $\gamma(s)$ vor $\gamma(t)$ liegt. Ist $I = [a, b]$, so heißt $\gamma(a)$ der **Anfangspunkt** und $\gamma(b)$ der **Endpunkt** der Kurve.

Definition 4.4 (Reguläre Kurve)
Sei $I \subset \mathbb{R}$ ein Intervall. Eine Kurve $\gamma\colon I \to \mathbb{R}^n$ heißt ***regulär,*** *falls γ stetig differenzierbar auf I ist und $\dot{\gamma}(t) \neq 0$ gilt für alle $t \in I$. Liegt ein Randpunkt in I, wird dabei die entsprechende einseitige Ableitung betrachtet. Ein $t \in I$ mit $\dot{\gamma}(t) = 0$ heißt* ***singuläre Stelle*** *von γ. Ist $I = [a, b]$, so heißt γ* ***stückweise regulär,*** *falls es eine Zerlegung $a = t_0 < t_1 < \ldots < t_N = b$ gibt, so dass $\gamma|_{[t_j, t_{j+1}]}$ regulär ist für alle j. Weiter heißt γ* ***stückweise stetig differenzierbar,*** *falls es eine Zerlegung $a = t_0 < t_1 < \ldots < t_N = b$ gibt, so dass $\gamma|_{[t_j, t_{j+1}]}$ stetig differenzierbar ist für alle j.*

Die Kurve

$$\gamma\colon \mathbb{R} \to \mathbb{R}^2, \quad \gamma(t) = (t^2 - 1, t^3 - t),$$

ist regulär. Die Kurve

$$\gamma\colon \mathbb{R} \to \mathbb{R}^2, \quad \gamma(t) = (t^2, t^3),$$

ist nicht regulär; sie hat die singuläre Stelle 0. Die Kurve

$$\gamma\colon \left[-\sqrt{2\pi}, \sqrt{2\pi}\right] \to \mathbb{R}^2, \quad \gamma(t) = (r\cos(t^2), r\sin(t^2)),$$

hat ebenfalls die singuläre Stelle 0; ihre Spur ist der Kreis um 0 mit Radius r. (Dieselbe Spur kann also durch reguläre und nicht reguläre Kurven erzeugt werden.) Der Rand eines Rechtecks im $\mathbb{R}^2$ ist Spur einer stückweise regulären Kurve $\gamma\colon [0,1] \to \mathbb{R}^2$.

Definition 4.5 (Schnittpunkt, Schnittwinkel)
Seien $\gamma\colon I \to \mathbb{R}^n$, $\sigma\colon J \to \mathbb{R}^n$ reguläre Kurven. Gibt es $t \in I$ und $s \in J$ mit $x := \gamma(t) = \sigma(s)$, so heißt x ***Schnittpunkt*** *von γ und σ. Der Winkel θ zwischen den Tangentialvektoren $\dot\gamma(t)$ und $\dot\sigma(s)$ heißt* ***Schnittwinkel*** *von γ und σ in x; er ist gegeben als*

$$\cos(\theta) = \frac{\langle \dot\gamma(t), \dot\sigma(s)\rangle}{\|\dot\gamma(t)\|_2 \|\dot\sigma(s)\|_2}.$$

Zum Beispiel gilt für die Kurven γ und δ aus (4.1) und (4.2), die den Einheitskreis in entgegengesetztem Sinn durchlaufen, dass $\dot\delta(t) = -\dot\gamma(s)$ folgt, wenn $\delta(t) = \gamma(s)$ gilt. Dann ist auch $\|\dot\delta(t)\|_2 = \|\dot\gamma(s)\|_2$. Der Schnittwinkel ist damit

$$\cos(\theta) = \frac{\langle \dot\delta(t), \dot\gamma(s)\rangle}{\|\dot\delta(t)\|_2 \|\dot\gamma(s)\|_2} = -\frac{\|\dot\gamma(t)\|_2^2}{\|\dot\gamma(t)\|_2^2} = -1,$$

also ist $\theta = \pi$.

4.2 Bogenlänge

Wir wollen nun die Länge einer gegebenen Kurve $\gamma\colon I \to \mathbb{R}^n$ bestimmen, wobei $I = [a,b]$. Anschaulich können wir diese Länge so approximieren: Wir wählen Kurvenpunkte $\gamma(t_0), \ldots, \gamma(t_N)$ mit

$$a = t_0 < t_1 < \ldots < t_N = b$$

und verbinden für $j = 0, \ldots, N-1$ benachbarte Punkte $\gamma(t_j)$ und $\gamma(t_{j+1})$ durch die Strecke mit Anfangspunkt $\gamma(t_j)$ und Endpunkt $\gamma(t_{j+1})$. Auf diese Weise ergibt sich ein Polygonzug, dessen Länge gegeben ist durch

$$\sum_{j=1}^{N} \|\gamma(t_j) - \gamma(t_{j-1})\|.$$

Wenn wir diese Approximation durch Hinzunahme von Punkten verfeinern, erwarten wir eine bessere Näherung. Können wir auf diese Weise die Kurvenlänge charakterisieren?

Definition 4.6 (Länge einer Kurve)
Sei $\gamma\colon [a,b] \to \mathbb{R}^n$ eine Kurve. Für eine Zerlegung $Z = (t_0, \ldots, t_N)$ von $[a,b]$, also $a = t_0 < t_1 < \ldots < t_N = b$, definieren wir deren ***Feinheit***

$$|Z| = \max_{1 \le j \le N} (t_j - t_{j-1}),$$

sowie

$$L(\gamma, Z) := \sum_{j=1}^{N} \|\gamma(t_j) - \gamma(t_{j-1})\|.$$

Dann heißt

$$L(\gamma) = \sup_{Z \in \mathcal{Z}} L(\gamma, Z), \quad \mathcal{Z} = \{Z \mid Z \text{ Zerlegung von } [a,b]\},$$

die ***Länge*** *der Kurve γ in $(X, \|\cdot\|)$. Die Kurve γ heißt* ***rektifizierbar,*** *falls $L(\gamma) < \infty$.*

Für Kurven $\gamma\colon [a,b] \to \mathbb{R}^n$ hängt die Antwort auf die Frage, ob γ rektifizierbar ist, nicht von der Wahl der Norm ab (da im $\mathbb{R}^n$ alle Normen äquivalent sind, siehe Satz 3.7), wohl aber der Zahlenwert der Länge $L(\gamma)$. Für $\|\cdot\| = \|\cdot\|_2$ erhalten wir das, was wir uns üblicherweise als Länge vorstellen.

Definition 4.7
Sei $\gamma\colon [a,b] \to \mathbb{R}^n$ eine Kurve. Wir definieren

$$\int_a^b \gamma(t)\,\mathrm{d}t = \left(\int_a^b \gamma_1(t)\,\mathrm{d}t, \ldots, \int_a^b \gamma_n(t)\,\mathrm{d}t\right).$$

Satz 4.8 (Bogenlänge differenzierbarer Kurven)
Sei $\mathbb{R}^n$ mit einer Norm $\|\cdot\|$ versehen. Sei $\gamma\colon [a,b] \to (\mathbb{R}^n, \|\cdot\|)$ eine stetig differenzierbare Kurve. Dann ist γ rektifizierbar, und

$$L(\gamma) = \int_a^b \|\dot\gamma(t)\|\,\mathrm{d}t = \lim_{\substack{\delta \to 0 \\ |Z| \le \delta, Z \in \mathcal{Z}}} L(\gamma, Z), \tag{4.4}$$

das heißt: Zu jedem $\varepsilon > 0$ gibt es ein $\delta > 0$, so dass für alle Zerlegungen Z von $[a,b]$ mit $|Z| \le \delta$ gilt

$$|L(\gamma) - L(\gamma, Z)| < \varepsilon.$$

Beweis Wir zeigen zuerst die rechte Gleichung in (4.4): Zu jedem $\varepsilon > 0$ gibt es ein $\delta > 0$, so dass für alle Zerlegungen Z von $[a, b]$ mit $|Z| \leq \delta$ gilt

$$\left| \int_a^b \|\dot{\gamma}(t)\| \, \mathrm{d}t - L(\gamma, Z) \right| < \varepsilon .$$

Sei $Z = (t_j)$ mit $a = t_0 < t_1 < \ldots < t_N = b$ eine Zerlegung von $[a, b]$ mit $|Z| \leq \delta$. Die Abbildung $t \mapsto \|\dot{\gamma}(t)\|$ ist stetig, und es gilt für alle j mit $1 \leq j \leq N$

$$\begin{aligned} \left| \int_{t_{j-1}}^{t_j} \|\dot{\gamma}(t)\| \, \mathrm{d}t - \|\gamma(t_j) - \gamma(t_{j-1})\| \right| &= \left| \int_{t_{j-1}}^{t_j} \|\dot{\gamma}(t)\| - \frac{\|\gamma(t_j) - \gamma(t_{j-1})\|}{t_j - t_{j-1}} \, \mathrm{d}t \right| \\ \leq \int_{t_{j-1}}^{t_j} \left| \|\dot{\gamma}(t)\| - \left\| \frac{\gamma(t_j) - \gamma(t_{j-1})}{t_j - t_{j-1}} \right\| \right| \mathrm{d}t &\leq \int_{t_{j-1}}^{t_j} \left\| \dot{\gamma}(t) - \frac{\gamma(t_j) - \gamma(t_{j-1})}{t_j - t_{j-1}} \right\| \mathrm{d}t \\ \leq \int_{t_{j-1}}^{t_j} c \max_{1 \leq k \leq n} \left| \dot{\gamma}_k(t) - \frac{\gamma_k(t_j) - \gamma_k(t_{j-1})}{t_j - t_{j-1}} \right| \mathrm{d}t &=: \star \end{aligned} \tag{4.5}$$

mit einer von Z, j und k unabhängigen Konstanten c nach Satz 3.7, der Äquivalenz aller Normen im $\mathbb{R}^n$. Nach dem Mittelwertsatz der Differentialrechnung gibt es $s_{jk} \in (t_{j-1}, t_j)$ mit

$$\frac{\gamma_k(t_j) - \gamma_k(t_{j-1})}{t_j - t_{j-1}} = \dot{\gamma}(s_{jk}) .$$

Wir können daher die Abschätzung in (4.5) weiterführen, indem wir nach oben abschätzen

$$\begin{aligned} \star &\leq \int_{t_{j-1}}^{t_j} c \max_{1 \leq k \leq n} \max_{s \in [t_{j-1}, t_j]} |\dot{\gamma}_k(t) - \dot{\gamma}_k(s)| \, \mathrm{d}t \leq c(t_j - t_{j-1}) \\ &\underbrace{\max_{1 \leq k \leq n} \max_{t,s \in [t_{j-1}, t_j]} |\dot{\gamma}_k(t) - \dot{\gamma}_k(s)|}_{=:\alpha(\delta, Z)} . \end{aligned} \tag{4.6}$$

Hier hängt $\alpha(\delta, Z)$ insbesondere von der gewählten Zerlegung ab. Wir setzen

$$\alpha(\delta) = \sup_{\substack{Z \in \mathcal{Z} \\ |Z| \leq \delta}} \alpha(\delta, Z) .$$

Dann ist $\alpha(\delta) < \infty$, da alle $\dot{\gamma}_k$ stetig sind und $[a, b]$ kompakt ist, und es gilt

$$\lim_{\delta \to 0} \alpha(\delta) = 0 , \tag{4.7}$$

da alle $\dot{\gamma}_k$ gleichmäßig stetig sind auf $[a, b]$, nach Satz 2.39. Aus (4.5) und (4.6) folgt also

$$\left| \int_{t_{j-1}}^{t_j} \|\dot{\gamma}(t)\| \, \mathrm{d}t - \|\gamma(t_j) - \gamma(t_{j-1})\| \right| \leq c(t_j - t_{j-1})\alpha(\delta) ,$$

und weiter

$$\begin{aligned} \left| \int_a^b \|\dot{\gamma}(t)\| \, \mathrm{d}t - L(\gamma, Z) \right| &= \left| \sum_{j=1}^{N} \left[\int_{t_{j-1}}^{t_j} \|\dot{\gamma}(t)\| \, \mathrm{d}t - \|\gamma(t_j) - \gamma(t_{j-1})\| \right] \right| \\ &\leq \sum_{j=1}^{N} c(t_j - t_{j-1})\alpha(\delta) = c(b-a)\alpha(\delta) . \end{aligned}$$

Für $\varepsilon > 0$ wählen wir $\delta > 0$ so, dass

$$\alpha(\delta) < \frac{\varepsilon}{c(b-a)} ;$$

dies ist möglich wegen (4.7). Hieraus folgt die rechte Gleichung in (4.4). Sind nun Z, Z' Zerlegungen, und ist Z' Verfeinerung von Z, so folgt mit Hilfe der Dreiecksungleichung

$$L(\gamma, Z) \leq L(\gamma, Z') .$$

Hieraus folgt

$$L(\gamma) = \sup_{Z \in \mathcal{Z}} L(\gamma, Z) = \sup_{\substack{Z \in \mathcal{Z} \\ |Z| \leq \delta}} L(\gamma, Z)$$

für alle $\delta > 0$ und nach dem oben Bewiesenen auch die erste Gleichung in (4.4). □

Beispiel 4.9
Die Länge (gemessen in der euklidischen Norm) eines Kreisbogens

$$\gamma \colon [0, \varphi] \to \mathbb{R}^2 , \quad \gamma(t) = (\cos(t), \sin(t)) ,$$

errechnet sich also wegen

$$\dot{\gamma}(t) = (-\sin(t), \cos(t)) , \quad \|\dot{\gamma}(t)\|_2 = \sqrt{(\sin(t))^2 + (\cos(t))^2} = 1$$

erwartungsgemäß zu

$$L(\gamma) = \int_0^{\varphi} \|\dot{\gamma}(t)\|_2 \, \mathrm{d}t = \varphi .$$

4.3 Parametertransformationen

Definition 4.10 (Parametertransformation)
Eine bijektive und stetige Abbildung $\varphi\colon [\alpha, \beta] \to [a, b]$ heißt ***Parametertransformation*** *von $[a, b]$ auf $[\alpha, \beta]$. Ist $\gamma : [a, b] \to \mathbb{R}^n$ eine Kurve, so sagen wir, dass*

$$\tilde{\gamma} : [\alpha, \beta] \to \mathbb{R}^n\,, \quad \tilde{\gamma} := \gamma \circ \varphi\,,$$

aus γ durch die Parametertransformation φ hervorgeht. Falls φ und φ^{-1} stetig differenzierbar sind, heißt φ eine C^1-Parametertransformation.

Wir schreiben im Folgenden wieder $\dot{}$ für eine Ableitung nach der Zeit $t \in [a, b]$ und $'$ für eine Ableitung nach $\tau \in [\alpha, \beta]$. Für C^1-Parametertransformationen ist $\varphi'(\tau) \neq 0$ für alle $\tau \in [\alpha, \beta]$. Damit gilt für solche Transformationen entweder $\varphi'(\tau) > 0$ für alle $\tau \in [\alpha, \beta]$ oder $\varphi'(\tau) < 0$ für alle $\tau \in [\alpha, \beta]$. Im ersten Fall heißt φ **orientierungstreu** und im zweiten **orientierungsumkehrend.**

Beispiel: Die Parametertransformation

$$\varphi\colon [a, b] \to [a, b]\,, \quad \varphi(t) = a + b - t\,,$$

kehrt die Orientierung einer Kurve $\gamma : [a, b] \to \mathbb{R}^n$ um,

$$(\gamma \circ \varphi)(t) = \gamma(a + b - t)\,, \quad (\gamma \circ \varphi)(b) = \gamma(a)\,, \quad (\gamma \circ \varphi)(a) = \gamma(b)\,.$$

Ist $\gamma\colon [a, b] \to \mathbb{R}^n$ eine differenzierbare Kurve, $\varphi\colon [\alpha, \beta] \to [a, b]$ eine C^1 -Parametertransformation, so gilt für $\tilde{\gamma} = \gamma \circ \varphi$

$$\tilde{\gamma}'(\tau) = \dot{\gamma}(\varphi(\tau))\varphi'(\tau)\,, \quad \tau \in [\alpha, \beta]\,,$$

das heißt: Die Tangentialvektoren von $\tilde{\gamma}$ in $\tilde{\gamma}(\tau)$ und von γ in $\gamma(\varphi(\tau))$ sind parallel, die Tangentialeinheitsvektoren sind also entweder gleich oder einander entgegengesetzt.

Satz 4.11
Sei $\gamma : [a, b] \to \mathbb{R}^n$ stetig differenzierbar, sei $\varphi : [\alpha, \beta] \to [a, b]$ eine C^1-Parametertransformation. Dann gilt

$$L(\gamma) = L(\gamma \circ \varphi)\,.$$

Beweis Aus Satz 4.8 folgt mit der Kettenregel (komponentenweise angewendet) und der Substitutionsregel

$$\begin{aligned} L(\gamma \circ \varphi) &= \int_\alpha^\beta \left\|(\gamma \circ \varphi)'(\tau)\right\| \,\mathrm{d}\tau = \int_\alpha^\beta \left\|\dot{\gamma}(\varphi(\tau))\varphi'(\tau)\right\| \,\mathrm{d}\tau \\ &= \int_\alpha^\beta \|\dot{\gamma}(\varphi(\tau))\| \, |\varphi'(\tau)| \,\mathrm{d}\tau \\ &= \operatorname{sgn}(\varphi') \int_\alpha^\beta \|\dot{\gamma}(\varphi(\tau))\| \, \varphi'(\tau) \,\mathrm{d}\tau \\ &= \operatorname{sgn}(\varphi') \int_{\varphi(\alpha)}^{\varphi(\beta)} \|\dot{\gamma}(t)\| \,\mathrm{d}t = \int_a^b \|\dot{\gamma}(t)\| \,\mathrm{d}t \\ &= L(\gamma)\,. \end{aligned}$$

□

Sei $\gamma : [a, b] \to \mathbb{R}^n$ eine reguläre Kurve. Dann ist

$$l(t) = \int_a^t \|\dot{\gamma}(s)\| \,\mathrm{d}s$$

die Länge des Kurvenstücks vom Anfangspunkt $\gamma(a)$ bis zum Punkt $\gamma(t)$. Es ist $l \in C^1[a, b]$ und, da γ regulär,

$$\dot{l}(t) = \|\dot{\gamma}(t)\| > 0$$

für alle $t \in [a, b]$, also ist

$$l^{-1} \colon [0, L(\gamma)] \to [a, b]$$

eine C^1-Parametertransformation. Die Kurve

$$g = \gamma \circ l^{-1}$$

entsteht aus γ durch „Parametrisierung nach der Bogenlänge". Es gilt für $\tau \in [0, L(\gamma)]$ (hier steht wieder $\dot{}$ für eine Ableitung nach der Zeit $t \in [a, b]$, insbesondere $t = l^{-1}(\tau)$, und $'$ für eine Ableitung nach $\tau \in [0, L(\gamma)]$)

$$g'(\tau) = \dot{\gamma}(l^{-1}(\tau))(l^{-1})'(\tau) = \frac{\dot{\gamma}(l^{-1}(\tau))}{\dot{l}(l^{-1}(\tau))} = \frac{\dot{\gamma}(l^{-1}(\tau))}{\|\dot{\gamma}(l^{-1}(\tau))\|}\,,$$

also ist $\|g'(\tau)\| = 1$ für alle τ und

$$\int_0^\tau \|g'(s)\| \,\mathrm{d}s = \tau\,.$$

Definition 4.12
Eine Kurve $\gamma : [a, b] \to \mathbb{R}^n$ *ist* ***nach der Bogenlänge parametrisiert,*** *wenn* $\|\dot{\gamma}(t)\| = 1$ *für alle* $t \in [a, b]$ *gilt.*

4.4 Der Satz über implizite Funktionen für ebene Kurven

Wir studieren jetzt einen Spezialfall eines zentralen Satzes der Analysis 2, der in Abschn. 6.2 besprochen wird.

Wir hatten schon bemerkt dass Graphen von stetigen Funktionen als Kurven geschrieben werden können. Ist nämlich $f : [a, b] \to \mathbb{R}$ eine stetige Funktion, so ist der Graph $\{(t, f(t)) \mid t \in [a, b]\}$ auch die Spur einer Kurve, nämlich der Kurve

$$\gamma : [a, b] \to \mathbb{R}^2, \qquad t \mapsto (t, f(t)) . \tag{4.8}$$

Auf diese Weise können wir beispielsweise die Länge des Graphen einer Funktion berechnen. Ist $f : [a, b] \to \mathbb{R}$ stetig differenzierbar, so ergibt sich aus (4.8) sofort $\dot{\gamma}(t) = (1, \dot{f}(t))$ und damit

$$L(\gamma) = \int_a^b \|\dot{\gamma}(t)\|_2 \,\mathrm{d}t = \int_a^b \sqrt{1 + \dot{f}(t)^2}\,\mathrm{d}t .$$

Also gilt:

> Jede stetige Funktion $f : [a, b] \to \mathbb{R}$ definiert vermöge (4.8) eine Kurve mit $\gamma(t) = (t, f(t))$ für $t \in [a, b]$.

Der Themenkreis implizite Funktionen stellt die umgekehrte Frage, nämlich:

> Gegeben die Spur einer Kurve $\gamma : [a, b] \to \mathbb{R}^2$, ist dies auch ein Graph einer Funktion $f : J \to \mathbb{R}$, mit geeignetem Definitionsbereich J?

Um diese Frage zu studieren, schreiben wir im Folgenden $\gamma(t) = (x(t), y(t))$, also $x(t) = \gamma_1(t)$ und $y(t) = \gamma_2(t)$. Ein instruktives Beispiel ist der Einheitskreis. Wir beobachten, dass wir diese Punktmenge auf zwei verschiedene Weisen beschreiben können:

(i) Als Lösungsmenge der Gleichung

$$g(x, y) := x^2 + y^2 - 1 = 0 . \tag{4.9}$$

(ii) Als Spur einer Kurve. Wir wählen im Folgenden die Parametrisierung $x(t) = \cos(2\pi t)$ und $y(t) = \sin(2\pi t)$ mit $t \in [0, 1)$.

Offenbar kann der Einheitskreis kein Graph einer Funktion $f: x \mapsto y$ sein, da für $x \in (-1, 1)$ zwei Funktionswerte zur Wahl stünden, nämlich $y = \pm\sqrt{1 - x^2}$. Also: *Global* muss eine Spur einer Kurve kein Graph einer Funktion sein.

Lokal, also in einer hinreichend kleinen Umgebung eines Punktes (x, y) mit $g(x, y) = 0$, kann dies jedoch möglich sein. So können wir beispielsweise für einen Punkt (x, y) des Halbkreises mit $y > 0$ Gl. (4.9) nach y auflösen und erhalten

$$f(x) = +\sqrt{1 - x^2}\,.$$

Analog ergibt sich für einen Punkt (x, y) auf dem unteren Halbkreis, also $y < 0$,

$$f(x) = -\sqrt{1 - x^2}\,.$$

Können wir sehen, wann wir Funktionen f aus der Gleichungsdarstellung (4.9) gewinnen können? Intuitiv erwarten wir, dass dies für $x \in [-1, 1]$ lediglich bei den Punkten $(x, y) = (\pm 1, 0)$ nicht möglich sein wird (und dass für x mit $|x| > 1$ keine Funktion existieren kann, da die Projektion des Graphen auf die x-Achse in $[-1, 1]$ enthalten ist). Bemerkenswerterweise sind die Punkte $(\pm 1, 0)$ genau die Punkte, in denen der Tangentialvektor parallel zur y-Achse ist. Dementsprechend sind dies genau die Punkte, in denen $\dot{x}(t)$ verschwindet:

$$\dot{x}(t) = -2\pi \sin(2\pi t) = 0 \quad \Leftrightarrow \quad t = 0 \text{ oder } t = \frac{1}{2} \quad \Leftrightarrow \quad \cos(2\pi t) = \pm 1\,.$$

Die Kernaussage des Satz über implizite Funktionen für Kurven ist, dass man bei nichtverschwindender Ableitung in x-Richtung den Graph der Kurve als Funktion $y = f(x)$ auffassen kann. In Abschn. 6.2 werden wir das allgemeiner formulieren, aber die folgende einfache Version des Satzes vermittelt die wesentliche Intuition.

Satz 4.13 (Satz über implizite Funktionen, Version für ebene Kurven)
Sei $\gamma: I \to \mathbb{R}^2$ stetig differenzierbar. Wir schreiben $\gamma(t) = (x(t), y(t))$. Die Funktion $\dot{x}$ habe auf I keine Nullstelle. Dann gibt es, mit $J := x(I)$, eine stetig differenzierbare Funktion $f: J \to \mathbb{R}$, deren Graph die Spur von γ ist. Für einen Punkt $x_0 \in J$ mit $x_0 = x(t_0)$ mit $t_0 \in I$ gilt

$$f'(x(t_0)) = \frac{\dot{y}(t_0)}{\dot{x}(t_0)}\,. \tag{4.10}$$

Beweis Da $\dot{x}$ auf I keine Nullstelle hat und daher ein einheitliches Vorzeichen besitzt, ist x auf I streng monoton. Damit existiert die Umkehrfunktion $x^{-1}: x(I) \to I$. Wir setzen $f := y \circ x^{-1}$. Für $t \in I$ gilt

$$\gamma(t) = (x(t), y(t)) = \left(x(t), y \circ x^{-1}(x(t))\right) = (x(t), f(x(t)))\,.$$

Die Ableitung von f ergibt sich nach der Kettenregel und der Formel zur Differentiation der Umkehrfunktion (zur Erinnerung: $\dot{}$ steht für Zeitableitungen, $'$ für Ableitung nach x):

$$f'(x_0) = \dot{y}\left(x^{-1}(x_0)\right) \cdot (x^{-1})'(x_0) = \frac{\dot{y}(t_0)}{\dot{x}(t_0)}\,.$$

□

Formal lässt sich die Formel (4.10) memotechnisch günstig notieren:

$$\frac{\mathrm{d}f}{\mathrm{d}x} = \frac{\frac{\mathrm{d}y}{\mathrm{d}t}}{\frac{\mathrm{d}x}{\mathrm{d}t}}\,.$$

Wie explizit ist eine implizit durch eine Spur einer Kurve gegebene Funktion? Beim Einheitskreis konnten wir f, wo existent, explizit angeben, indem wir die Kreisgleichung (4.9) für $x \in (-1, 1)$ nach y auflösen. Alternativ erhalten wir hier die explizite Darstellung von f aber auch aus Satz 4.13. Denn mit $x(t) = \cos(2\pi t)$ und $y(t) = \sin(2\pi t)$ ergibt sich für den oberen Halbkreis mit (4.10)

$$\begin{aligned} f'(x(t)) &= \frac{\dot{y}(t)}{\dot{x}(t)} = -\frac{\cos(2\pi t)}{\sin(2\pi t)} = -\frac{\cos(\arccos(x))}{\sin(\arccos(x))} \\ &= \frac{-x}{\sqrt{1 - (\cos(\arccos(x)))^2}} = \frac{-x}{\sqrt{1-x^2}}\,, \end{aligned} \tag{4.11}$$

woraus $f(x) = \sqrt{1-x^2}$ folgt (Selbsttest: Wo geht ein, dass wir die obere Kreishälfte betrachten?)

Im Allgemeinen kann man aber eine definierende Gleichung wie (4.9) nicht auflösen. Wir kennen nach Satz 4.13 nur die Ableitung und müssen daraus f durch Integration gewinnen. Dabei kann es vorkommen, dass die zu bestimmende Stammfunktion keine elementare Form hat oder diese nicht leicht zu gewinnen ist.

Beispiel 4.14
Wir betrachten die *Zykloide*

$$\gamma : \mathbb{R} \to \mathbb{R}^2 \qquad t \mapsto \gamma(t) := (x(t), y(t)) := (t - \sin(t), 1 - \cos(t))\,, \tag{4.12}$$

siehe Abb. 4.5. Auf $I := (0, 2\pi)$ hat die Funktion $\dot{x}(t) = 1 - \cos(t)$ keine Nullstelle, daher gibt es auf $x(I) = (0, 2\pi)$ eine stetig differenzierbare Funktion f, deren Graph mit dem Zykloidenbogen $\gamma((0, 2\pi))$ übereinstimmt. Es gilt

$$f'(x) = \frac{\dot{y}(t)}{\dot{x}(t)} = \frac{\sin(t)}{1-\cos(t)}$$

für $x = x(t)$. Jetzt müssten wir erstens t als Funktion von x schreiben, also die Gleichung $t - \sin(t) = x$ nach t auflösen, zweitens dies in den obigen Ausdruck für

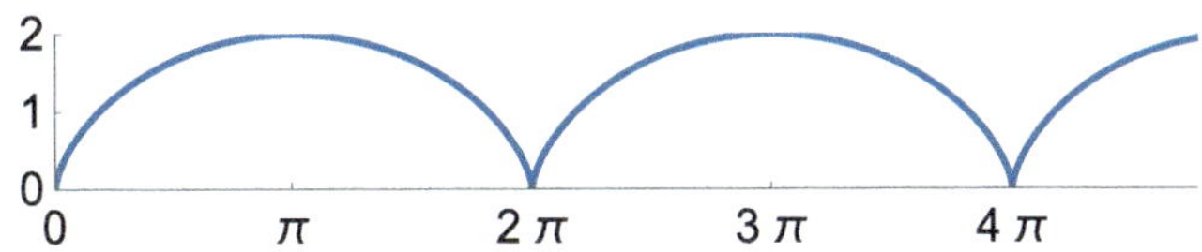

Abb. 4.5 Die Spur der Zykloide (4.12)

$f'(x)$ einsetzen und drittens die so erhaltene, von x abhängige, Funktion integrieren. Bei der Kreislinie sind wir mit Erfolg so vorgegangen, bei der Zykloide ist dies jedoch nicht möglich.

Differenzierbare Abbildungen auf dem $\mathbb{R}^n$

5

5.1 Einführung

In diesem Kapitel führen wir die Differentialrechnung für Funktionen $f: \mathbb{R}^n \to \mathbb{R}^m$ ein. Wir werden einen wichtigen Unterschied zur Differentialrechnung im Eindimensionalen feststellen. Um dies herauszuarbeiten, interpretieren wir die Definition der Differenzierbarkeit und ein zentrales Resultat aus Analysis 1 wie folgt.

Für Funktionen $f: D \to \mathbb{R}$ mit $D \subset \mathbb{R}$ fallen zwei Begriffe zusammen:

(i) Die Definition des Ableitungsbegriffs, die wir hier die *analytische Definition der Ableitung* nennen. In Definition 12.1 in Analysis 1 war die Ableitung von f in $x \in D$ definiert als

$$\lim_{\substack{h \to 0 \\ h \neq 0}} \frac{f(x+h) - f(x)}{h} =: f'(x)\,,$$

sofern der Grenzwert existiert.

(ii) Satz 12.5 aus Analysis 1 nennen wir hier die *geometrische Interpretation der Ableitung*, denn diesem Satz zufolge gilt, falls f in x differenzierbar ist,

$$\lim_{h \to 0} \frac{f(x+h) - (f(x) + f'(x)h)}{h} = 0\,.$$

In Worten ausgedrückt: die Approximation von $f(x+h)$ durch die affine Abbildung $h \mapsto f(x) + f'(x)h$ ist so gut, dass die Differenz $f(x+h) - (f(x) + f'(x)h)$ schneller gegen Null geht als h. Etwas salopper formuliert: Differenzierbarkeit impliziert, dass die Approximation durch diese affine Abbildung gut ist, im Sinne des obigen verschwindenden Grenzwertes. Die Umkeh-

M. Brokate et al., *Analysis 2*,
https://doi.org/10.1007/978-3-662-71141-5_5

rung gilt auch: Wenn es eine affine Approximation $f(x) + ch$ mit $c \in \mathbb{R}$ gibt, für die gilt

$$\lim_{h \to 0} \frac{f(x+h) - (f(x) + ch)}{h} = 0, \tag{5.1}$$

dann ist f in x differenzierbar mit $f'(x) = c$. Dies war ebenfalls Inhalt von Satz 12.5 aus Analysis 1.

Diese beiden Zugänge lassen sich auf die Differentialrechnung im Mehrdimensionalen ausweiten, führen dort aber zu *verschiedenen* Differenzierbarkeitsbegriffen. Wir diskutieren dies in dieser Einführung der Einfachheit halber nur für Funktionen $f\colon D \to \mathbb{R}$ mit $D \subset \mathbb{R}^n$.

(i) Sei $x \in D$ mit $D \subset \mathbb{R}^n$ und e_j der j-te Einheitsvektor, $1 \leq j \leq n$. Dann können wir den Grenzwert

$$\lim_{\substack{h \to 0 \\ h \neq 0}} \frac{f(x+he_j) - f(x)}{h} \tag{5.2}$$

untersuchen. Falls er existiert, werden wir ihn *j-te partielle Ableitung* von f in x nennen. Wir erhalten also n Zahlen, eine pro Raumdimension, falls die zugehörigen Grenzwerte alle existieren.

(ii) Zum anderen können wir die *Approximation durch eine affine Funktion* betrachten. Es stellt sich heraus, dass die sachgemäße Verallgemeinerung von (5.1) gegeben ist durch die Forderung

$$\lim_{h \to 0} \frac{|f(x+h) - (f(x) + \langle c, h \rangle)|}{\|h\|} = 0; \tag{5.3}$$

man beachte, dass x, c und h hier Vektoren im $\mathbb{R}^n$ sind. Wir werden den Vektor c die Ableitung oder *totales Differential* von f in x nennen. Vorstellen kann man sich (5.3) als beste Approximation der gegebenen Funktion durch eine Ebene, die den Graphen von f in $(x, f(x))$ berührt, siehe Abb. 5.1.

Von zentraler Bedeutung ist, dass es sich – anders als im Eindimensionalen – für $n \geq 2$ bei (5.2) und (5.3) um *zwei unterschiedliche Begriffe* handelt. Wir werden aber auch sehen, dass diese Begriffe zusammenfallen, wenn alle partiellen Ableitungen aus (5.2) stetig sind (Sätze 5.23 und 5.24).

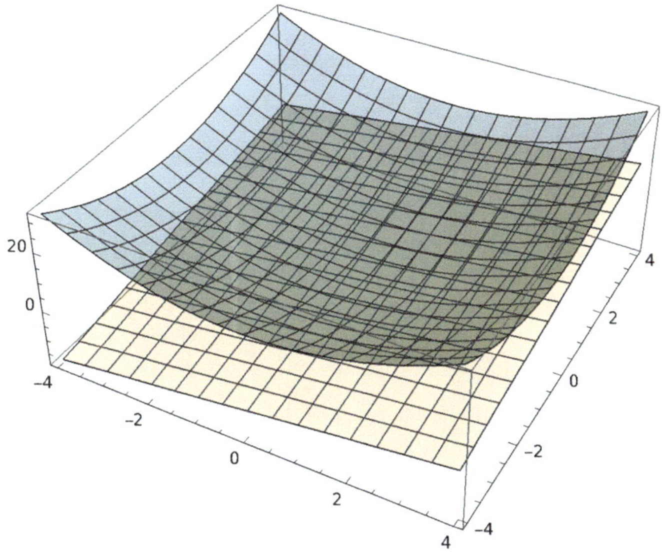

Abb. 5.1 Die beste Approximation der Funktion $f\colon x \mapsto x_1^2 + x_2^2$ durch eine Ebene durch den Punkt $(x, f(x))$, hier mit $x = (1, 1)$

5.2 Partielle Ableitungen, Skalar- und Vektorfelder

Definition 5.1 (Skalarfeld)
Sei $\Omega \subset \mathbb{R}^n$. Eine Funktion $f\colon \Omega \to \mathbb{R}$ heißt ***skalares Feld,*** *oder* ***Skalarfeld,*** *auf Ω.*

Skalarfelder kann man sich durch ihre **Niveaumengen**

$$N_c(f) = \{x \mid x \in \Omega,\ f(x) = c\}$$

veranschaulichen, insbesondere dann, wenn $\Omega \subset \mathbb{R}^2$, siehe Abb. 5.2. Entspricht beispielsweise Ω einer Landkarte und ordnet f jedem Punkt auf der Landkarte seine Höhe zu, so sind die Niveaumengen $N_c(f)$ gerade die Höhenlinien zur Höhe c.

Dieser Verweis auf Niveaumengen zur Visualisierung von Funktionen kehrt die Schwierigkeiten etwas unter den Teppich. In einfachen Fällen wird man für Funktionen $f\colon \mathbb{R}^2 \to \mathbb{R}$ die Niveaulinien explizit bestimmen können. Aber wie geht das für eine komplizierte Funktion? Hier hilft der Satz 6.9, den wir in Abschn. 6.2 besprechen werden. Im Ausblick des aktuellen Kapitels werden wir skizzieren, wie diese Technik funktioniert. Offensichtlich sind Niveaumengen für Funktionen $f\colon \mathbb{R}^n \to \mathbb{R}$ mit $n > 2$ schwer zu visualisieren, selbst wenn man ihre Beschreibung explizit kennt. Für Funktionen mit Definitionsbereich im $\mathbb{R}^3$ hilft es bisweilen, Niveaumengen zu

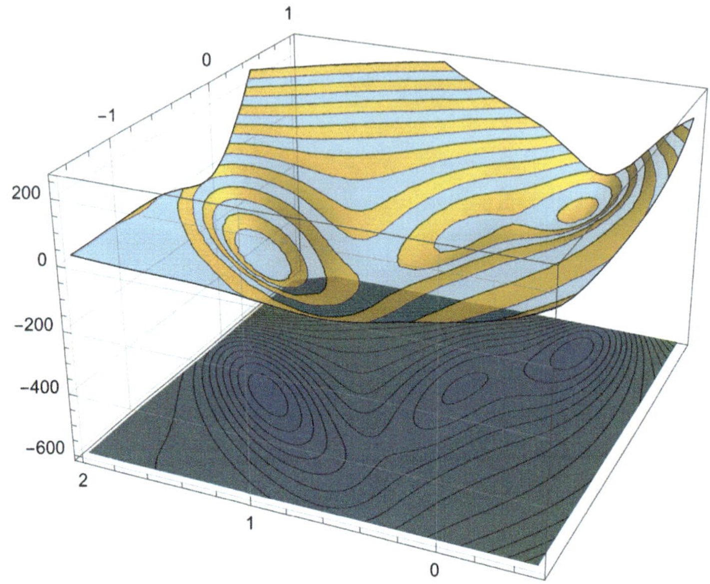

Abb. 5.2 Ein Plot einer Funktion $f: \mathbb{R}^2 \to \mathbb{R}$ (das sogenannte Müllerpotential, ein pädagogisches Beispiel für Reaktionskinetik aus der Chemie) und darunter einige Niveaulinien

verschiedenen Werten c_j zu plotten. Abb. 5.3 zeigt dies am Beispiel der Funktion $f: (x_1, x_2, x_3) \mapsto x_1^2 + x_2^4 + \sin(x_3)$. Auch hier kann eine Beschreibung der Niveauflächen prinzipiell durch den Satz 6.9 über implizite Funktionen gewonnen werden.

Sei $\Omega \subset \mathbb{R}^n$, $f: \Omega \to \mathbb{R}$. Wir betrachten f längs einer Geraden, d. h. für einen gegebenen Punkt $x \in \Omega$ und eine gegebene Richtung $v \in \mathbb{R}^n$ setzen wir

$$g(t) = f(x + tv), \quad g: D_g \to \mathbb{R}, \quad D_g = \{t \mid t \in \mathbb{R},\ x + tv \in \Omega\}.$$

Falls $g'(0)$ existiert, gibt diese Zahl die *Ableitung von f im Punkt x in die Richtung v* an, wie die folgende Definition festlegt. Ist dabei x ein innerer Punkt von Ω, so ist 0 innerer Punkt von D_g für jedes $v \in \mathbb{R}^n$, d. h. $g(t)$ ist für hinreichend kleine Werte von $|t|$ definiert.

Definition 5.2 (Richtungsableitung, partielle Ableitung)
Sei $\Omega \subset \mathbb{R}^n$ offen, $f: \Omega \to \mathbb{R}$. Ist $x \in \Omega$ und $v \in \mathbb{R}^n$, so heißt die Zahl

$$\partial_v f(x) = \lim_{\substack{t \to 0 \\ t \neq 0}} \frac{f(x + tv) - f(x)}{t}$$

*die **Richtungsableitung** von f an der Stelle x in Richtung v, falls der Grenzwert existiert. Ist $v = e_j$ der j-te Einheitsvektor, so sprechen wir von der j-ten **partiellen Ableitung** von f an der Stelle x, und bezeichnen sie mit*

$$\partial_j f(x).$$

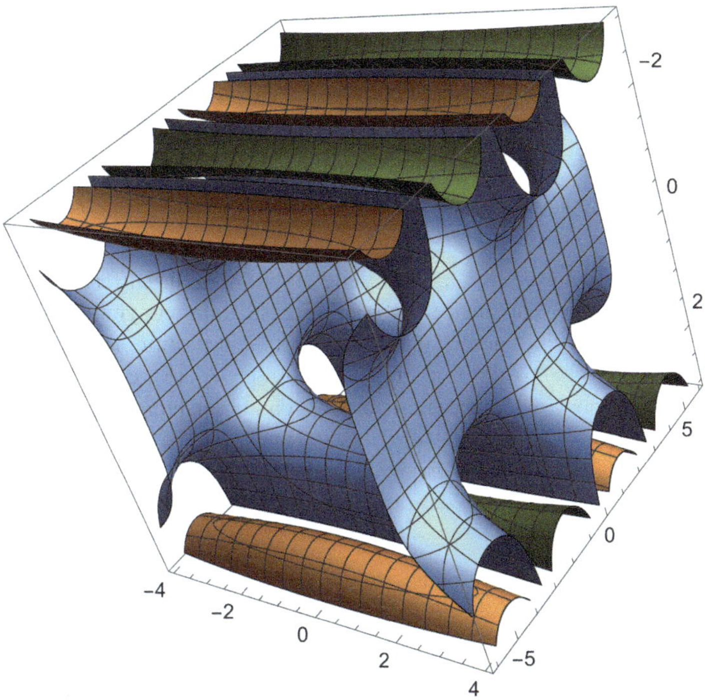

Abb. 5.3 Einige Niveaumengen der Funktion $(x_1, x_2, x_3) \mapsto x_1^2 - x_2^4 \sin(x_3)$, mit $x_1 \in [-4, 4]$, $x_2 \in [-3, 3]$ und $x_3 \in [-6, 6]$

Andere gebräuchliche Schreibweisen für $\partial_j f(x)$ sind

$$\frac{\partial}{\partial x_j} f(x), \quad \frac{\partial f}{\partial x_j}(x) \quad \textit{und} \quad D_j f(x).$$

Die Funktion f heißt ***partiell differenzierbar in $x \in \Omega$****, falls $\partial_j f(x)$ für alle j mit $1 \leq j \leq n$ existiert. Gilt das für alle $x \in \Omega$, so heißt f* ***partiell differenzierbar*** *in Ω. Sind darüber hinaus die Funktionen*

$$\partial_j f : \Omega \to \mathbb{R}$$

stetig für alle j mit $1 \leq j \leq n$, so heißt f ***stetig differenzierbar*** *in Ω.*

Für $v = e_j$ ist

$$x + te_j = (x_1, \ldots, x_{j-1}, x_j + t, x_{j+1}, \ldots, x_n).$$

Wir könnten die j-te partielle Ableitung daher auch definieren als

$$\partial_j f(x) = g_j'(x_j), \quad \text{wobei} \quad g_j(\xi) := f(x_1, \ldots, x_{j-1}, \xi, x_{j+1}, \ldots, x_n).$$

Diese Definition ist äquivalent zur obigen (SÜPER-Übung). Ist f also durch eine Formel gegeben, so können wir $\partial_j f(x)$ berechnen, indem wir ganz normal nach x_j ableiten und dabei die anderen Variablen x_k mit $k \neq j$ als konstante Parameter betrachten.

Beispiel 5.3

(i) $f\colon \mathbb{R}^3 \to \mathbb{R}$, $f(x_1, x_2, x_3) = x_1 \sin(x_3) + x_1^2 x_2^2 \exp(x_2 x_3)$. Es ist

$$\begin{aligned} \partial_1 f(x_1, x_2, x_3) &= \sin(x_3) + 2x_1 x_2^2 \exp(x_2 x_3)\,, & \partial_1 f(1,2,0) &= 8\,,\\ \partial_2 f(x_1, x_2, x_3) &= 2x_1^2 x_2 \exp(x_2 x_3) + x_1^2 x_2^2 \exp(x_2 x_3) x_3\,, & \partial_2 f(1,2,0) &= 4\,,\\ \partial_3 f(x_1, x_2, x_3) &= x_1 \cos(x_3) + x_1^2 x_2^2 \exp(x_2 x_3) x_2\,, & \partial_3 f(1,2,0) &= 9\,. \end{aligned}$$

(ii) Wir betrachten die **Radiusfunktion**

$$r\colon \mathbb{R}^n \to \mathbb{R}\,, \quad r(x) = \|x\|_2 = \sqrt{\sum_{l=1}^{n} x_l^2}\,.$$

Auf $\mathbb{R}^n \setminus \{0\}$ ist r stetig differenzierbar,

$$\partial_j r(x) = \frac{1}{2\sqrt{\sum_{l=1}^{n} x_l^2}} \cdot 2x_j = \frac{x_j}{r(x)}\,.$$

Im Nullpunkt ist r nicht differenzierbar, da $r(te_j) = |t|$ und

$$\frac{r(0 + te_j) - r(0)}{t} = \frac{|t|}{t} = \operatorname{sign}(t) \quad \text{für } t \neq 0\,.$$

(iii) Sei $g\colon \mathbb{R} \setminus \{0\} \to \mathbb{R}$ differenzierbar (bzw. stetig differenzierbar), und sei $f\colon \mathbb{R}^n \setminus \{0\} \to \mathbb{R}$ definiert durch

$$f(x) = g(r(x))$$

mit r wie in (ii). Bei f handelt es sich um eine **radialsymmetrische Funktion,** also eine Funktion, die auf Kugelschalen konstant ist, wobei der Funktionswert von f auf einer Kugelschale nur von deren Radius abhängt. Dann ist auch f partiell differenzierbar (bzw. stetig differenzierbar), und

$$\partial_j f(x) = g'(r(x))\, \partial_j r(x) = g'(r(x)) \frac{x_j}{r(x)}\,. \tag{5.4}$$

Anders als im Eindimensionalen folgt aus der Existenz aller partiellen Ableitungen einer Funktion f *nicht* die Stetigkeit von f. Das liegt daran, dass die partiellen Ableitungen in einem Punkt x das Verhalten von f nur entlang der von x in die Koordinatenrichtungen ausgehenden Geraden auswerten.

Beispiel 5.4
Wir betrachten wieder $f\colon \mathbb{R}^2 \to \mathbb{R}$,

$$f(x) = \begin{cases} \frac{2x_1x_2}{x_1^2+x_2^2} & \text{für } x \neq 0\,, \\ 0 & \text{für } x = 0 \end{cases}\,, \tag{5.5}$$

siehe Abb. 2.6. In $x = 0$ existieren alle partiellen Ableitungen von f und sind gleich Null, da für $j = 1, 2$

$$\frac{f(0 + te_j) - f(0)}{t} = \frac{0-0}{t} = 0\,.$$

Die Funktion f ist aber nicht stetig in 0. Um dies zu sehen, betrachten wir $a_k := \left(\frac{1}{k}, \frac{1}{k}\right)$. Dann ist

$$\|a_k\|_2 = \frac{\sqrt{2}}{k}\,, \quad f(a_k) = \frac{\frac{2}{k^2}}{\frac{2}{k^2}} = 1\,,$$

also

$$\lim_{k\to\infty} a_k = 0\,, \qquad \lim_{k\to\infty} f(a_k) = 1 \neq f(0) = 0\,.$$

Wie im Eindimensionalen können wir höhere Ableitungen bilden, indem wir durch Ableiten erhaltene Funktionen nochmals ableiten. Ist $f\colon \mathbb{R}^2 \to \mathbb{R}$, $f(x_1, x_2) = 3x_1^2x_2^3$, so ist beispielsweise

$$\partial_1 f(x_1, x_2) = 6x_1x_2^3\,,$$
$$\partial_2 f(x_1, x_2) = 9x_1^2x_2^2\,,$$

und weiter

$$\begin{aligned} \partial_1\partial_1 f(x_1, x_2) &= 6x_2^3\,, \quad \partial_2\partial_1 f(x_1, x_2) = 18x_1x_2^2\,, \quad \partial_1\partial_1 f(0, 1) = 6\,; \\ \partial_1\partial_2 f(x_1, x_2) &= 18x_1x_2^2\,, \quad \partial_2\partial_2 f(x_1, x_2) = 18x_1^2x_2\,, \quad \partial_2\partial_2 f(0, 1) = 0\,. \end{aligned} \tag{5.6}$$

Definition 5.5 (Höhere partielle Ableitungen)
Sei $\Omega \subset \mathbb{R}^n$ offen. Eine Funktion $f\colon \Omega \to \mathbb{R}$ heißt ***(k+1)-mal partiell differenzierbar*** *auf Ω, falls f k-mal partiell differenzierbar auf Ω ist und alle k-ten partiellen Ableitungen der Form*

$$\partial_{j_k}\partial_{j_{k-1}} \ldots \partial_{j_1} f\,, \quad 1 \leq j_l \leq n\,, \quad 1 \leq l \leq k\,,$$

partiell differenzierbar sind. Die Funktion f heißt ***k-mal stetig differenzierbar,*** *falls alle partielle Ableitungen der Ordnung $\leq k$ existieren und stetig sind. Wir definieren*

$$C^0(\Omega) = C(\Omega)\,,$$
$$C^k(\Omega) = \left\{f \mid f\colon \Omega \to \mathbb{R} \textit{ ist k-mal stetig differenzierbar}\right\}\,,$$
$$C^\infty(\Omega) = \bigcap_{k\in\mathbb{N}} C^k(\Omega)\,.$$

Funktionen in $C^\infty(\Omega)$ heißen ***unendlich oft differenzierbar*** *oder* ***beliebig oft differenzierbar****.*

Liegt zweimal stetige Differenzierbarkeit vor, so können wir beim partiellen Differenzieren die Reihenfolge der Ableitungen vertauschen; diese bemerkenswerte Vertauschbarkeit haben wir oben im Beispiel (5.6) sehen können: $\partial_2\partial_1 f(x_1, x_2) = \partial_1\partial_2 f(x_1, x_2) = 18x_1x_2^2$.

Satz 5.6 (Satz von Schwarz)
Sei $\Omega \subset \mathbb{R}^n$ offen, $f \in C^2(\Omega)$. Dann gilt

$$\partial_j\partial_k f(a) = \partial_k\partial_j f(a)\,,$$

für alle $a \in \Omega$ und alle $1 \leq j, k \leq n$.

Beweis Sei ohne Beschränkung der Allgemeinheit (o. B. d. A.) $n = 2, k = 1, j = 2, a = 0 \in \Omega$. Wir wählen $\delta > 0$ mit $(-\delta, \delta)^2 \subset \Omega$. Seien $x_1, x_2 \in (0, \delta)$. Wir wenden den Mittelwertsatz der Differentialrechnung auf

$$g\colon [0, x_1] \to \mathbb{R}\,, \quad g(t) := f(t, x_2) - f(t, 0)$$

an und erhalten die Existenz eines $\xi \in (0, x_1)$ mit

$$g(x_1) = g(0) + x_1 g'(\xi)\,,$$

also

$$f(x_1, x_2) - f(x_1, 0) = f(0, x_2) - f(0, 0) + x_1(\partial_1 f(\xi, x_2) - \partial_1 f(\xi, 0)) \tag{5.7}$$

(links und rechts des Gleichheitszeichens stehen die in Abb. 5.4 mit blauen vertikalen Strecken markierten Differenzen). Wir wenden nun den Mittelwertsatz an auf $h\colon [0, x_2] \to \mathbb{R}$, $h(t) := \partial_1 f(\xi, t)$, und erhalten die Existenz eines $\eta \in (0, x_2)$ mit

$$h(x_2) = h(0) + x_2 h'(\eta)\,,$$

also aus (5.7)

$$f(x_1, x_2) - f(x_1, 0) = f(0, x_2) - f(0, 0) + x_1x_2\partial_2\partial_1 f(\xi, \eta)\,.$$

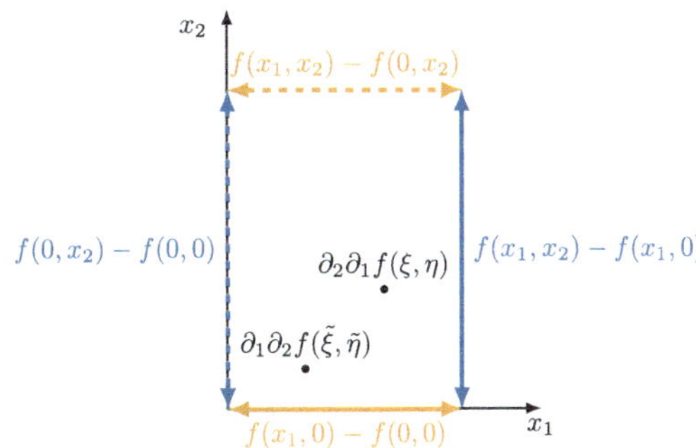

Abb. 5.4 Zum Beweis des Satzes von Schwarz. Die Eckpunkte des Rechtecks sind die Punkte $(0,0)$, $(x_1,0)$, $(0,x_2)$ und (x_1,x_2). Die Punkte markieren (ξ,η) und $(\tilde{\xi},\tilde{\eta})$. Die im Beweis betrachteten Differenzen sind durch Strecken symbolisiert

Das Vertauschen der Rollen von x_1 und x_2 liefert ein $\tilde{\xi} \in (0,x_1)$, $\tilde{\eta} \in (0,x_2)$ mit

$$f(x_1,x_2) - f(0,x_2) = f(x_1,0) - f(0,0) + x_2x_1\partial_1\partial_2 f(\tilde{\xi},\tilde{\eta}),$$

also

$$\partial_2\partial_1 f(\xi,\eta) = \partial_1\partial_2 f(\tilde{\xi},\tilde{\eta}).$$

Der Grenzübergang $(x_1,x_2) \to (0,0)$ ergibt $(\xi,\eta) \to (0,0)$ und $(\tilde{\xi},\tilde{\eta}) \to (0,0)$, also wegen der vorausgesetzten Stetigkeit der zweiten partiellen Ableitungen

$$\partial_2\partial_1 f(0,0) = \partial_1\partial_2 f(0,0).$$

□

Folgerung 5.7
Für $f \in C^k(\Omega)$ können wir die Reihenfolge von bis zu k partiellen Ableitungen beliebig vertauschen.

Insbesondere können wir partielle Ableitungen sortieren, z. B.:

$$\partial_1\partial_4\partial_1\partial_2\partial_4\partial_1 f = \partial_1\partial_1\partial_1\partial_2\partial_4\partial_4 f = \partial_1^3\partial_2\partial_4^2 f.$$

Wir verwenden dabei die Schreibweise

$$\partial_j^l f = \underbrace{\partial_j\partial_j \ldots \partial_j}_{l \text{ mal}} f. \tag{5.8}$$

Beispiel 5.8
Dass auf die Annahme der zweimaligen stetigen Differenzierbarkeit im Satz 5.6 nicht verzichtet werden kann, zeigt die Funktion $f\colon \mathbb{R}^2 \to \mathbb{R}$,

$$f(x_1,x_2) = \begin{cases} x_1x_2\exp\left(-\frac{x_1^2}{x_2^2}\right) & \text{für } x_2 \neq 0 \\ 0 & \text{für } x_2 = 0 \end{cases},$$

denn dann ist

$$\partial_1 f(x_1, x_2) = \begin{cases} x_2 \exp\left(-\frac{x_1^2}{x_2^2}\right) - 2\frac{x_1^2}{x_2} \exp\left(-\frac{x_1^2}{x_2^2}\right) & \text{für } x_2 \neq 0 \\ 0 & \text{für } x_2 = 0 \end{cases} .$$

Für Punkte der Form $(0, x_2)$, also Punkte auf der x_2-Achse, ergibt sich $\partial_1 f(0, x_2) = x_2$, also ist

$$\partial_2 \partial_1 f(0, 0) = 1 .$$

Weiter gilt $\partial_2 f(x_1, 0) = 0$ (dies folgt direkt aus der Definition der partiellen Ableitung) und damit $\partial_1 \partial_2 f(0, 0) = 0$. Also ist hier

$$\partial_1 \partial_2 f(0, 0) = 0 \neq 1 = \partial_2 \partial_1 f(0, 0) .$$

Diese exotische Funktion ist *nicht* zweimal stetig differenzierbar (Übung), daher ist der Satz von Schwarz nicht anwendbar. Man sieht, dass es gar nicht leicht ist, eine zweimal partiell differenzierbare Funktion anzugeben, deren zweite Ableitungen unstetig sind. In diesem Sinne betrifft der Satz von Schwarz den Regelfall, und es ist eher knifflig, Ausnahmen zu konstruieren. Analog hatten wir in Analysis 1 in Gl. (12.19) gesehen, dass es differenzierbare Funktionen gibt, die nicht stetig differenzierbar sind; allerdings sind die meisten differenzierbaren Funktionen, die uns begegnen, auch stetig differenzierbar.

Definition 5.9 (Vektorfeld)
*Sei $\Omega \subset \mathbb{R}^n$. Ein $F : \Omega \to \mathbb{R}^n$ heißt **Vektorfeld** auf Ω. Ein Vektorfeld F heißt **stetig differenzierbar** bzw. **partiell differenzierbar**, falls alle Komponentenfelder $F_j : \Omega \to \mathbb{R}$ es sind.*

Wir können uns ein Vektorfeld als eine Abbildung vorstellen, die jedem $x \in \Omega$ einen Vektor $F(x)$ anheftet, wie in Abb. 5.5 skizziert.

Wir führen jetzt drei grundlegende Differentialoperatoren – Gradient, Divergenz und Rotation – ein. Der Gradient und die Rotation definieren spezielle Klassen von Vektorfeldern.

Definition 5.10 (Gradient)
Sei $\Omega \subset \mathbb{R}^n$ offen und $f : \Omega \to \mathbb{R}$ partiell differenzierbar. Dann heißt der Vektor

$$\operatorname{grad} f(x) = \nabla f(x) = \begin{pmatrix} \partial_1 f(x) \\ \vdots \\ \partial_n f(x) \end{pmatrix}$$

*der **Gradient** von f in x.*

Der Gradient ist also ein Vektor im $\mathbb{R}^n$, und wir verwenden die Konvention, ihn als Spaltenvektor darzustellen.

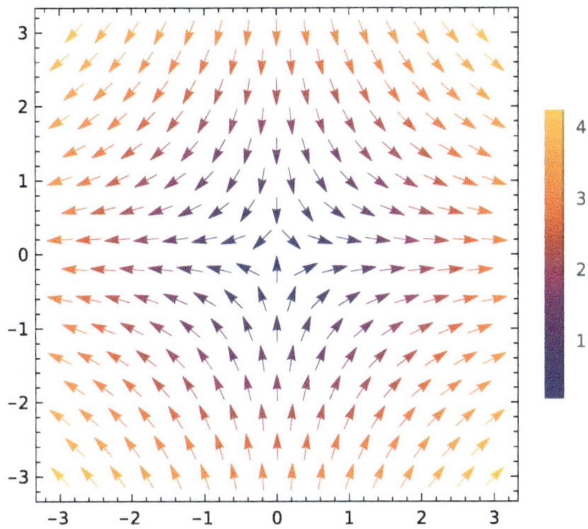

Abb. 5.5 Das Vektorfeld $(x_1, x_2) \mapsto (x_1, -x_2)$. Die Länge der Vektoren ist durch ihre Farbe dargestellt

Beispiel: Für radialsymmetrische Funktionen $f(x) = g(\|x\|_2)$ haben wir in (5.4) für $x \neq 0$

$$\partial_j f(x) = g'(\|x\|_2) \frac{x_j}{\|x\|_2}$$

berechnet, also

$$\operatorname{grad} f(x) = \nabla f(x) = g'(\|x\|_2) \frac{x}{\|x\|_2} .$$

Für $f, g : \Omega \to \mathbb{R}$ und $\lambda \in \mathbb{R}$ gelten die Rechenregeln

$$\operatorname{grad}(f + g) = \operatorname{grad} f + \operatorname{grad} g , \quad \operatorname{grad}(\lambda f) = \lambda \operatorname{grad} f ,$$

$$\operatorname{grad}(f \cdot g) = g \cdot \operatorname{grad} f + f \cdot \operatorname{grad} g .$$

Dies folgt leicht aus der Definition und den Rechenregeln für die Ableitung im Eindimensionalen (SÜPER-Übung).

Definition 5.11 (Divergenz)
Sei $\Omega \subset \mathbb{R}^n$ offen und $F : \Omega \to \mathbb{R}^n$ ein partiell differenzierbares Vektorfeld. Dann heißt

$$\operatorname{div} F : \Omega \to \mathbb{R} ,$$
$$\operatorname{div} F(x) = \sum_{j=1}^{n} \partial_j F_j(x) ,$$

*die **Divergenz** von F.*

Beispiel 5.12

(i) Sei $\Omega \subset \mathbb{R}^n$ offen, seien $f : \Omega \to \mathbb{R}$, $F : \Omega \to \mathbb{R}^n$ partiell differenzierbar. Dann gilt

$$\begin{aligned} \operatorname{div}(fF) &= \sum_{j=1}^{n} \partial_j (fF_j) = \sum_{j=1}^{n} (\partial_j f \cdot F_j + f \cdot \partial_j F_j) \\ &= \langle \operatorname{grad} f, F \rangle + f \cdot \operatorname{div} F \,. \end{aligned} \tag{5.9}$$

(ii) Wir betrachten $G : \mathbb{R}^n \setminus \{0\} \to \mathbb{R}^n$,

$$G(x) = \frac{x}{\|x\|_2} \,.$$

Wir setzen

$$F(x) = x \quad \text{und} \quad f(x) = \frac{1}{\|x\|_2} = \left(\sum_{l=1}^{n} x_l^2 \right)^{-\frac{1}{2}} \,.$$

Dann ist $\operatorname{div} F(x) = n$ und

$$\partial_j f(x) = -\frac{1}{2} \left(\sum_{l=1}^{n} x_l^2 \right)^{-\frac{3}{2}} \cdot 2x_j = -\frac{x_j}{\|x\|_2^3} \,,$$

also erhalten wir aus (5.9)

$$\begin{aligned} (\operatorname{div} G)(x) &= \langle (\operatorname{grad} f)(x), F(x) \rangle + f(x) \cdot (\operatorname{div} F)(x) \\ &= \left\langle -\frac{x}{\|x\|_2^3}, x \right\rangle + \frac{1}{\|x\|_2} n = -\frac{\|x\|_2^2}{\|x\|_2^3} + \frac{1}{\|x\|_2} n \\ &= \frac{n-1}{\|x\|_2} \,. \end{aligned} \tag{5.10}$$

Definition 5.13 (Rotation)
Sei $\Omega \subset \mathbb{R}^3$ offen und $F : \Omega \to \mathbb{R}^3$ partiell differenzierbar. Dann heißt

$$\operatorname{rot} F : \Omega \to \mathbb{R}^3 \,, \qquad \operatorname{rot} F(x) = \begin{pmatrix} \partial_2 F_3(x) - \partial_3 F_2(x) \\ \partial_3 F_1(x) - \partial_1 F_3(x) \\ \partial_1 F_2(x) - \partial_2 F_1(x) \end{pmatrix}$$

die ***Rotation*** *von F. In der englischsprachigen Literatur wird die Rotation meist als* curl *bezeichnet.*

Die Rotation ordnet also einem Vektorfeld F mit geeigneten Differenzierbarkeitseigenschaften ein weiteres Vektorfeld zu. Ist F das Geschwindigkeitsfeld einer Drehbewegung, so beschreibt $\operatorname{rot} F$ die dadurch verursachte Rotation; die Richtung von $\operatorname{rot} F$ ist die Rotationsachse und der Betrag von $\operatorname{rot} F$ misst die Rotationsgeschwindigkeit. Zum Beispiel: Das Vektorfeld $F = (-\omega x_2, \omega x_1, v(x_3))$ beschreibt das Geschwindigkeitsfeld zweier überlagerter Bewegungen, nämlich zum einen eine Rotation um die x_3-Achse mit Winkelgeschwindigkeit ω (siehe Abb. 5.7 mit $\omega = \frac{1}{2}$ für die Beschränkung auf die x_1x_2-Ebene) und zum anderen eine Verschiebung, also keine Rotation, in x_3-Richtung mit Geschwindigkeit $v(x_3)$. Hier ist $\operatorname{rot} F = (0, 0, 2\omega)$. Wir sehen, dass dieser Vektor in der Drehachse liegt. Insbesondere wird die Bewegung in x_3-Richtung, die keine Rotation darstellt, „herausgefiltert“ und ist nicht in $\operatorname{rot} F$ kodiert.

Lemma 5.14
Sei $\Omega \subset \mathbb{R}^3$ offen, und $\lambda, \mu \in \mathbb{R}$. Seien $f\colon \Omega \to \mathbb{R}$ und $F, G\colon \Omega \to \mathbb{R}^3$ partiell differenzierbar. Dann gilt:

(i) $\operatorname{rot}(\lambda F + \mu G) = \lambda \operatorname{rot} F + \mu \operatorname{rot} G$,
(ii) $\operatorname{rot}(fF) = f \operatorname{rot} F + \operatorname{grad} f \times F$,
(iii) *Ist $f \in C^2(\Omega)$, gilt* $\operatorname{rot}\operatorname{grad} f = 0$,
(iv) *Ist $F \in C^2(\Omega)$, gilt* $\operatorname{div}\operatorname{rot} F = 0$.

Dass diese Formeln richtig sind, kann man direkt aus der Definition nachrechnen (Übung).

Vor allem in Natur- und Ingenieurswissenschaften ist folgende Schreibweise üblich:

$$\nabla = \begin{pmatrix} \partial_1 \\ \vdots \\ \partial_n \end{pmatrix},$$

und damit kann man die Divergenz im $\mathbb{R}^3$ formal schreiben als

$$\operatorname{div} f = \nabla \cdot f,$$

wobei $\cdot$ das euklidische Skalarprodukt bedeutet, also in unserer Schreibweise $\operatorname{div} f = \langle \nabla, f \rangle$. Analog schreibt man formal im $\mathbb{R}^3$

$$\operatorname{rot} f = \nabla \times f,$$

wobei $\times$ das Kreuzprodukt ist.

5.3 Bonusmaterial: Interpretation von Gradient, Divergenz und Rotation

5.3.1 Gradienten, Gradientenfelder und Potentiale

Wir geben als erstes eine geometrische Interpretation des Gradienten. Sei $\Omega \subset \mathbb{R}^n$ offen und $f\colon \Omega \to \mathbb{R}$. Wir nehmen an, dass für einen gegebenen Punkt $x \in \Omega$ alle Richtungsableitungen $\partial_v f(x)$ existieren. Dann gilt, wie wir in Abschn. 5.5 mit der Kettenregel zeigen (Satz 5.27, siehe (5.26))

$$\partial_v f(x) = \langle \operatorname{grad} f(x), v \rangle \,. \tag{5.11}$$

Wir können die Formel (5.11) interpretieren: Ist $v \in \mathbb{R}^n$ mit $\|v\|_2 = 1$, so ist

$$\partial_v f(x) = \langle (\operatorname{grad} f)(x), v \rangle = \|(\operatorname{grad} f)(x)\|_2 \cdot \cos(\varphi)\,,$$

wobei φ der Winkel zwischen $\operatorname{grad} f(x)$ und v ist. Die Richtungsableitung $\partial_v f(x)$ wird also maximal, wenn $\cos(\varphi) = 1$ ist, also wenn v in dieselbe Richtung wie $\operatorname{grad} f(x)$ zeigt. Der Gradient von f zeigt also in die Richtung des steilsten Anstiegs von f. Insbesondere steht der Gradient senkrecht auf der zugehörigen Niveaulinie, siehe Abb. 5.6.

Gradienten definieren Vektorfelder, wie Abb. 5.6 für ein Beispiel zeigt. Diese Klasse von Vektorfeldern ist so wichtig, dass sie einen eigenen Namen besitzt.

Definition 5.15 (Gradientenfeld)
Ein Vektorfeld $F\colon \Omega \to \mathbb{R}^n$ mit $\Omega \subset \mathbb{R}^n$ heißt ***Gradientenfeld,*** *falls es ein skalares Feld $f\colon \Omega \to \mathbb{R}$ gibt mit*

$$F = \operatorname{grad} f\,;$$

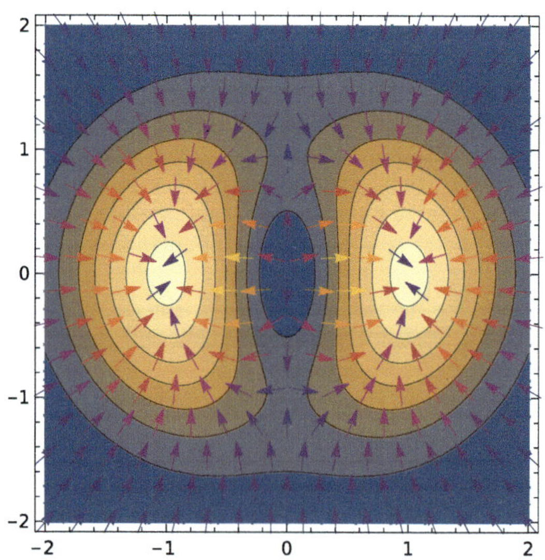

Abb. 5.6 Der Gradient zeigt in Richtung des steilsten Anstiegs. Gezeigt sind Niveaulinien und Gradienten der Funktion $(x_1, x_2) \mapsto (4x_1^2 + x_2^2) \cdot \exp(-x_1^2 - x_2^2)$

*die Funktion f heißt dann **Potential** von F.*

Der Begriff Potential stammt aus der Physik, und Gradientenfelder werden in der Physik auch als Potentialfelder bezeichnet. Ist nämlich f ein Potential, lässt sich das zugehörige Vektorfeld F als Kraftfeld interpretieren. In der Physik wird oft $-f$ als Potential von F bezeichnet; so ist beispielsweise in der Physik die Formel für die Schwerkraft

$$F_{\text{grav}} = -m \cdot \operatorname{grad} f ,$$

wobei f das *Gravitationsfeld* ist und m die Masse. Durch geeignete Einheitenwahl kann man $m = 1$ erreichen.

Also: Jedes Gradientenfeld ist ein Vektorfeld. Die Umkehrung ist jedoch falsch: Es gibt Vektorfelder F, die keine Gradientenfelder sind, für die also kein Potential f existiert. Einen Test auf Gradienteneigenschaft für stetig differenzierbare Vektorfelder liefert folgendes Lemma.

Lemma 5.16 (Notwendiges Kriterium für die Existenz eines C^2-Potentials)
Sei $\Omega \subset \mathbb{R}^n$ offen und $F\colon \Omega \to \mathbb{R}^n$ ein stetig differenzierbares Vektorfeld. Wenn $F = (F_1, \ldots, F_n)$ ein C^2-Potential f besitzt, dann gilt für alle $j, k = 1, \ldots, n$ mit $j \neq k$

$$\partial_j F_k = \partial_k F_j .$$

Beweis Dies ist der Satz 5.6 von Schwarz, angewendet auf f, da $F = (\partial_1 f, \ldots, \partial_n f)$.
□

Beispiel 5.17
Das Vektorfeld, das in $\mathbb{R}^2$ durch $F(x_1, x_2) = \frac{1}{2}(-x_2, x_1)$ gegeben ist, ist kein Gradientenfeld. Denn es gilt

$$\frac{\partial F_1}{\partial x_2} = -\frac{1}{2} \neq \frac{1}{2} = \frac{\partial F_2}{\partial x_1} .$$

Anschaulich handelt es sich hier um eine Rotation, siehe Abb. 5.7. Rechnerisch sehen wir das daran, dass rot F in der x_1x_2-Ebene verschwindet (wir benutzen hier die Definition der Rotation für $\tilde{F} := \frac{1}{2}(-x_2, x_1, 0)$), es sich also um eine Rotation mit der x_3-Achse als Symmetrieachse handelt. Die Rechnung zeigt, dass dieses „Rotationsfeld" kein Gradientenfeld ist. Dies ist allgemein so, Rotationsfelder – also Felder, die eine Rotation um eine Achse darstellen – sind keine Gradientenfelder. Es gibt auch Vektorfelder, die weder Gradientenfelder noch Rotationsfelder sind.

Ohne Rechnung kann man so aus Abb. 5.7 ablesen, dass es sich um kein Gradientenfeld mit Potential f handelt: Angenommen, das gegebene Feld sei ein Gradientenfeld. Dann zeigen die Vektoren in die Richtung des steilsten Anstiegs von f. Reisen wir von einem beliebigen Punkt los, geht es also immer bergauf. Allerdings kommen wir nach einiger Zeit (nämlich einer Umdrehung) wieder am Ausgangspunkt an. Das ist natürlich nicht möglich.

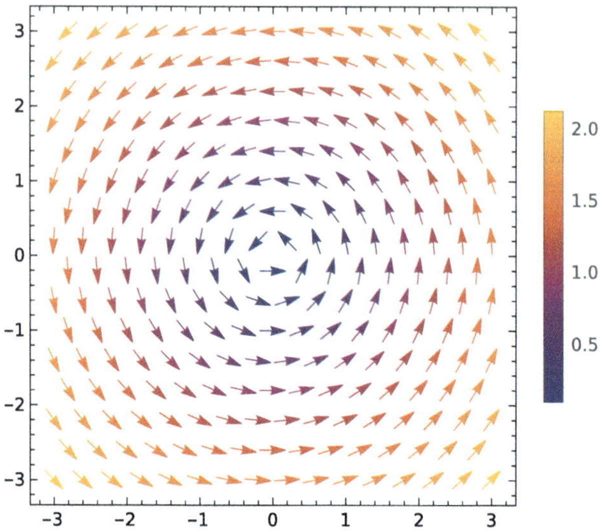

Abb. 5.7 Das Vektorfeld $F(x_1, x_2) = \frac{1}{2}(-x_2, x_1)$ aus Beispiel 5.17 ist kein Potentialfeld

Anschaulich sind also Rotationsfelder keine Gradientenfelder, da wir ansonsten immer aufwärts laufen (da Gradientenfeld, Richtung des steilsten Anstiegs) und wieder am Ausgangspunkt ankommen (da Rotationsfeld). Die Idee der Penrose-Treppe, erfunden von Lionel Penrose (1898–1972) und Roger Penrose (geb. 1931, Nobelpreis für Physik 2020), spielt mit dieser Idee, siehe Abb. 5.8. Der Künstler M. C. Escher (1898–1972) hat dies in seinen Bildern, beispielsweise „Treppauf und Treppab" eindrucksvoll umgesetzt.

Wir bemerken, dass Lemma 5.14, Aussage (iii) einen Test ermöglicht, ob ein stetig partiell differenzierbares Vektorfeld F ein Gradientenfeld ist: Ist $\operatorname{rot} F \neq 0$, kann dies nicht der Fall sein.

Abb. 5.8 Der Satz 5.6 von Schwarz ist verantwortlich dafür, dass es eine solche Treppe nicht geben kann, siehe Beispiel 5.17

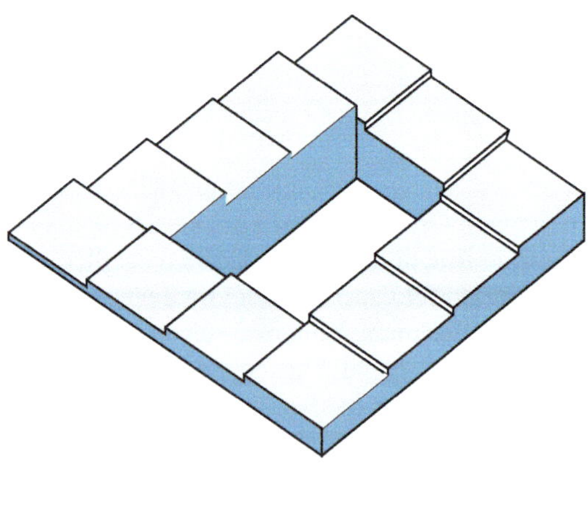

5.3.2 Interpretation der Divergenz

Die Divergenz ist einer der wichtigsten Differentialoperatoren. Sie ist grundlegend für den Gaußschen Integralsatz (eine mehrdimensionale Version des Hauptsatzes der Differential- und Integralrechnung und einer der wichtigsten Sätze der Analysis), der in Analysis 3 behandelt wird. Wir geben hier nur eine Interpretation der Divergenz.

Angenommen, in einem Experiment wird eine Substanz, beispielsweise Wasser, transportiert, die erzeugt und abgebaut werden kann, beispielsweise durch chemische Reaktionen. Quellen sind Orte, in denen die Substanz neu erzeugt wird, und Senken sind Orte, an denen die Substanz abgebaut wird. Wir betrachten den Transport der Substanz durch einen Quader mit Mittelpunkt (x_1, x_2, x_3) und Kantenlängen Δx_1, Δx_2 und Δx_3, siehe Abb. 5.9.

Wir klären zunächst, wie man sich den **Fluss** der Substanz vorzustellen hat. Nehmen wir an, sie strömt im $\mathbb{R}^3$ in eine feste Richtung mit in Ort und Zeit konstanter Intensität. Der zugehörige Fluss wird beschrieben durch einen Vektor $q \in \mathbb{R}^3$. Dessen Richtung $q/\|q\|_2$ gibt die Richtung des Flusses an, dessen Länge $\|q\|_2$ die Menge, welche pro Zeiteinheit durch ein senkrecht auf die Flussrichtung stehendes Einheitsquadrat strömt. Man nennt q die **Flussdichte** des Flusses. Ersetzen wir das Einheitsquadrat durch ein auf q senkrecht stehendes Rechteck R mit Flächeninhalt A, so ist $\|q\|_2 A$ die Menge der Substanz, die pro Zeiteinheit durch R strömt.

Was ist, wenn das Rechteck nicht senkrecht auf q steht, sondern seine Normale n mit q einen Winkel α bildet? (Wir wählen dabei diejenige Normale, die „in die Richtung von q zeigt", dann gilt $\cos(\alpha) \geq 0$.) Wir denken uns ein zweites Rechteck $\tilde{R}$, welches senkrecht auf q steht und durch das pro Zeiteinheit die gleiche Anzahl von Teilchen der Substanz strömt. Siehe hierzu Abb. 5.10. Der Flächeninhalt von $\tilde{R}$ beträgt $A\cos(\alpha)$. Durch $\tilde{R}$ und R strömt also die Menge $\|q\|_2 A \cos(\alpha)$. Da andererseits

$$\cos(\alpha) = \left\langle \frac{q}{\|q\|_2}, n \right\rangle$$

gilt, ist die durch R in Richtung von q fließende Menge der Substanz gleich $\langle q, n\rangle A$.

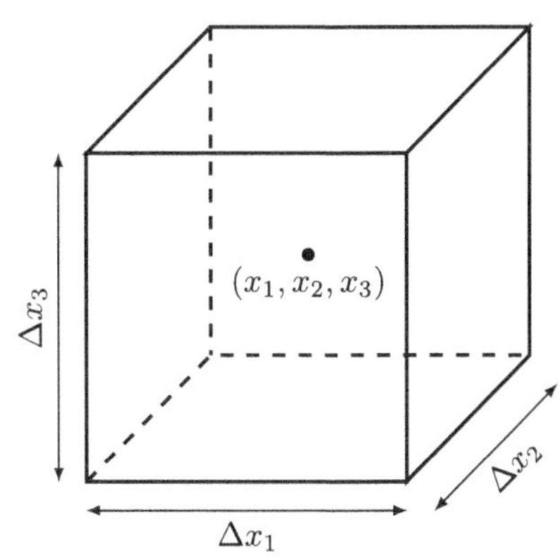

Abb. 5.9 Zur Illustration der Divergenz

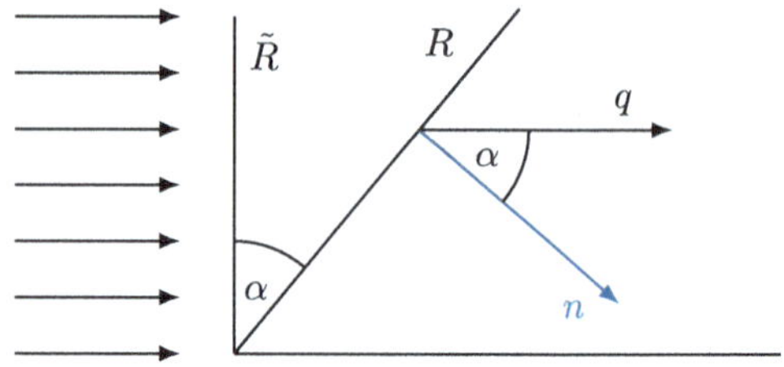

Abb. 5.10 Zur Illustration des Flusses, der nicht senkrecht auf der Fläche R steht

Wir kehren nun zurück zum Quader aus Abb. 5.9; wir lassen dabei zu, dass die Flussdichte nicht konstant ist, sondern durch eine vom Ort x abhängige Funktion F gegeben ist. Wir betrachten zunächst den Fluss durch die rechte Quadratseite. Mit der äußeren Normalen $n = e_1$ erhalten wir näherungsweise den Betrag von

$$\left\langle F\left(x_1 + \frac{\Delta x_1}{2}, x_2, x_3\right), e_1\right\rangle \Delta x_2 \Delta x_3$$

für die durchfließende Menge; das Vorzeichen dieses Ausdrucks ist positiv bei Abfluss aus dem Quader und negativ bei Zufluss. Eine analoge Überlegung für die linke Quadratseite ergibt, dass der Nettofluss (d. h. Abfluss minus Zufluss) durch die beiden Seiten sich näherungsweise ergibt als

$$\begin{aligned}&\left[\left\langle F\left(x_1 + \frac{\Delta x_1}{2}, x_2, x_3\right), e_1\right\rangle - \left\langle F\left(x_1 - \frac{\Delta x_1}{2}, x_2, x_3\right), e_1\right\rangle\right] \Delta x_2 \Delta x_3 \\ &= \left[F_1\left(x_1 + \frac{\Delta x_1}{2}, x_2, x_3\right) - F_1\left(x_1 - \frac{\Delta x_1}{2}, x_2, x_3\right)\right] \Delta x_2 \Delta x_3 \approx \frac{\partial F_1}{\partial x_1} \Delta x_1 \Delta x_2 \Delta x_3\,,\end{aligned}$$

wobei die Approximation durch die Taylorentwicklung von F_1 gerechtfertigt wird (Taylorapproximation in $\mathbb{R}^n$ behandeln wir später in diesem Kapitel). Hierbei ist $\Delta x_1 \Delta x_2 \Delta x_3$ das Volumen des betrachteten Quaders. Die unterschiedlichen Vorzeichen der Terme in den Klammern rühren daher, dass die äußeren Normalen der linken und der rechten Seitenfläche in entgegengesetzte Richtung zeigen.

Analog berechnet man die Flüsse durch die Ober- und Unterseite bzw. Vorder- und Rückseite. Summieren wir alle Flüsse auf, ergibt sich für den Nettoabfluss von F die Formel

$$\frac{\partial F_1}{\partial x_1} \Delta x_1 \Delta x_2 \Delta x_3 + \frac{\partial F_2}{\partial x_2} \Delta x_1 \Delta x_2 \Delta x_3 + \frac{\partial F_3}{\partial x_3} \Delta x_1 \Delta x_2 \Delta x_3 = \operatorname{div} F\, \Delta x_1 \Delta x_2 \Delta x_3\,.$$

Gibt es im Quader keine Quellen und Senken, strömt gleichviel in den Quader hinein wie hinaus, der Nettofluss ist also Null, und dem entspricht $\operatorname{div} F = 0$. Die mehrdimensionale Integration wird dies präzise machen und die Summen durch Integrale ersetzen.

Die Divergenz eines Vektorfeldes ist also ein Maß für die Existenz von Quellen und Senken. Man nennt ein Vektorfeld F mit div $F = 0$ **quellenfrei** (und könnte es mit gleichem Recht **senkenfrei** nennen).

Diese Eigenschaft der Divergenz ist der Grund dafür, dass die Divergenz in der mathematischen Modellbildung sehr oft auftritt, wenn Erhaltungsgleichungen hergeleitet und untersucht werden. Ein Beispiel werden wir in Abschn. 5.4 sehen: Der Laplace-Operator Δ ist die Divergenz angewendet auf den Gradienten.

5.3.3 Interpretation der Rotation

Auch die Rotation wird in Analysis 3 genauer untersucht. Wir beschränken uns hier weitgehend darauf, ein intuitives Verständnis zu gewinnen.

Beispiel 5.18

(i) Wir betrachten eine Flüssigkeit, die in konzentrischen Kreisen gegen den Uhrzeigersinn rotiert. Wir beschreiben die Position eines Fluidpartikels durch $x_1 = r\cos(\varphi t), x_2 = r\sin(\varphi t)$ und $x_3 = 0$. Die Geschwindigkeit ist die Ableitung der Ortsvariable nach der Zeit, also

$$v = (-\varphi r\sin(\varphi t), \varphi r\cos(\varphi t), 0)\,.$$

Wir sehen, dass Ortsvektor und Geschwindigkeitsvektor senkrecht aufeinander stehen, denn es ist

$$v = \varphi(-x_2, x_1, 0)\,.$$

Dieses Orthogonalität kann man in Abb. 5.5 erkennen, in der das Geschwindigkeitsfeld skizziert ist. Weiter ist

$$\operatorname{rot} v = \varphi(0, 0, 1 - (-1)) = (0, 0, 2\varphi)\,.$$

Also steht rot v senkrecht auf der Bewegungsebene $\{(x_1, x_2, 0) \mid x_1, x_2 \in \mathbb{R}\}$ und zeigt in Richtung der positiven x_3-Achse. Rotiert die Flüssigkeit in die andere Richtung, also im Uhrzeigersinn, dann zeigt rot v in Richtung der negativen x_3-Achse.

Stellen wir uns vor, wir setzen in die Flüssigkeit ein (infinitesimales) Paddelboot, und stellen uns die zwei Paddel als nach links und rechts zeigend vor. Die Rotation der Flüssigkeit am Ort des Boots bewegt die Paddel, und dreht damit im obigen Beispiel das Boot. Die Drehachse des Boots zeigt dabei in Richtung der Rotation rot v.

(ii) Wir setzen dieses Gedankenexperiment in einer anderen Konstellation fort. Wir betrachten jetzt eine Strömung, bei der alle Flüssigkeitspartikel in die gleiche Richtung strömen, zum Beispiel charakterisiert durch das Geschwindigkeitsfeld $v = (0, c, 0)$ im Punkt $(x_1, x_2, 0)$, mit Geschwindigkeit $c \in \mathbb{R}$ in x_2-Richtung, siehe Abb. 5.11 links. Hier würde das Paddel sich nicht drehen, sondern nur das Boot mitgetrieben werden. Offensichtlich gilt $\operatorname{rot} v = 0$. Wie schon gesehen, ist die Rotation blind gegenüber reinen Translationen.
Gleiches gilt auch, wenn wir das Geschwindigkeitsfeld der Strömung in x_2-Richtung von x_2 abhängen lassen: Für

$$v = (0, cx_2, 0) \tag{5.12}$$

als Geschwindigkeit im Punkt (x_1, x_2, x_3) sagt die Intuition nach wie vor, dass die Paddel eines an einem beliebigen Punkt schwimmenden Bootes sich nicht drehen werden, und es gilt nach wie vor $\operatorname{rot} v = (0, 0, 0)$. Physikalisch gesprochen: Zwar nimmt die Geschwindigkeit nach oben zu, aber die auf das linke Paddel wirkende Geschwindigkeit v_l ist gleich der auf das rechte Paddel wirkende Geschwindigkeit v_r, daher dreht sich das Boot nicht.

(iii) Denken wir das letzte Beispiel weiter, ist es instruktiv, die Geschwindigkeitskomponente in x_2-Richtung von der Variablen x_1 abhängen zu lassen,

$$v = (0, cx_1, 0) .$$

Als Ganzes bewegt sich die Flüssigkeit nur in Richtung der x_2-Achse fort: Alle Partikel strömen in x_2-Richtung, nur mit unterschiedlichen Geschwindigkeiten, siehe Abb. 5.11 rechts. Denken wir uns das Paddelboot aber an einem Ort, so wird das linke Paddel am Ort $(x_1, x_2, 0)$ mit Geschwindigkeit cx_1 nach oben, also in positive x_2-Richtung, gedrückt. Auf das rechte Paddel, das wir uns an Position $(x_1 + \Delta x_1, x_2, 0)$ mit „infinitesimalem" Δx_1 denken, wirkt eine betragsmäßig *größere* Geschwindigkeit $c(x_1 + \Delta x_1)$. Diese Geschwindigkeitsdifferenz versetzt das Boot in Drehung, und die Rotation verschwindet im Einklang mit dieser Intuition nicht:

$$\operatorname{rot} v = (0, 0, c) .$$

Also zeigt die Rotation abhängig vom Vorzeichen von c in Richtung der positiven oder negativen x_3-Achse.

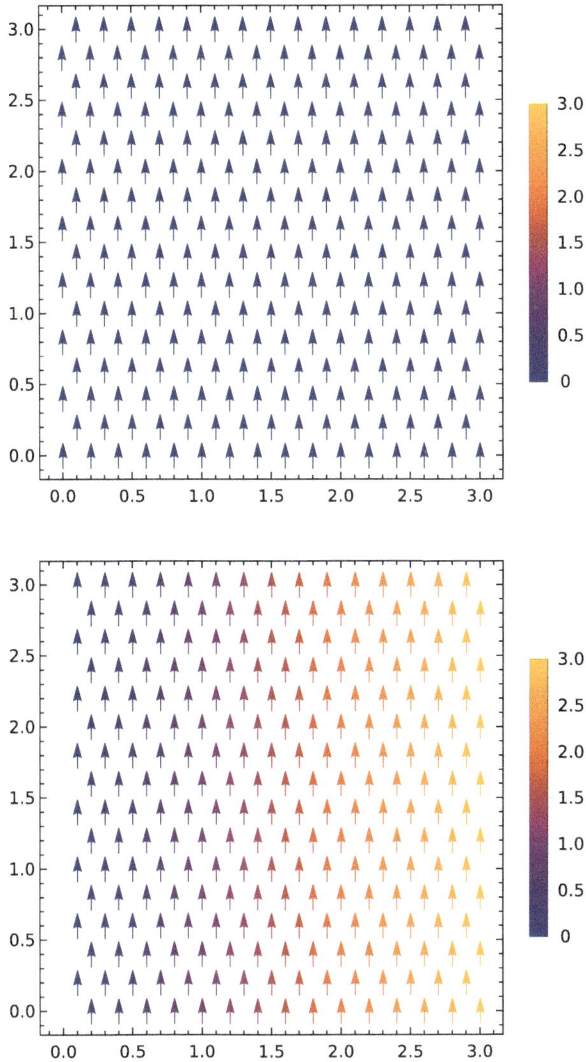

Abb. 5.11 Oben: Ein Vektorfeld v mit verschwindender Rotation, rot $v = 0$, siehe Beispiel 5.18 (ii). Unten: Ein Vektorfeld v mit nichtverschwindender Rotation, rot $v \neq 0$, siehe Beispiel 5.18 (iii)

5.4 Bonusmaterial: Beispiele linearer partieller Differentialgleichungen

Ersetzt man in einem Polynom in mehreren Veränderlichen,

$$P(x) := \sum a_{l_1 \ldots l_n} x_1^{l_1} \ldots x_n^{l_n}$$

mit Koeffizienten $a_{l_1 \ldots l_n}$, die Veränderlichen x_j durch Ableitungsoperatoren ∂_j, im Sinne der Notation (5.8), so entsteht ein **linearer Differentialoperator mit konstanten Koeffizienten**. Die höchste auftretende Ableitungsordnung $l_1 + \cdots + l_n$ heißt **Ordnung** des Operators.

Definition 5.19 (Laplace-Operator)
Sei $\Omega \subset \mathbb{R}^n$ offen, $f \in C^2(\Omega)$. Wir definieren

$$\Delta f(x) = (\operatorname{div}(\operatorname{grad} f))(x) = \sum_{j=1}^{n} \partial_j (\operatorname{grad} f)_j(x) = \sum_{j=1}^{n} \partial_j^2 f(x) .$$

*Der Operator $\Delta = \sum_{j=1}^n \partial_j^2$ heißt der **Laplace-Operator.***

Der Laplace-Operator ist ein Operator zweiter Ordnung. Er ist einer der wichtigsten Differentialoperatoren und taucht in vielen Anwendungen in den Natur- und Ingenieurwissenschaften auf, aber auch in den Wirtschafts- und Finanzwissenschaften.

Beispielsweise tritt der Laplace-Operator in der Mechanik bei der Beschreibung isotroper Materialien auf. Dies sind solche, die sich „in alle Richtungen gleich verhalten", also unter Drehungen des Koordinatensystems invariant sind. Normale Flüssigkeiten, wie Wasser, sind isotrop. (Es gibt aber auch anisotrope Flüssigkeiten, unter anderem sogenannte Flüssigkristalle). Isotrope Probleme müssen durch einen Differentialoperator beschrieben werden, der ebenfalls isotrop ist. Unter den linearen Differentialoperatoren zweiter Ordnung mit konstanten Koeffizienten sind nur der Laplace-Operator (und seine Vielfachen) isotrop.

Definition 5.20
Die Gleichung

$$\Delta f(x) = 0 , \quad x \in \Omega \subset \mathbb{R}^n , \tag{5.13}$$

*heißt **Laplace-Gleichung** oder **Potentialgleichung**[1]. Jede C^2-Funktion $f : \Omega \to \mathbb{R}$, die (5.13) löst, heißt **harmonisch.***

Wir berechnen jetzt Δf für eine rotationssymmetrische Funktion f, d. h. eine Funktion f mit $f(x) = g(\|x\|_2)$. Dann gilt für $x \neq 0$ (die folgende Rechnung benutzt in

[1] Oft wird die Gl. (5.13) auch als $-\Delta f(x) = 0$ geschrieben, da der Operator $-\Delta$ in vielen Zusammenhängen natürlicher ist als der Operator Δ.

der zweiten Zeile (5.9) und in der dritten Zeile (5.4) und (5.10))

$$\begin{aligned}\Delta f(x) &= (\operatorname{div}(\operatorname{grad} f))(x) = \operatorname{div}\left(g'(\|x\|_2)\frac{x}{\|x\|_2}\right)\\ &= \left\langle \operatorname{grad}(g'(\|x\|_2)), \frac{x}{\|x\|_2}\right\rangle + g'(\|x\|_2)\operatorname{div}\left(\frac{x}{\|x\|_2}\right)\\ &= \left\langle g''(\|x\|_2)\frac{x}{\|x\|_2}, \frac{x}{\|x\|_2}\right\rangle + g'(\|x\|_2)\frac{n-1}{\|x\|_2}\\ &= g''(\|x\|_2) + \frac{n-1}{\|x\|_2}g'(\|x\|_2)\,.\end{aligned}$$

Also gilt mit $r := \|x\|_2$

$$\Delta f(x) = g''(r) + \frac{n-1}{r}g'(r)\,.$$

Damit ist $\Delta f(x) = 0$ genau dann erfüllt, wenn $g = g(r)$ die Differentialgleichung

$$g'' + \frac{n-1}{r}g' = 0$$

löst. Dies ist für g' eine lineare Differentialgleichung erster Ordnung, die mit Trennung der Variablen (Analysis 1, Abschn. 17.1) gelöst werden kann. Die Lösung ist $g'(r) = a \cdot r^{1-n}$, mit $a \in \mathbb{R}$. Durch Integration ergibt sich daraus

$$g(r) = \begin{cases} a \cdot \ln(r) + b & \text{im Zweidimensionalen, also } n = 2,\\ a \cdot r^{2-n} + b & \text{im Fall } n > 2,\end{cases}$$

mit $b \in \mathbb{R}$. Wir wählen

$$a = \begin{cases} \frac{1}{2\pi} & \text{im Fall } n = 2,\\ \frac{1}{n(n-2)\omega_n} & \text{im Fall } n > 2,\end{cases}$$

wobei ω_n das Volumen der Einheitskugel in $\mathbb{R}^n$ ist, und $b = 0$. Die so normierte Funktion f heißt **Newton-Potential,**

$$f(x) = a \cdot g(\|x\|_2) = \begin{cases} \frac{1}{2\pi} \cdot \ln(\|x\|_2) & \text{im Fall } n = 2,\\ \frac{1}{n(n-2)\omega_n} \cdot \|x\|_2^{2-n} & \text{im Fall } n > 2,\end{cases} \tag{5.14}$$

und löst konstruktionsgemäß in $\mathbb{R}^n \setminus \{0\}$ die Gleichung $\Delta f = 0$.

Die Herleitung suggeriert, dass alle radialsymmetrischen Lösungen der Gleichung $\Delta f = 0$ auf $\mathbb{R}^n \setminus \{0\}$ sich vom Newtonpotential nur um additive und multiplikative Konstanten unterscheiden. Dies ist richtig: Die Gesamtheit der rotationssymmetrischen harmonischen Funktionen auf $\mathbb{R}^n \setminus \{0\}$ ist gegeben durch $\tilde{a} f(x) + b$, mit

$\tilde{a}, b \in \mathbb{R}$ und f wie in (5.14). Dies wird in der Theorie der partiellen Differentialgleichungen genauer erörtert.

Eine bemerkenswerte Tatsache des Newtonpotentials ist die Singularität im Ursprung. Von der ganzen Lösungsklasse $\tilde{a} f(x) + b$ hat nur die konstante Lösung b keine solche Singularität. Anders formuliert: Jede radialsymmetrische, auf ganz $\mathbb{R}^n$ (oder der Kugel $B(0, 1)$) definierte harmonische Funktion muss konstant sein! Wir sehen, dass Harmonizität verblüffende Konsequenzen hat – und da gibt es noch viele mehr, die man genauer in der Funktionentheorie und in den partiellen Differentialgleichungen kennenlernen kann.

Die Rechnung oben zur Bestimmung rotationssymmetrischer Lösungen ist elementar, aber nicht elegant. In Polarkoordinaten vereinfacht sich das Problem, wie wir am Beispiel $n = 2$ skizzieren. Seit $f \in C^2(\mathbb{R}^2 \setminus \{0\})$. Dann definieren wir $g(r, \phi) = f(r\cos(\varphi), r\sin(\varphi))$. In Polarkoordinaten nimmt der Laplaceoperator die Form

$$\Delta f(r\cos(\varphi), r\sin(\varphi)) = \frac{\partial^2 g}{\partial r^2}(r, \varphi) + \frac{1}{r}\frac{\partial g}{\partial r}(r, \varphi) + \frac{1}{r^2}\frac{\partial^2 g}{\partial \varphi^2}(r, \varphi) \tag{5.15}$$

an; dies folgt direkt aus den später hergeleiteten Formeln für Differentialoperatoren in Zylinderkoordinaten, nämlich (7.18) und (7.22). Rotationssymmetrische Lösungen sind vom Winkel φ unabhängig, damit entfällt der dritte Term im Ausdruck für $\Delta f(r\cos(\varphi), r\sin(\varphi))$. Hat man die Darstellung (5.15), erhält man die oben in kartesischen Koordinaten hergeleitete Differentialgleichung für g' ohne weitere Rechnung.

Differentialgleichungen (und dementsprechend ihre Lösungen) können von Ort und Zeit abhängen. Sei $\Omega \subset \mathbb{R}^n$ das örtliche Gebiet und $I \subset \mathbb{R}$ ein Zeitintervall, und $f : \Omega \times I \to \mathbb{R}$ löse

$$\partial_t f(x, t) - k\Delta f(x, t) = 0; \tag{5.16}$$

hier ist ∂_t ist die partielle Ableitung nach der Zeit t und Δ ist bezogen auf die ersten n Komponenten der Ortsvariable x von (x, t). Gl. (5.16) tritt in sehr verschiedenen Anwendungen auf. Beispielsweise beschreibt diese Gleichung die Wärmeleitung, wobei f die Temperatur und k der sogenannte Wärmeleitkoeffizient ist. Daher wird diese Gleichung oft als **Wärmeleitungsgleichung** bezeichnet. Ebenso beschreibt (5.16) die Diffusion einer Substanz f in einem umgebenden Medium, beispielsweise die Diffusion von Milch in Kaffee (ohne Umrühren; die Rührbewegung müsste zusätzlich in die Gleichung eingebaut werden). Bei Diffusionsprozessen heißt k Diffusionskoeffizient. Sie wird daher auch als **Diffusionsgleichung** bezeichnet. Auch wenn die Gestalt (5.16) der Wärme- und Diffusiongleichung identisch ist, ist es sehr sinnvoll, diese beiden Gleichungen begrifflich zu trennen: Sie beschreiben unterschiedliche Phänomene, haben unterschiedliche Einheiten, und und werden teilweise mit unterschiedlichen mathematischen Methoden studiert – unter anderem, weil die Diffusionsgleichung mit der Brownschen Bewegung (siehe Analysis 1, Abschn. 12.7) verbunden ist, was für die Wärmeleitungsgleichung nicht der Fall ist.

Eine weitere zeitabhängige Differentialgleichung ist

$$\partial_t^2 f(x,t) - c^2 \Delta f(x,t) = 0\,,$$

die sogenannte **Wellengleichung.** Die Zahl $c > 0$ beschreibt die Ausbreitungsgeschwindigkeit der Welle. Die Wellengleichung tritt beispielsweise in der Elektrodynamik und in der Akustik auf.

5.5 Totale Differenzierbarkeit

Wir entwickeln jetzt den zweiten in Abschn. 5.1 genannten Ableitungsbegriff, basierend auf der geometrischen Interpretation der Approximation durch eine affine Funktion.

Ist $f: \mathbb{R}^n \to \mathbb{R}^m$ eine Funktion mit Komponentenfunktionen $f_l: \mathbb{R}^n \to \mathbb{R}$, so können wir die partiellen Ableitungen $\partial_j f_l: \mathbb{R}^n \to \mathbb{R}$ bilden und damit rechnen. Was uns aber noch fehlt, ist ein allgemeiner Begriff der Differenzierbarkeit von f. Die Formel aus Analysis 1 für den eindimensionalen Fall,

$$f'(x) = \lim_{\substack{h\to 0\\ h\neq 0}} \frac{f(x+h)-f(x)}{h}$$

und deren Interpretation („Tangentensteigung = Grenzwert der Sekantensteigungen", siehe Analysis 1, Abb. 8.1) sind hierfür nicht geeignet. Was sich aber verallgemeinern lässt, ist die Vorstellung, f „lokal durch eine affine Abbildung zu approximieren", also die Darstellung

$$f(x+h) = f(x) + f'(x)h + r(h)\,, \quad \text{mit} \quad \lim_{\substack{h\to 0\\ h\neq 0}} \frac{r(h)}{h} = 0\,,$$

die wir in Analysis 1 in Satz 12.5 hergeleitet haben. Im Eindimensionalen gilt

$$\lim_{\substack{h\to 0\\ h\neq 0}} \frac{r(h)}{h} = 0 \quad \Leftrightarrow \quad \lim_{\substack{h\to 0\\ h\neq 0}} \frac{|r(h)|}{|h|} = 0\,.$$

Der Grenzwert auf der rechten Seite macht auch im Mehrdimensionalen Sinn, wenn wir die Beträge durch Normen ersetzen.

Definition 5.21 (Differenzierbarkeit)
*Sei $\Omega \subset \mathbb{R}^n$ offen, $f: \Omega \to \mathbb{R}^m$ und $x \in \Omega$. Dann heißt f **differenzierbar** im Punkt x, falls eine lineare Abbildung $T: \mathbb{R}^n \to \mathbb{R}^m$ existiert mit*

$$\lim_{\substack{h\to 0\\ h\neq 0}} \frac{\|f(x+h)-f(x)-T(h)\|}{\|h\|} = 0\,. \tag{5.17}$$

Statt differenzierbar sagt man auch ***Fréchet-differenzierbar*** *oder* ***total differenzierbar.*** *Die Abbildung T heißt* ***totales Differential*** *(oder Ableitung oder Fréchet-Ableitung oder totale Ableitung) von f in x. Wir bezeichnen die Ableitung von f in x mit $Df(x)$.*

Die zu Beginn dieses Abschnitts genannte affine Approximation von $f(x+h)$ ist also $f(x) + T(h)$.

In Satz 5.23 werden wir mitbeweisen, dass es höchstens eine solche Abbildung T gibt; dadurch wird die Bezeichnung $Df(x)$ gerechtfertigt.

Wegen der Äquivalenz aller Normen im $\mathbb{R}^n$ (Satz 3.7) ist es gleichgültig, welche Norm man in Definition 5.21 zugrundelegt.

Für die Anwendung von $Df(x)$ auf $h \in \mathbb{R}^n$ schreiben wir $Df(x)(h)$ oder $(Df(x))(h)$ oder $Df(x)h$. Bezeichnen wir mit $L(\mathbb{R}^n, \mathbb{R}^m)$ die Menge aller linearen Abbildungen von $\mathbb{R}^n$ nach $\mathbb{R}^m$, so ist also $Df(x) \in L(\mathbb{R}^n, \mathbb{R}^m)$, falls f in x differenzierbar ist. Ist f in jedem Punkt $x \in \Omega$ differenzierbar, so ist die Ableitung von f in Ω eine Abbildung

$$Df : \Omega \to L(\mathbb{R}^n, \mathbb{R}^m) . \tag{5.18}$$

Verallgemeinert man Definition 5.21 auf Abbildungen $f : X \to Y$ zwischen beliebigen normierten Räumen X, Y, so verlangt man zusätzlich, dass T stetig ist. Das macht man in der Funktionalanalysis, wir beschränken uns hier auf Differentialrechnung im $\mathbb{R}^n$. (Zur Erinnerung: Der Differentialoperator aus Beispiel 3.16 ist linear, aber nicht stetig. Im Endlichdimensionalen ist, wie wir bereits wissen, jede lineare Abbildung stetig).

Beispiel 5.22

(i) Sei $f : \mathbb{R}^n \to \mathbb{R}^m$ linear, $x \in \mathbb{R}^n$. Dann ist

$$f(x+h) - f(x) - f(h) = f(x) + f(h) - f(x) - f(h) = 0 .$$

Setzen wir also $T(h) = f(h)$, so gilt (5.17). Also ist f differenzierbar in x, und $Df(x) = f$. Hierbei ist die Gleichheit im Sinn von Abbildungen zu verstehen; wie f ist auch $Df(x) : \mathbb{R}^n \to \mathbb{R}^m$, und $(Df(x))(h) = f(h)$ für alle $h \in \mathbb{R}^n$. Die Ableitung einer linearen Abbildung hängt also nicht von x ab,

$$Df : \mathbb{R}^n \to L(\mathbb{R}^n, \mathbb{R}^m)$$

ist eine konstante Abbildung.

Was bedeutet das im Eindimensionalen ($n = m = 1$)? Ist beispielsweise $f(x) = 3x$, $f : \mathbb{R} \to \mathbb{R}$, gegeben, so ist $f'(x) = 3$ und damit f' eine konstante Abbildung. Den Wert 3 können wir interpretieren als eine lineare Abbildung von $\mathbb{R}$ nach $\mathbb{R}$, also ein Element der Menge $L(\mathbb{R}, \mathbb{R})$, nämlich als diejenige lineare Abbildung, die jedem $h \in \mathbb{R}$ den Wert $3h \in \mathbb{R}$ zuordnet.

(ii) Sei $f: \mathbb{R}^n \to \mathbb{R}^m$ definiert durch

$$f(x) = Ax + b\,, \quad A \in \mathbb{R}^{m\times n}\,,\, b \in \mathbb{R}^m\,,$$

das heißt

$$\begin{pmatrix} f_1(x) \\ \vdots \\ f_m(x) \end{pmatrix} = \begin{pmatrix} a_{11} & \cdots & a_{1n} \\ \vdots & & \vdots \\ a_{m1} & \cdots & a_{mn} \end{pmatrix} \begin{pmatrix} x_1 \\ \vdots \\ x_n \end{pmatrix} + \begin{pmatrix} b_1 \\ \vdots \\ b_m \end{pmatrix}.$$

Es ist

$$f(x+h) - f(x) - Ah = A(x+h) + b - Ax - b - Ah = 0\,,$$

also ist f differenzierbar in x, und $Df(x)(h) = Ah$.

(iii) Sei $A \in \mathbb{R}^{n\times n}$ symmetrisch und $f: \mathbb{R}^n \to \mathbb{R}$ definiert durch

$$f(x) = \frac{1}{2}\langle x, Ax\rangle = \frac{1}{2}x^T Ax = \frac{1}{2}\sum_{j,k=1}^{n} x_j a_{jk} x_k\,.$$

In diesem Fall ist $m = 1$, und wir können im Bildraum $\mathbb{R}$ als Norm den Betrag nehmen. Für festes $x \in \mathbb{R}^n$ gilt

$$\begin{aligned} f(x+h) - f(x) &= \frac{1}{2}\langle x+h, A(x+h)\rangle - \frac{1}{2}\langle x, Ax\rangle \\ &= \frac{1}{2}\langle h, Ax\rangle + \frac{1}{2}\langle x, Ah\rangle + \frac{1}{2}\langle h, Ah\rangle \\ &= \langle Ax, h\rangle + \frac{1}{2}\langle h, Ah\rangle\,. \end{aligned}$$

Mit $T(h) = \langle Ax, h\rangle$ gilt

$$\begin{aligned} |f(x+h) - f(x) - T(h)| &= \left|\frac{1}{2}\langle h, Ah\rangle\right| \le \frac{1}{2}\|h\|_2\|Ah\|_2 \\ &\le \frac{1}{2}\|h\|_2 C\|h\|_2\,, \end{aligned}$$

wobei C eine von A, aber nicht von h abhängende Konstante ist (die durch A definierte lineare Abbildung ist stetig!), also

$$0 \le \frac{|f(x+h) - f(x) - T(h)|}{\|h\|_2} \le \frac{1}{2}C\|h\|_2 \to 0$$

für $h \to 0$. Also ist f differenzierbar in x, und

$$(Df(x))(h) = T(h) = \langle Ax, h\rangle\,.$$

Aus der linearen Algebra wissen wir, dass lineare Abbildungen zwischen dem $\mathbb{R}^n$ und $\mathbb{R}^m$ sich durch Matrizen, also durch Elemente des $\mathbb{R}^{m\times n}$, darstellen lassen.

Satz 5.23 (Total differenzierbar $\Rightarrow$ partiell differenzierbar und stetig)
Sei $\Omega \subset \mathbb{R}^n$ offen und $f\colon \Omega \to \mathbb{R}^m$ in $x \in \Omega$ (total) differenzierbar. Dann ist f stetig in x und partiell differenzierbar in x, und es gilt

$$(Df(x))(h) = (J_f(x))h\,, \quad J_f(x) = \begin{pmatrix} \partial_1 f_1(x) & \cdots & \partial_n f_1(x) \\ \vdots & & \vdots \\ \partial_1 f_m(x) & \cdots & \partial_n f_m(x) \end{pmatrix}. \tag{5.19}$$

Die Matrix $J_f(x) \in \mathbb{R}^{m\times n}$ heißt ***Jacobimatrix,*** *oder auch* ***Funktionalmatrix,*** *von f in x.*

Zur Bedeutung der linken Gleichung in (5.19): Auf ihrer linken Seite wenden wir die Abbildung $Df(x)$ auf den Vektor h an und erhalten den Vektor $(Df(x))(h)$. Auf ihrer rechten Seite multiplizieren wir die Matrix $J_f(x)$ mit dem Spaltenvektor

$$\begin{pmatrix} h_1 \\ h_2 \\ \vdots \\ h_n \end{pmatrix}, \quad h = \sum_{j=1}^{n} h_j e_j\,,$$

und erhalten den Spaltenvektor $J_f(x)h$. Mehr zu dieser Schreibweise nach dem Beweis des Satzes; wir betonen aber schon vorab, dass es sich bei dieser Multiplikation um eine Matrizenmultiplikation handelt.

Bevor wir den Satz beweisen, hier erst einmal ein Beispiel. Sei $f\colon \mathbb{R}^3 \to \mathbb{R}^2$ definiert durch

$$f(x) = (\sin(x_2), x_1 x_3^2)\,, \quad \text{mit} \quad x = (x_1, x_2, x_3) \in \mathbb{R}^3\,,$$

also $f_1(x) = \sin(x_2)$ und $f_2(x) = x_1 x_3^2$. Es ist

$$\begin{aligned} &\partial_1 f_1(x) = 0 \qquad && \partial_2 f_1(x) = \cos(x_2)\,, \qquad && \partial_3 f_1(x) = 0\,, \\ &\partial_1 f_2(x) = x_3^2\,, && \partial_2 f_2(x) = 0\,, && \partial_3 f_2(x) = 2x_1x_3\,, \end{aligned}$$

und weiter

$$J_f(x) = \begin{pmatrix} 0 & \cos(x_2) & 0 \\ x_3^2 & 0 & 2x_1x_3 \end{pmatrix}.$$

Die Elemente der Jacobimatrix hängen davon ab, in welchem Punkt x man die Ableitung berechnen will, sie sind also Funktionen von x. Will man sie in einem bestimmten Punkt berechnen, so erhält man eine Matrix aus Zahlen, beispielsweise

$$J_f(1,2,3) = \begin{pmatrix} 0 & \cos(2) & 0 \\ 9 & 0 & 6 \end{pmatrix}.$$

Beweis von Satz 5.23: Sei $T : \mathbb{R}^n \to \mathbb{R}^m$ eine lineare Abbildung, welche (5.17) erfüllt.
Schritt 1: Stetigkeit von f in x. Mit $r(h) := f(x+h) - f(x) - T(h)$ gilt

$$\|f(x+h) - f(x)\| = \|r(h) + T(h)\| \leq \|r(h)\| + \|T(h)\| \leq \|r(h)\| + C\|h\|,$$

wobei C eine von h unabhängige Konstante ist. Es folgt

$$\lim_{h\to 0} \|f(x+h) - f(x)\| = 0.$$

Schritt 2: Partielle Differenzierbarkeit von f in x. Sei $A \in \mathbb{R}^{m\times n}$ die Matrix, welche die lineare Abbildung T bezüglich der kanonischen Basis darstellt, also

$$T(h) = Ah, \quad h = \begin{pmatrix} h_1 \\ \vdots \\ h_n \end{pmatrix}.$$

Wir definieren $r : \mathbb{R}^n \to \mathbb{R}^m$ durch

$$r(h) = f(x+h) - f(x) - Ah,$$

also

$$r_j(h) = f_j(x+h) - f_j(x) - \sum_{k=1}^{n} a_{jk}h_k, \quad 1 \leq j \leq m.$$

Für $h = te_k$, wobei $t \in \mathbb{R}$ mit $t \neq 0$ und e_k der k-te Einheitsvektor ist, gilt

$$r_j(te_k) = f_j(x+te_k) - f_j(x) - ta_{jk},$$

also

$$\frac{f_j(x+te_k) - f_j(x)}{t} = a_{jk} + \frac{r_j(te_k)}{t},$$

und

$$\left|\frac{r_j(te_k)}{t}\right| = \frac{|r_j(te_k)|}{\|te_k\|_2} \leq \frac{\|r(te_k)\|_2}{\|te_k\|_2} \to 0$$

für $t \to 0$, da $\dfrac{\|r(h)\|_2}{\|h\|_2} \to 0$ für $h \to 0$. Also folgt

$$\partial_k f_j(x) = \lim_{\substack{t\to 0\\ t\neq 0}} \frac{f_j(x+te_k) - f_j(x)}{t} = a_{jk}\,.$$

□

Der soeben gegebene Beweis zeigt außerdem, dass die lineare Abbildung T in Definition 5.21 eindeutig bestimmt ist. Die Definition von $Df(x)$ als „die" Ableitung von f in x ist also sinnvoll.

Für die Differenz

$$r(y) := f(y) - (f(x) + Df(x)(y-x))$$

gilt gemäß Definition 5.21

$$\lim_{y\to x} \frac{r(y)}{\|y-x\|} = 0\,.$$

In der Landau-Notation (Analysis 1, Definition 16.13) ausgedrückt ist dies $r(h) = o(\|h\|)$. Die Abbildung $y \mapsto f(x) + Df(x)(y-x)$ ist die einzige affine Abbildung mit dieser Approximationseigenschaft. Abbildungen der Form $h \mapsto f(x) + Th$ mit linearem T bezeichnet man manchmal als affin-linear (als Summe einer linearen und einer konstanten Abbildung), oder (streng genommen inkorrekterweise) als linear.

Um einen häufigen Anfängerfehler auszuräumen, betonen wir: In der Jacobimatrix (5.19) einer Abbildung $f\colon \Omega \to \mathbb{R}^m$ mit $\Omega \subset \mathbb{R}^n$ ist $\partial_k f_j$ das k-te Element in der j-ten Spalte:

$$\big(J_f(x)\big)_{\substack{j=1,\dots,m\\ k=1,\dots,n}} = \big(\partial_k f_j\big)\,,$$

also:

- Der *Zeilenindex* j ist der Index der Komponente f_j, also der Index des Bildvektors.
- Der *Spaltenindex* k ist der Index der partiellen Ableitung nach x_k, also der Index des Vektors im Definitionsbereich.

Insbesondere gilt:

(i) Für eine Abbildung $f\colon \Omega \to \mathbb{R}^n$ mit $\Omega \subset \mathbb{R}$ ist die Jacobimatrix der *Spaltenvektor* mit Elementen $f_1', \dots, f_n'$,

$$J_f(x) = \begin{pmatrix} f_1'(x) \\ \vdots \\ f_n'(x) \end{pmatrix}$$

(hierbei bedeutet $'$ die Ableitung nach x); dies ist der Tangentialvektor der Kurve f. In Kap. 4 hatten wir dafür γ statt f geschrieben und t statt x. Mit der

Interpretation der Variablen (x bzw. t) als Zeit kann der Tangentialvektor als Geschwindigkeitsvektor gesehen werden.

(ii) In der „umgekehrten" Situation einer Abbildung $f: \Omega \to \mathbb{R}$ mit $\Omega \subset \mathbb{R}^n$ hatten wir den Gradienten ∇f als *Spaltenvektor* dargestellt. Ein Vergleich mit der Jacobimatrix von f zeigt: *Der Gradient ist die Transponierte der Jacobimatrix.* Dies hat einen Grund: In der Regel stellen wir Vektoren im $\mathbb{R}^n$ als *Spaltenvektoren* dar. Das totale Differential von f ist nach (5.18) aber eine Abbildung $Df(x) \in L(\mathbb{R}^n, \mathbb{R})$, also ein Element des Dualraums, der oft mit $(\mathbb{R}^n)^*$ statt mit $L(\mathbb{R}^n, \mathbb{R})$ bezeichnet wird. Es ist praktisch, Elemente des Dualraums von $\mathbb{R}^n$ als *Zeilenvektor* darzustellen, denn in dieser Schreibweise ist die Dualität als Matrizenprodukt schreibbar: $J_f(x)h$ ist das Matrizenprodukt von $J_f(x)$ und h, in der hier betrachteten Situation ist dies ein Produkt der Form „Zeilenvektor mal Spaltenvektor", also eine Zahl, wie für $J_f(x)h$ erforderlich.
Es ist hilfreich, sich diesen Unterschied zwischen Gradient und Jacobimatrix klar zu machen: Philosophisch gesehen handelt es sich um ähnliche Objekte, da sie Ableitungen beschreiben. Aber die Transposition $x \mapsto x^T$, die Spalten- in Zeilenvektoren verwandelt, symbolisiert den vom euklidischen Skalarprodukt induzierten Isomorphismus $\mathbb{R}^n \to (\mathbb{R}^n)^*$, $x \mapsto \langle x, \cdot\rangle$, also den Übergang von $\mathbb{R}^n$ zu seinem Dualraum $(\mathbb{R}^n)^*$.
Strukturell sind Gradient und Jacobimatrix also unterschiedliche Objekte: der Gradient wird als Spaltenvektor dargestellt, das totale Differential ist jedoch ein Element des Dualraums, nimmt also als Argument einen Vektor $h \in \mathbb{R}^n$, als Spaltenvektor dargestellt, und gibt eine reelle Zahl als Ausgabe zurück. Wie gesagt bewirkt die Notation als Spaltenvektor mit der Matrizenmultiplikation in (5.19) genau dies, $(Df(x))(h) = J_f(x)h$. Diese Unterscheidung ist keine mathematische Spitzfindigkeit; in der Physik haben ein Vektorräume und sein Dualraum unterschiedliche Einheiten. Dies ist in der in der Mathematik üblichen entdimensionalisierten Darstellung jedoch nicht ersichtlich.

Es ist naheliegend zu fragen, ob auch die „Umkehrungen" von Satz 5.23 gelten, ob also (totale) Differenzierbarkeit aus Stetigkeit oder partieller Differenzierbarkeit folgen kann. Ersteres wird man aber rasch verwerfen, denn schon im Eindimensionalen folgt Differenzierbarkeit ja nicht aus Stetigkeit; im Mehrdimensionalen ist die Abstandsfunktion $f(x) = \|x\|_2$ ein Beispiel einer im Ursprung stetigen, aber dort nicht differenzierbaren Funktion (Übung). Dass partielle Differenzierbarkeit nicht totale Differenzierbarkeit impliziert, lässt Beispiel (5.5) vermuten. Dort reichte die Existenz der partiellen Ableitungen im Ursprung nicht einmal, um Stetigkeit der Funktion in Richtung der Diagonalen zu sichern. Daher existiert auch die Richtungsableitung in Diagonalenrichtung nicht. Also sollten wir fragen: Garantiert die Existenz *aller* Richtungsableitungen in einem Punkt dort die Differenzierbarkeit?

Mit einer Modifikation von Beispiel 5.4 sieht man, dass das falsch ist: Sei $f: \mathbb{R}^2 \to \mathbb{R}$,

$$f(x) = \begin{cases} \frac{x_1^2 x_2}{x_1^2 + x_2^2} & \text{für } x \neq 0\,, \\ 0 & \text{für } x = 0 \end{cases}\,. \tag{5.20}$$

Die Richtungsableitungen im Ursprung existieren in jede Richtung $v = (v_1, v_2) \in \mathbb{R}^2$ mit $v \neq (0, 0)$. Dies folgt, da $f(tv_1, tv_2) = tf(v_1, v_2)$ für alle $t \in \mathbb{R}$ gilt, denn damit ist

$$\partial_v f(0, 0) = \lim_{t \to 0} \frac{f(tv_1, tv_2) - f(0, 0)}{t} = f(v_1, v_2) .$$

Insbesondere sind $\partial_1 f(0, 0) = 0$ und $\partial_2 f(0, 0) = 0$. Nach (5.19) kommt damit nur $Df(0, 0) = 0$ in Frage. Wir prüfen, ob (5.17), mit $T(h) = Df(0, 0)$, dann erfüllt ist. Für $h = (h_1, h_1) \neq 0$ gilt

$$\frac{f(h) - f(0, 0) - Th}{\|h\|_2} = \frac{h_1^3}{2h_1^2 \cdot \sqrt{2}|h_1|} = \pm \frac{1}{2\sqrt{2}} ,$$

und dieser Ausdruck verschwindet für $h \to 0$ nicht. Abb. 5.12 lässt dies verstehen: Sie illustriert die Existenz der Richtungsableitungen. Differenzierbarkeit ist aber eine stärkere Bedingung: Differenzierbarkeit bedeutet, dass die Funktion in der Umgebung des gegebenen Punktes durch eine lineare Abbildung approximiert werden kann; für Abbildungen $f : \Omega \to \mathbb{R}$ mit $\Omega \subset \mathbb{R}^2$ kann man sich das gut so veranschaulichen, dass sich in dem gegebenen Punkt die durch Df beschriebene Ebene sich an den Graph der Funktion anschmiegt (für höhere Raumdimensionen ist das analog, auch wenn das nicht mehr gut vorstellbar ist). Abb. 5.12 suggeriert korrekterweise, dass es für die Funktion aus (5.20) keine Ebene geben kann, die sich an ihren Graphen im Ursprung anschmiegt.

Also:

Alle Richtungsableitungen von f existieren $\not\Rightarrow$ f ist differenzierbar.

Hier lohnt es sich aber, etwas tiefer zu graben. Berechnen wir die partiellen Ableitungen des eben behandelten Beispiels, finden wir

$$\partial_1 f(x_1, x_2) = \frac{2x_1 x_2^3}{(x_1^2 + x_2^2)^2} ,$$

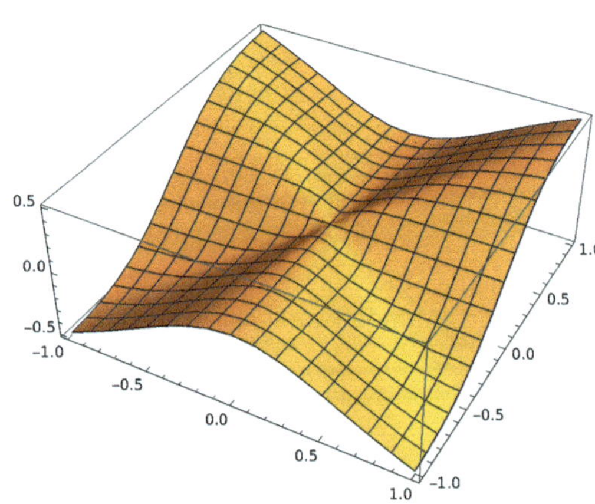

Abb. 5.12 Ein Plot der Funktion aus (5.20). Die Richtungsableitungen existieren im Ursprung in alle Richtungen, aber die Funktion ist dort nicht differenzierbar

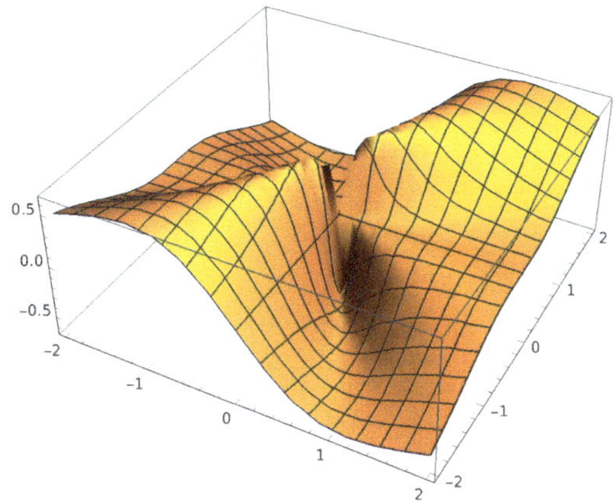

Abb. 5.13 Ein Plot der partiellen Ableitung $\partial_1 f(x_1, x_2) = \frac{2x_1x_2^3}{(x_1^2+x_2^2)^2}$ der Funktion f aus (5.20). Die partielle Ableitung ist unstetig im Ursprung, denn längs der Diagonalen $x_1 = x_2$ gilt $\partial_1 f(x_1, x_1) = \frac{1}{2}$ für $x_1 \neq 0$, aber $\partial_1 f(0, 0) = 0$

siehe Abb. 5.13. Für $x_1 = x_2 \neq 0$ ergibt sich $\partial_1 f(x_1, x_1) = \frac{1}{2}$; da aber $\partial_1 f(0, 0) = 0$ wie oben berechnet, ist $f(x_1, x_1) \not\to f(0, 0)$ für $(x_1, x_1) \to (0, 0)$, also: Die partielle Ableitung ist *unstetig*. Diese Unstetigkeit der partiellen Ableitungen führt hier zur Nichtexistenz des totalen Differentials. Der nächste Satz zeigt, dass hingegen die Stetigkeit der partiellen Ableitungen die totale Differenzierbarkeit garantiert.

Satz 5.24 (Stetig partiell differenzierbar ⇒ total differenzierbar)
Sei $\Omega \subset \mathbb{R}^n$ offen und sei $f : \Omega \to \mathbb{R}^m$ eine Funktion, so dass alle partiellen Ableitungen $\partial_k f_j : \Omega \to \mathbb{R}$ existieren und in Ω stetig sind. Dann ist f in allen Punkten $x \in \Omega$ (total) differenzierbar.

Beweis Wir setzen

$$r(h) = f(x + h) - f(x) - J_f(x)h\,,$$

also

$$r_j(h) = f_j(x + h) - f_j(x) - \sum_{k=1}^{n} \partial_k f_j(x)h_k\,, \quad 1 \leq j \leq m\,.$$

Es genügt zu zeigen, dass für alle j gilt

$$\lim_{\substack{h\to 0\\ h\neq 0}} \frac{|r_j(h)|}{\|h\|_\infty} = 0\,. \tag{5.21}$$

Sei $x \in \Omega$. Wähle zunächst $\delta > 0$ so, dass $x + h \in \Omega$ gilt für alle h mit $\|h\|_\infty \leq \delta$. Dies ist möglich, da Ω offen ist. Sei nun $h \in \mathbb{R}^n$ mit $\|h\|_\infty \leq \delta$. Wir definieren $z^k \in \mathbb{R}^n$ durch

$$z^k = x + \sum_{l=1}^{k} h_l e_l\,, \quad z^0 = x\,.$$

Wir wenden den skalaren Mittelwertsatz der Differentialrechnung (Satz 12.18 aus Analysis 1) an auf

$$g_{jk}(t) := f_j(z^{k-1} + te_k) .$$

Es gibt also τ_{jk} zwischen 0 und h_k mit

$$g_{jk}(h_k) = g_{jk}(0) + g'_{jk}(\tau_{jk})h_k ,$$

also

$$f_j(z^k) = f_j(z^{k-1}) + \partial_k f_j(\eta_{jk})h_k , \quad \eta_{jk} = z^{k-1} + \tau_{jk}e_k .$$

Weiter folgt

$$f_j(x+h) - f_j(x) = \sum_{k=1}^{n}(f_j(z^k) - f_j(z^{k-1})) = \sum_{k=1}^{n} \partial_k f_j(\eta_{jk})h_k ,$$

also

$$r_j(h) = \sum_{k=1}^{n} \partial_k f_j(\eta_{jk})h_k - \sum_{k=1}^{n} \partial_k f_j(x)h_k ,$$

also

$$|r_j(h)| \leq \|h\|_\infty \sum_{k=1}^{n} |\partial_k f_j(\eta_{jk}) - \partial_k f_j(x)| .$$

Es ist $\left\|\eta_{jk} - x\right\|_\infty \leq \|h\|_\infty$. Daher folgt aus der Stetigkeit der partiellen Ableitungen

$$\lim_{h\to 0} \sum_{k=1}^{n} |\partial_k f_j(\eta_{jk}) - \partial_k f_j(x)| = 0$$

und damit die Behauptung (5.21). □

Dieser Beweis mag anfangs etwas intransparent aussehen. Arbeitet man ihn richtig durch, wird das Vorgehen jedoch sehr logisch: Wir untersuchen erst einmal nur die erste Komponente f_1 und betrachten zudem den Spezialfall

$$h = \begin{pmatrix} 0 \\ \vdots \\ 0 \\ h_k \\ 0 \\ \vdots \\ 0 \end{pmatrix} ,$$

wobei der Eintrag $h_k \in \mathbb{R}$ in Zeile k steht, also $h = h_k e_k$. Hierbei soll h_k klein genug sein, so dass alle auftretenden Ausdrücke definiert sind. Um Differenzierbarkeit zu zeigen, betrachten wir $f_1(x+h) - f_1(x) - \partial_k f_1(x) h_k$ und müssen zeigen, dass dieser Ausdruck genügend schnell gegen 0 geht. Insbesondere wollen wir die angenommene Stetigkeit der partiellen Ableitungen einsetzen. In diesem Licht ist es natürlich, die ersten zwei Summanden in diesem Ausdruck mit Hilfe des Mittelwertsatzes der Differentialrechnung so umzuschreiben, dass die partielle Ableitung involviert wird:

$$f_1(x+h) - f_1(x) - \partial_k f_1(x) h_k = \partial_k f_1(\eta_{1k}) h_k - \partial_k f_1(x) h_k\,.$$

Für den betrachteten Spezialfall geht die rechte Seite für $h_k \to 0$ genügend schnell gegen Null (SÜPER-Übung: Machen Sie sich klar, was das heißt und warum das so ist!). Für die anderen Komponenten $f_2, \ldots, f_m$ können wir genauso argumentieren, aber der Spezialfall $h = h_k e_k$ ist für einen Beweis nicht ausreichend. Hier hilft die Idee, die Strecke von x nach $x + h$ durch einen „Zickzackweg" zu ersetzen, indem wir n Segmente längs der Koordinatenachsen ablaufen und dafür jeweils wie oben argumentieren. Dies führt zur Definition der z^k im Beweis, und mit diesem Trick lässt sich das Argument des Spezialfalls wie im Beweis ausgeführt auf den allgemeinen Fall übertragen.

Beispiel 5.25

(i) Die Transformationsformel für die Polarkoordinaten in $\mathbb{R}^2$, siehe (2.15) in Abschn. 2.7,

$$f\colon (0,\infty) \times \mathbb{R} \to \mathbb{R}^2\,, \quad f(r,\varphi) = (r\cos(\varphi), r\sin(\varphi))$$

(sofern keine Verwechslungsgefahr zwischen Vektorraum und Dualraum droht, schreiben wir Vektoren im $\mathbb{R}^n$ gelegentlich aus Platzgründen als Zeilenvektoren) erfüllt die Voraussetzungen von Satz 5.24, da alle Elemente der Jacobimatrix

$$J_f(r,\varphi) = \begin{pmatrix} \cos(\varphi) & -r\sin(\varphi) \\ \sin(\varphi) & r\cos(\varphi) \end{pmatrix}$$

stetige Funktionen von (r,φ) sind. Der Übergang von Polarkoordinaten zu kartesischen Koordinaten ist also differenzierbar im Sinne von Definition 5.21.

(ii) Analog ergibt sich für die Kugelkoordinaten (2.16),

$$\begin{aligned} x &= r\cos(\varphi)\cos(\theta) \\ y &= r\sin(\varphi)\cos(\theta)\,, \\ z &= \qquad\quad r\sin(\theta) \end{aligned}$$

siehe Abb. 2.11, dass

$$J_f(r,\varphi,\theta) = \begin{pmatrix} \cos(\varphi)\cos(\theta) & -r\sin(\varphi)\cos(\theta) & -r\cos(\varphi)\sin(\theta) \\ \sin(\varphi)\cos(\theta) & r\cos(\varphi)\cos(\theta) & -r\sin(\varphi)\sin(\theta) \\ \sin(\theta) & 0 & r\cos(\theta) \end{pmatrix}.$$

(iii) Für die Zylinderkoordinaten (2.17) aus Abschn. 2.7, siehe Abb. 2.11, ist

$$J_f(r,\varphi,z) = \begin{pmatrix} \cos(\varphi) & -r\sin(\varphi) & 0 \\ \sin(\varphi) & r\cos(\varphi) & 0 \\ 0 & 0 & 1 \end{pmatrix}$$

In den beiden vorangehenden Sätzen haben wir die Implikationen bewiesen:

(i) f ist differenzierbar in Ω $\Rightarrow$ f ist stetig in Ω (Satz 5.23)
(ii) f ist differenzierbar in Ω $\Rightarrow$ f ist partiell differenzierbar in Ω (Satz 5.23)
(iii) f ist partiell differenzierbar in Ω und alle partiellen Ableitungen sind stetig in Ω
$\Rightarrow$ f ist differenzierbar in Ω

Alle anderen (außer die sich durch Transitivität ergebenden) möglichen Implikationen zwischen diesen vier Begriffen gelten nicht! Gegenbeispiele für die umgekehrten Implikationen in (i) und (iii) hatten wir schon in Analysis 1 gesehen. Weiter ist (5.5) ein Beispiel einer Funktion, die in $(0,0)$ partiell differenzierbar, aber nicht stetig ist; die Funktion aus (5.20) zeigt, dass die Umkehrung von (ii) falsch ist.

In Analogie zu Definition 5.5 führen wir folgende Notation für höhere Ableitungen ein: Ist $U \subset \mathbb{R}^n$ offen und $V \subset \mathbb{R}^m$ offen, ist

$$\begin{aligned} C^0(U,V) &= C(U,V) = \left\{ f \mid f\colon U \to V \text{ ist stetig} \right\}, \\ C^k(U,V) &= \left\{ f \mid f\colon U \to V \text{ ist } k\text{-mal stetig differenzierbar} \right\}, \\ C^\infty(U,V) &= \bigcap_{k\in\mathbb{N}} C^k(U,V). \end{aligned}$$

Satz 5.26
Sei $\Omega \subset \mathbb{R}^n$ offen und seien $f,g\colon \Omega \to \mathbb{R}$ in $x \in \Omega$ differenzierbar und $c \in \mathbb{R}$. Dann sind auch $f+g$ und $f \cdot g$ differenzierbar mit

$$\begin{aligned} D(f+g)(x) &= Df(x) + Dg(x), \\ D(cf)(x) &= cDf(x). \end{aligned}$$

Insbesondere ist das Differential ein linearer Operator. Weiter gilt

$$D(f\cdot g)(x) = g(x)Df(x) + f(x)Dg(x).$$

Ist außerdem $g(x) \neq 0$, so ist f/g in x differenzierbar mit

$$D(f/g)(x) = \frac{g(x)Df(x) - f(x)Dg(x)}{(g(x))^2}\,.$$

Beweis Wir führen nur den Beweis der Produktregel aus und überlassen die anderen Beweise zur Übung.

Nach Annahme gilt

$$\begin{aligned} f(x+h) &= f(x) + Df(x)(h) + r_f(h) \quad \text{mit } \lim_{h\to 0} \frac{r_f(h)}{\|h\|} = 0\,,\\ g(x+h) &= g(x) + Dg(x)(h) + r_g(h) \quad \text{mit } \lim_{h\to 0} \frac{r_g(h)}{\|h\|} = 0\,. \end{aligned}$$

Ausmultiplizieren führt zu

$$\begin{aligned} (f\cdot g)(x+h) = (f\cdot g)(x) &+ f(x)Dg(x)(h) + g(x)Df(x)(h)\\ &+ Df(x)(h)\cdot Dg(x)(h) + [g(x) + Dg(x)(h)]\cdot r_f(h)\\ &+ [f(x) + Df(x)(h)]\cdot r_g(h) + r_f(h)\cdot r_g(h)\,. \end{aligned}$$

Sei r_{fg} das aus den letzten vier Summanden gebildete Restglied. Da $|Df(x)(h)| \le C_f\|h\|$ und $|Dg(x)(h)| \le C_g\|h\|$ gilt, folgt

$$\lim_{h\to 0} \frac{r_{fg}(h)}{\|h\|} = 0\,.$$

□

Satz 5.27 (Kettenregel im Mehrdimensionalen)
Seien $U \subset \mathbb{R}^n$ und $V \subset \mathbb{R}^m$ offen, seien $f\colon U \to \mathbb{R}^m$ und $g\colon V \to \mathbb{R}^l$ mit $f(U) \subset V$. Ist f differenzierbar in $x \in U$ und g differenzierbar in $f(x)$, so ist auch $g \circ f$ differenzierbar in x, und es gilt

$$D(g\circ f)(x) = Dg(f(x)) \circ Df(x)\,, \quad bzw. \quad J_{g\circ f}(x) = J_g(f(x)) \cdot J_f(x)\,. \tag{5.22}$$

In Worten: Die Ableitung der Komposition zweier Funktionen g und f ist gleich der Komposition der Ableitungen Dg an der Stelle $f(x)$ und Df an der Stelle x.

Beweis Wir betrachten die Restglieder

$$\begin{aligned} r_f(h) &:= f(x+h) - f(x) - Df(x)(h)\,,\\ r_g(\eta) &:= g(f(x)+\eta) - g(f(x)) - Dg(f(x))(\eta)\,. \end{aligned}$$

Es gilt

$$\lim_{\substack{h\to 0\\ h\neq 0}} \frac{\|r_f(h)\|}{\|h\|} = 0 \quad \text{und} \quad \lim_{\substack{\eta\to 0\\ \eta\neq 0}} \frac{\|r_g(\eta)\|}{\|\eta\|} = 0\,.$$

Wir definieren nun

$$\eta(h) = f(x+h) - f(x) = Df(x)(h) + r_f(h)\,.$$

Dann gilt

$$\begin{aligned}&(g\circ f)(x+h) - (g\circ f)(x) = g(f(x)+\eta(h)) - g(f(x))\\ &= (Dg(f(x)))(\eta(h)) + r_g(\eta(h))\\ &= (Dg(f(x)))((Df(x))(h) + r_f(h)) + r_g(\eta(h))\,,\end{aligned}$$

also

$$\begin{aligned}&(g\circ f)(x+h) - (g\circ f)(x) - (Dg(f(x))\circ Df(x))(h)\\ &= r_g(\eta(h)) + Dg(f(x))(r_f(h))\,.\end{aligned} \tag{5.23}$$

Wir wollen zeigen, dass die rechte Seite von (5.23) schneller gegen 0 geht als $\|h\|$. Zunächst gilt (C_1 ist von h unabhängig)

$$\frac{\|Dg(f(x))(r_f(h))\|}{\|h\|} \leq \frac{C_1\|r_f(h)\|}{\|h\|} \to 0$$

für $h \to 0$. Falls $\eta(h) = 0$, so ist auch $r_g(\eta(h)) = 0$. Falls $\eta(h) \neq 0$, so gilt

$$\frac{\|r_g(\eta(h))\|}{\|h\|} = \frac{\|r_g(\eta(h))\|}{\|\eta(h)\|} \cdot \frac{\|\eta(h)\|}{\|h\|}\,. \tag{5.24}$$

Der zweite Bruch auf der rechten Seite ist wegen

$$\|\eta(h)\| \leq \|Df(x)(h)\| + \|r_f(h)\| \leq C_2\|h\| + \|r_f(h)\|$$

beschränkt, der erste Bruch auf der rechten Seite von (5.24) konvergiert gegen 0 für $h \to 0$, da $\eta(h) \to 0$ für $h \to 0$. Insgesamt folgt also aus (5.23)

$$\lim_{\substack{h\to 0\\ h\neq 0}} \frac{\|(g\circ f)(x+h) - (g\circ f)(x) - (Dg(f(x))\circ Df(x))(h)\|}{\|h\|} = 0,$$

und damit die erste Gleichung in (5.22). Die zweite ergibt sich, da beim Übergang von linearen Abbildungen zu Matrizen die Komposition in die Matrixmultiplikation übergeht. □

Beispiel 5.28
Wir betrachten die Verkettung der beiden Funktionen

$$g\colon \mathbb{R}^2 \to \mathbb{R}^2\,, \qquad g(x_1, x_2) = (x_2^2 + 1, x_1)\,,$$
$$f\colon (0,\infty) \times \mathbb{R} \to \mathbb{R}^2\,, \qquad f(r,\varphi) = (r\cos(\varphi), r\sin(\varphi))\,.$$

Die Komposition ergibt $G := g \circ f$

$$G(r,\varphi) = g(f(r,\varphi)) = g(r\cos(\varphi), r\sin(\varphi)) = (r^2(\sin(\varphi))^2 + 1, r\cos(\varphi))\,. \tag{5.25}$$

Für die Funktionalmatrizen gilt

$$J_f(r,\varphi) = \begin{pmatrix} \cos(\varphi) & -r\sin(\varphi) \\ \sin(\varphi) & r\cos(\varphi) \end{pmatrix}, \quad J_g(x_1,x_2) = \begin{pmatrix} 0 & 2x_2 \\ 1 & 0 \end{pmatrix},$$

also

$$J_G(r,\varphi) = J_g((r\cos(\varphi), r\sin(\varphi)) \cdot J_f(r,\varphi) = \begin{pmatrix} 0 & 2r\sin(\varphi) \\ 1 & 0 \end{pmatrix} \begin{pmatrix} \cos(\varphi) & -r\sin(\varphi) \\ \sin(\varphi) & r\cos(\varphi) \end{pmatrix}$$
$$= \begin{pmatrix} 2r(\sin(\varphi))^2 & 2r^2\sin(\varphi)\cos(\varphi) \\ \cos(\varphi) & -r\sin(\varphi) \end{pmatrix}.$$

Dasselbe Ergebnis erhält man, wenn man die Funktionalmatrix von G aus (5.25) direkt berechnet (was in diesem Fall relativ einfach ist, da sich G formelmäßig einfach ausdrücken lässt).

Allgemein gilt: Schreibt man die Gleichung

$$J_{g\circ f}(x) = J_g(f(x)) \cdot J_f(x)$$

elementweise auf, so ergibt sich

$$\partial_k(g \circ f)_j(x) = \sum_{r=1}^{m} (\partial_r g_j)(f(x)) \cdot \partial_k f_r(x)\,.$$

Im Spezialfall $n = l = 1$, also $f\colon \mathbb{R} \to \mathbb{R}^m$ ist eine Kurve und $g\colon \mathbb{R}^m \to \mathbb{R}$ ist ein skalares Feld, ist $g \circ f\colon \mathbb{R} \to \mathbb{R}$ und

$$(g \circ f)'(t) = \sum_{r=1}^{m} (\partial_r g)(f(t)) f_r'(t) = \big\langle (\operatorname{grad} g)(f(t)), f'(t) \big\rangle\,. \tag{5.26}$$

Damit können wir Abb. 5.6 so verstehen: Verläuft die Spur der Kurve f ganz in einer Niveaumenge $N_c(g) = \{x \mid g(x) = c\}$ von g, dann ist

$$g(f(t)) = c$$

für alle t, also folgt aus (5.26)

$$0 = (g \circ f)'(t) = \big\langle (\operatorname{grad} g)(f(t)), f'(t) \big\rangle ,$$

das heißt, der Gradient von g in $f(t)$ steht senkrecht auf dem Tangentialvektor $f'(t)$ von f in t. Da dies für jede Kurve gilt, deren Spur ganz in $N_c(g)$ verläuft, steht also der Gradient senkrecht auf der von allen möglichen Tangentialvektoren gebildeten tangentialen Hyperebene der Niveaumenge. Dies motiviert die folgende Definition.

Definition 5.29 (Tangentialvektor an eine Niveaumenge)
Sei $\Omega \subset \mathbb{R}^n$ offen und $f : \Omega \to \mathbb{R}$ differenzierbar, $x \in \Omega$ mit $f(x) = c$ und grad *$f(x) \neq 0$. Ein Vektor $v \in \mathbb{R}^n$ heißt* ***Tangentialvektor*** *an $N_c(f)$ in x, falls*

$$\langle (\operatorname{grad} f)(x), v \rangle = 0 .$$

Satz 5.30
In der Situation von Definition 5.29 *gilt:*

$$T(x) = \{v \mid v \textit{ ist Tangentialvektor an } N_c(f) \textit{ in } x\}$$

ist ein Unterraum des $\mathbb{R}^n$ der Dimension $n - 1$. $T(x)$ heißt der ***Tangentialraum*** *von $N_c(f)$ in x. Der affine Unterraum $x + T(x)$ heißt* ***Tangentialebene*** *an $N_c(f)$ in x.*

Beweis Dies ist eine Aussage aus der linearen Algebra. □

Als Beispiel für Satz 5.30 betrachten wir $f : \mathbb{R}^3 \to \mathbb{R}$,

$$f(x_1, x_2, x_3) = x_1^2 + x_2^2 + x_3^2 .$$

$N_1(f)$ ist der Rand der Einheitskugel der euklidischen Norm im $\mathbb{R}^3$. Für $x \in N_1(f)$ gilt

$$(\operatorname{grad} f)(x) = 2x , \quad T(x) = \{v \mid v \in \mathbb{R}^3, \ \langle v, x \rangle = 0\} ,$$

das heißt, $T(x)$ ist der auf x senkrecht stehende zweidimensionale Unterraum, siehe Abb. 5.14.

Wir sehen jetzt, dass es für differenzierbare Abbildungen eine einfache Formel für die Richtungsableitung in eine beliebige Richtung $v \in \mathbb{R}^n$ gibt, wenn der Gradient bekannt ist.

Satz 5.31
Sei $\Omega \subset \mathbb{R}^n$ offen, $f : \Omega \to \mathbb{R}$ differenzierbar und $x \in \Omega$. Dann existiert für jedes $v \in \mathbb{R}^n$ die Richtungsableitung $\partial_v f(x)$, und es gilt

$$\partial_v f(x) = \langle (\operatorname{grad} f)(x), v \rangle . \tag{5.27}$$

Abb. 5.14 Die Niveaumenge $N_1(f)$ der Funktion $f(x_1, x_2, x_3) = x_1^2 + x_2^2 + x_3^2$ und die affine Funktion $x + Tx$ für einen Punkt $x \in N_1(f)$. Hierbei ist T der Tangentialraum in x

Beweis Wir betrachten $h\colon (-\delta, \delta) \to \mathbb{R}^n$, $h(t) = x + tv$. Für hinreichend kleines δ ist $h((-\delta, \delta)) \subset \Omega$. Für $t \in (-\delta, \delta)$ gilt

$$f(x + tv) = f(h(t)), \quad \frac{f(x + tv) - f(x)}{t} = \frac{f(h(t)) - f(h(0))}{t}.$$

Gemäß Kettenregel existiert $(f \circ h)'(0)$,

$$(f \circ h)'(0) = \lim_{\substack{t \to 0 \\ t \neq 0}} \frac{f(x + tv) - f(x)}{t} = \partial_v f(x),$$

und aus Formel (5.26) folgt

$$\partial_v f(x) = \big\langle \operatorname{grad} f(x), h'(0) \big\rangle = \langle \operatorname{grad} f(x), v \rangle .$$

□

Formel (5.27) zeigt, dass der Gradient in Richtung des steilsten Anstiegs von f weist. Ist nämlich $v \in \mathbb{R}^n$ mit $\|v\|_2 = 1$, so ist

$$\partial_v f(x) = \langle (\operatorname{grad} f)(x), v \rangle = \|(\operatorname{grad} f)(x)\|_2 \cdot \cos(\varphi),$$

wobei φ der Winkel zwischen grad $f(x)$ und v ist. Wie schon besprochen, wird die Richtungsableitung $\partial_v f(x)$ maximal, wenn v in dieselbe Richtung wie grad $f(x)$ zeigt. Der Gradient von f zeigt also in die Richtung des steilsten Anstiegs von f; dabei muss man sich aber klarmachen, dass wir von Abbildungen $f\colon \Omega \to \mathbb{R}$ sprechen, also der Graph von f in $\mathbb{R}^{n+1}$ liegt wie Abb. 5.2 für den Fall $n = 2$ veranschaulicht. Der Gradient ist ein Vektor in $\mathbb{R}^n$, man kann ihn sich in Abb. 5.2 als „am Boden liegend“ vorstellen, nämlich senkrecht zu den gezeichneten Niveaulinien.

Wir arbeiten uns jetzt auf den Mittelwertsatz vor. Dabei taucht im Mehrdimensionalen eine kleine Komplikation aus, die uns in einer Raumdimension (Analysis 1, Folgerung 12.18) kein Kopfzerbrechen bereitete. Da galt, dass es ein $\xi \in (a, b)$ gibt, das in die Bestimmung des Restglieds nach Lagrange eingeht. Was heißt das im Mehrdimensionalen? Wir vermuten, dass ξ auf der Strecke zwischen a und b liegen muss, und dass f auf dieser Strecke definiert sein muss. Genau so wird es sein.

Definition 5.32 (Verbindungsstrecke)
Ist X ein Vektorraum, so bezeichnen wir die Verbindungsstrecke zweier Punkte x und y in X mit

$$[x, y] = \{ty + (1-t)x \mid t \in [0, 1]\}.$$

Satz 5.33 (Mittelwertsatz für skalare Felder)
Sei $\Omega \subset \mathbb{R}^n$ offen, $f\colon \Omega \to \mathbb{R}$ differenzierbar und seien $x, y \in \Omega$ mit $[x, y] \subset \Omega$. Dann gibt es ein $\xi \in [x, y]$ mit

$$f(y) - f(x) = \langle \operatorname{grad} f(\xi), y - x \rangle . \tag{5.28}$$

Beweis Wir definieren $g\colon [0, 1] \to \mathbb{R}$ durch $g(t) = f(ty + (1-t)x)$, dann ist g stetig auf $[0, 1]$ und differenzierbar auf $(0, 1)$. Aus dem Mittelwertsatz 12.18 aus Analysis 1 folgt, dass ein $\tau \in (0, 1)$ existiert mit

$$g(1) - g(0) = g'(\tau),$$

also

$$f(y) - f(x) = \left\langle \operatorname{grad} f(\underbrace{\tau y + (1-\tau)x}_{=:\xi}), y - x \right\rangle .$$

□

Vorsicht: Für *vektorwertige* Funktionen gilt eine zu (5.28) analoge Formel *nicht*, nicht einmal für Kurven! Als Beispiel betrachten wir den durch $f(t) = (\cos(t), \sin(t))$ parametrisierten Einheitskreis. Es gilt $f'(t) \neq 0$ für alle t, also auch

$$0 = f(2\pi) - f(0) \neq (2\pi - 0) f'(t) \quad \text{für alle } t.$$

Im vektorwertigen Fall wird die Gl. (5.28) durch eine Ungleichung ersetzt. Der zugehörige Satz wird als **Mittelwertungleichung** oder **Schrankensatz** bezeichnet. Für Kurven $f\colon \mathbb{R} \to \mathbb{R}^m$ kann man beweisen (was wir hier nicht tun werden), dass für $t > s$

$$\|f(t) - f(s)\| \leq (t-s) \sup_{s \leq \tau \leq t} \|f'(\tau)\| .$$

Für Funktionen $f\colon \mathbb{R}^n \to \mathbb{R}^m$ gilt eine analoge Ungleichung, wobei die Norm des Tangentialvektors durch die Norm der Jacobimatrix ersetzt wird. Für unsere Zwecke genügt die folgende schwächere Form.

Satz 5.34 (Schrankensatz)
Sei $\Omega \subset \mathbb{R}^n$ offen, $f\colon \Omega \to \mathbb{R}^m$ stetig differenzierbar, und seien $x, y \in \Omega$ mit $[x, y] \subset \Omega$. Dann gilt

$$\|f(y) - f(x)\|_\infty \le L\|y - x\|_1 \le nL\|y - x\|_\infty ,$$

wobei

$$L = \max\{|\partial_k f_j(\xi)| \mid 1 \le j \le m,\ 1 \le k \le n,\ \xi \in [x, y]\} . \tag{5.29}$$

Beweis Das Maximum in (5.29) existiert, da alle partiellen Ableitungen stetig sind und $[x, y]$ kompakt ist. Für alle j mit $1 \le j \le m$ gibt es nach Satz 5.33 ein $\xi_j \in [x, y]$ mit

$$f_j(y) - f_j(x) = \langle \operatorname{grad} f_j(\xi_j), y - x\rangle = \sum_{k=1}^n \partial_k f_j(\xi_j)(y_k - x_k) ,$$

also gilt für diese j

$$|f_j(y) - f_j(x)| \le L \sum_{k=1}^n |y_k - x_k| \le nL \max_{1\le k\le n} |y_k - x_k| .$$

□

5.6 Taylorentwicklung für skalarwertige Funktionen

Wir erinnern zunächst an die Situation im Eindimensionalen. Sei $f\colon [a, b] \to \mathbb{R}$ differenzierbar und $x \in (a, b)$. Die erste Ableitung liefert eine Approximation (Analysis 1, Satz 12.5)

$$f(x + h) = f(x) + hf'(x) + r(h) , \quad \text{mit} \quad \lim_{h\to 0} \frac{r(h)}{h} = 0 .$$

Ist außerdem $f \in C^2[a, b]$, so ist die Approximation in der Nähe von x besser,

$$f(x + h) = f(x) + hf'(x) + \frac{h^2}{2} f''(\xi)$$

mit einer geeigneten Zwischenstelle ξ zwischen x und $x + h$. Wie wir in Analysis 1 (Satz 16.10) gesehen haben, erhalten wir für $f \in C^{k+1}([a, b])$ die Taylorentwicklung

$$\begin{aligned} f(x + h) &= f(x) + hf'(x) + \frac{h^2}{2!} f''(x) + \cdots + \frac{h^k}{k!} f^{(k)}(x) + R_{k+1}(h) \\ &= \sum_{\alpha=0}^k \frac{f^{(\alpha)}(x)}{\alpha!} h^\alpha + R_{k+1}(h) \end{aligned} \tag{5.30}$$

mit einem Restglied R_{k+1}. Dieses kann dargestellt werden in der Form

$$R_{k+1}(h) = \frac{f^{(k+1)}(\xi)}{(k+1)!} h^{k+1} ,$$

wobei ξ echt zwischen x und $x + h$ liegt.

Sei nun $f : \mathbb{R}^n \to \mathbb{R}$. Um $f(x + h)$ durch Ableitungen von f in x zu approximieren, spielen wir die Situation erst auf das Eindimensionale zurück und betrachten

$$g : \mathbb{R} \to \mathbb{R} , \quad g(t) := f(x + th) .$$

Ist g hinreichend oft differenzierbar, so gilt gemäß (5.30), angewendet auf g,

$$f(x + h) = g(1) = \sum_{\alpha=0}^{k} \frac{g^{(\alpha)}(0)}{\alpha!} + \frac{g^{(k+1)}(\tau)}{(k+1)!} .$$

Die Ableitungen von g lassen sich durch Ableitungen von f ausdrücken, insbesondere

$$g'(t) = \langle \text{grad } f(x + th), h \rangle = \sum_{j=1}^{n} \partial_j f(x + th) h_j ,$$

$$g''(t) = \sum_{j=1}^{n} \big\langle (\text{grad } (\partial_j f))(x + th), h \big\rangle h_j = \sum_{j=1}^{n} \left(\sum_{k=1}^{n} \partial_k \partial_j f(x + th) h_k \right) h_j .$$

In der Formel für $g''(t)$ kommen die Terme $\partial_k \partial_j f$ für $j \neq k$ doppelt vor (zur Erinnerung: Nach dem Satz 5.6 von Schwarz ist $\partial_j \partial_k f = \partial_k \partial_j f$, falls $f \in C^2$), die Terme $\partial_j \partial_j$ nur einmal. Betrachtet man höhere Ableitungen von g, so kommt pro Ableitungsordnung ein Summenzeichen und ein ∂ hinzu. Formeln für beliebige Ableitungsordnungen werden unübersichtlich, und man muss genauer überlegen, welche Terme wie oft auftreten. Um diese Situation in den Griff zu bekommen, führt man die Notation eines Multiindex ein.

Notation 5.35 (Multiindex)
Ein $\alpha = (\alpha_1, \ldots, \alpha_n)$ mit $\alpha_j \in \mathbb{N}$ heißt **Multiindex.** Für einen Multiindex $\alpha = (\alpha_1, \ldots, \alpha_n)$ definieren wir

$$|\alpha| = \sum_{j=1}^{n} \alpha_j \quad \text{und} \quad \alpha! = \prod_{j=1}^{n} \alpha_j! .$$

Für $f \in C^{|\alpha|}(\Omega)$ mit $\Omega \subset \mathbb{R}^n$ offen setzen wir

$$\partial^\alpha f = \partial_1^{\alpha_1} \partial_2^{\alpha_2} \cdots \partial_n^{\alpha_n} f .$$

Für $x \in \mathbb{R}^n$ definieren wir

$$x^\alpha = \prod_{j=1}^{n} x_j^{\alpha_j} .$$

Ist beispielsweise $n = 3$ und $\alpha = (2, 0, 1)$, so ist

$$|\alpha| = 3 , \quad \alpha! = 2!\,0!\,1! = 2 \cdot 1 \cdot 1 = 2 , \quad \partial^\alpha f(x) = \partial_1^2 \partial_3 f(x) , \quad x^\alpha = x_1^2 x_3 .$$

Indem wir Multiindizes verwenden, können wir die Ableitungen einer Funktion der Form $g(t) = f(x + th)$ übersichtlich aufschreiben.

Lemma 5.36
Sei $\Omega \subset \mathbb{R}^n$ offen, $f \in C^k(\Omega)$, $x \in \Omega$ und $h \in \mathbb{R}^n$ mit $[x, x + h] \subset \Omega$. Dann wird durch

$$g(t) := f(x + th)$$

eine Funktion $g \in C^k([0, 1])$ definiert, und es gilt

$$g^{(k)}(t) = \sum_{|\alpha|=k} \frac{k!}{\alpha!} \partial^\alpha f(x + th) h^\alpha .$$

Beweis Mit vollständiger Induktion folgt aus der Kettenregel die Existenz von $g^{(k)}$ und die Formel

$$g^{(k)}(t) = \sum_{j_1=1}^{n} \sum_{j_2=1}^{n} \cdots \sum_{j_k=1}^{n} \partial_{j_k} \cdots \partial_{j_2} \partial_{j_1} f(x + th) h_{j_k} \cdots h_{j_2} h_{j_1} . \tag{5.31}$$

Jede der auftretenden partiellen Ableitungen $\partial_{j_k} \cdots \partial_{j_2} \partial_{j_1} f$ entspricht nach Umsortieren und Zusammenfassen einer Ableitung der Form $\partial^\alpha f$ mit einem Multiindex α mit $|\alpha| = k$. Jeder solche Multiindex α kommt in der k-fachen Summe (5.31) mit der Anzahl

$$\binom{k}{\alpha_1} \binom{k - \alpha_1}{\alpha_2} \cdots \binom{k - \alpha_1 - \ldots - \alpha_{n-1}}{\alpha_n} = \frac{k!}{\alpha_1! \alpha_2! \ldots \alpha_n!} = \frac{k!}{\alpha!}$$

vor, woraus die Behauptung folgt. □

Satz 5.37 (Taylorformel für Skalarfelder)
Sei $\Omega \subset \mathbb{R}^n$ offen, $f \in C^{k+1}(\Omega)$, $x \in \Omega$ und $h \in \mathbb{R}^n$ mit $[x, x + h] \subset \Omega$. Dann gibt es ein $\xi \in [x, x + h]$ mit

$$f(x + h) = \sum_{|\alpha| \le k} \frac{\partial^\alpha f(x)}{\alpha!} h^\alpha + \sum_{|\alpha|=k+1} \frac{\partial^\alpha f(\xi)}{\alpha!} h^\alpha ;$$

hier wird über die Multiindizes summiert. Das durch

$$T_k f(y;x) = \sum_{|\alpha|\le k} \frac{\partial^\alpha f(x)}{\alpha!}(y-x)^\alpha$$

definierte Polynom heißt das ***k-te Taylorpolynom*** *von f (als Funktion von y) mit Entwicklungspunkt x. Manchmal wird x in der Notation unterdrückt und man schreibt $T_k f(y)$.*

Beweis Für $g(t) = f(x+th)$ gilt mit geeignetem $\tau \in (0,1)$

$$\begin{aligned} f(x+h) = g(1) &= \sum_{j=0}^{k} \frac{g^{(j)}(0)}{j!} + \frac{g^{(k+1)}(\tau)}{(k+1)!} \\ &= \sum_{j=0}^{k} \frac{1}{j!}\left(\sum_{|\alpha|=j} \frac{j!}{\alpha!}\partial^\alpha f(x)h^\alpha\right) + \frac{1}{(k+1)!}\sum_{|\alpha|=k+1}\frac{(k+1)!}{\alpha!}\partial^\alpha f(x+\tau h)h^\alpha . \end{aligned}$$

□

Folgerung 5.38
Sei $\Omega \subset \mathbb{R}^n$ offen, $f \in C^k(\Omega)$ und $x \in \Omega$ mit $K(x,\delta) \subset \Omega$. Dann gilt für alle $h \in \mathbb{R}^n$ mit $\|h\| \le \delta$

$$f(x+h) = \sum_{|\alpha|\le k} \frac{\partial^\alpha f(x)}{\alpha!}h^\alpha + R_{k+1}(h), \quad \textit{wobei} \quad \lim_{\substack{h\to 0\\ h\neq 0}} \frac{R_{k+1}(h)}{\|h\|_\infty^k} = 0 .$$

Dies wird mit der Landau-Notation (Analysis 1, Definition 16.13) oft geschrieben als $f(x+h) = T_k(x+h;x) + O\left(\|h\|^{k+1}\right)$.
Beweis Es gilt nach Satz 5.37 für geeignetes $\xi \in [x, x+h]$

$$\begin{aligned} f(x+h) &= \sum_{|\alpha|\le k-1} \frac{\partial^\alpha f(x)}{\alpha!}h^\alpha + \sum_{|\alpha|=k}\frac{\partial^\alpha f(\xi)}{\alpha!}h^\alpha \\ &= \sum_{|\alpha|\le k} \frac{\partial^\alpha f(x)}{\alpha!}h^\alpha + \underbrace{\sum_{|\alpha|=k}\frac{\partial^\alpha f(\xi)-\partial^\alpha f(x)}{\alpha!}h^\alpha}_{=:R_{k+1}(h)} , \end{aligned}$$

und

$$|R_{k+1}(h)| \le \sum_{|\alpha|=k} \frac{|\partial^\alpha f(\xi)-\partial^\alpha f(x)|}{\alpha!}|h^\alpha| \le \|h\|_\infty^k \underbrace{\sum_{|\alpha|=k}\frac{|\partial^\alpha f(\xi)-\partial^\alpha f(x)|}{\alpha!}}_{\to 0 \text{ für } h\to 0} ,$$

da $\|\xi - x\|_\infty \le \|h\|_\infty$. □

Für $k = 2$ erhalten wir (gleiche partielle Ableitungen sind nicht zusammengefasst)

$$f(x+h) = f(x) + \sum_{j=1}^{n} \partial_j f(x) h_j + \frac{1}{2} \sum_{j,k=1}^{n} \partial_j \partial_k f(x) h_j h_k + R_3(h) .$$

Der quadratische Term lässt sich schreiben als

$$\sum_{j,k=1}^{n} \partial_j \partial_k f(x) h_j h_k = \langle h, H_f(x) h \rangle = h^T H_f(x) h , \tag{5.32}$$

wobei die Matrix $H_f(x) \in \mathbb{R}^{n \times n}$ gegeben ist durch

$$H_f(x) = \begin{pmatrix} \partial_1^2 f(x) & \partial_2 \partial_1 f(x) & \cdots & \partial_n \partial_1 f(x) \\ \partial_1 \partial_2 f(x) & & & \vdots \\ \vdots & & & \vdots \\ \partial_1 \partial_n f(x) & \cdots & \cdots & \partial_n^2 f(x) \end{pmatrix} . \tag{5.33}$$

Definition 5.39 (Hessematrix)
Die Matrix $H_f(x)$ in (5.33) heißt **Hessematrix** *von f in x.*

In der Literatur wird die Hessematrix oft als Transponierte unserer Definition vereinbart, also als die Matrix mit Eintrag $\partial_j \partial_k f(x)$ an der Stelle jk. Das hat den Vorteil, dass die Notation der üblichen Matrixnotation ähnelt, bei der an Stelle jk das Element a_{jk} eingetragen ist, also erst j und dann k. In obiger Definition ist die Reihenfolge umgekehrt, denn dann gilt mit unserer Schreibweise: *Die Hessematrix ist die Jacobimatrix des Gradienten.* In dem in der Praxis wichtigen Fall $f \in C^2(\Omega)$, der auch in den folgenden Optimalitätsaussagen (Sätze 5.44 und 5.47) betrachtet wird, stimmen beide Konventionen überein: Die Hessematrix ist für $f \in C^2(\Omega)$ nach dem Satz 5.6 von Schwarz symmetrisch.

Damit gilt also für das zweite Taylorpolynom, das eine Approximation zweiter Ordnung von f liefert,

$$T_2 f(x+h; x) = f(x) + \nabla f(x)^T h + \frac{1}{2} h^T H_f(x) h .$$

Beispiel 5.40
Wir betrachten

$$f(x_1, x_2) = x_1^2 e^{x_2} , \quad f : \mathbb{R}^2 \to \mathbb{R} .$$

Es ist

$$\partial_1 f(x_1, x_2) = 2x_1 e^{x_2} , \quad \partial_2 f(x_1, x_2) = x_1^2 e^{x_2} ,$$
$$\partial_1^2 f(x_1, x_2) = 2e^{x_2} , \quad \partial_2 \partial_1 f(x_1, x_2) = 2x_1 e^{x_2} , \quad \partial_2^2 f(x_1, x_2) = x_1^2 e^{x_2} ,$$

also

$$\operatorname{grad} f(x) = e^{x_2} \cdot (2x_1\,,\; x_1^2)\,, \quad H_f(x) = e^{x_2} \cdot \begin{pmatrix} 2 & 2x_1 \\ 2x_1 & x_1^2 \end{pmatrix}.$$

Die Entwicklung (5.32) im Punkt $x = (4, 0)$ ergibt sich damit als

$$\begin{aligned} f(x+h) &= f(4+h_1, h_2) \\ &= 16 + 8h_1 + 16h_2 + \frac{1}{2}\big(2h_1^2 + 8h_1h_2 + 8h_1h_2 + 16h_2^2\big) + R_3(h) \\ &= 16 + 8h_1 + 16h_2 + h_1^2 + 8h_1h_2 + 8h_2^2 + R_3(h)\,. \end{aligned}$$

Definition 5.41 (Lokales Maximum, Minimum, Extremum)
Sei $\Omega \subset \mathbb{R}^n$ und $f\colon \Omega \to \mathbb{R}$. Ein $x \in \Omega$ heißt ***lokales Minimum*** *(bzw.* ***lokales Maximum****) von f auf Ω, falls es eine offene Kugel B um x gibt mit*

$$f(x) \le f(y) \qquad (bzw.\ f(x) \ge f(y)) \qquad \textit{für alle } y \in B \cap \Omega.$$

Ein $x \in \Omega$ heißt ***lokales Extremum,*** *falls x ein lokales Minimum oder ein lokales Maximum ist. Ein lokales Extremum heißt* ***strikt****, falls außerdem*

$$f(y) \ne f(x)$$

gilt für alle $y \in B \cap \Omega$ mit $y \ne x$.

Satz 5.42 (Verschwindende Richtungsableitungen in Extremum)
Sei $\Omega \subset \mathbb{R}^n$ offen, $f\colon \Omega \to \mathbb{R}$ und sei $x \in \Omega$ lokales Extremum von f. Ist $v \in \mathbb{R}^n$, so gilt $\partial_v f(x) = 0$, falls $\partial_v f(x)$ existiert. Insbesondere gilt grad $f(x) = 0$, *falls f in x partiell differenzierbar ist.*

Beweis Sei $v \in \mathbb{R}^n$ beliebig. Wähle $\delta > 0$ mit $[x - \delta v, x + \delta v] \subset \Omega$. Dann hat $g\colon (-\delta, \delta) \to \mathbb{R}$, $g(t) = f(x + tv)$, ein lokales Extremum in 0. Falls $\partial_v f(x)$ existiert, so existiert auch $g'(0)$, und es gilt $0 = g'(0) = \partial_v f(x)$. Ist f partiell differenzierbar in x, so folgt $\partial_j f(x) = 0$ für alle j und damit grad $f(x) = 0$. □

Definition 5.43
Sei $A \in \mathbb{R}^{n\times n}$ symmetrisch. Dann heißt A

- ***positiv definit****, falls $h^T A h > 0$ gilt für alle $h \in \mathbb{R}^n$ mit $h \ne 0$,*
- ***positiv semidefinit****, falls $h^T A h \ge 0$ gilt für alle $h \in \mathbb{R}^n$,*
- ***negativ (semi)definit****, falls $-A$ positiv (semi)definit ist,*
- ***indefinit****, falls A weder positiv semidefinit noch negativ semidefinit ist.*

Satz 5.44 (Notwendige Optimalitätsbedingungen)
Sei $\Omega \subset \mathbb{R}^n$ offen, $f \in C^2(\Omega)$, und sei $x \in \Omega$ ein lokales Extremum von f. Dann gilt $\operatorname{grad} f(x) = 0$ *und weiter*

$$\begin{aligned} &x \text{ lokales Minimum} &&\Rightarrow &&H_f(x) \text{ positiv semidefinit,}\\ &x \text{ lokales Maximum} &&\Rightarrow &&H_f(x) \text{ negativ semidefinit.}\end{aligned}$$

Beweis Es gilt $\operatorname{grad} f(x) = 0$ nach Satz 5.42. Sei nun $h \in \mathbb{R}^n$ beliebig und $g(t) = f(x + th)$. Dann ist $g \in C^2((-\delta, \delta))$ für hinreichend kleines $\delta > 0$, und es gilt

$$\begin{aligned} g'(t) &= \langle \operatorname{grad} f(x + th), h\rangle\ ,\\ g''(t) &= \sum_{j,k=1}^{n} \partial_j \partial_k f(x + th) h_j h_k = h^T H_f(x + th) h\,. \end{aligned}$$

Da 0 ein lokales Minimum für g ist, gilt

$$0 \le g''(0) = h^T H_f(x) h\,.$$

Da h beliebig war, folgt die Behauptung. Ist x lokales Maximum von f, so wenden wir das eben Bewiesene auf $-f$ an. □

Neben Maxima und Minima können noch weitere kritische Punkte auftreten. Diese werden Sattelpunkte genannt.

Definition 5.45 (Sattelpunkt)
Sei $\Omega \subset \mathbb{R}^n$ offen, $f : \Omega \to \mathbb{R}$ partiell differenzierbar und $x \in \Omega$. Ist $\operatorname{grad} f(x) = 0$, *aber x kein lokales Extremum von f, so heißt x* ***Sattelpunkt*** *von f.*

In jeder Umgebung eines Sattelpunktes x gibt es also Punkte y und z mit $f(y) > f(x)$ und $f(z) < f(x)$. Abb. 5.15 zeigt den Sattelpunkt $(0, 0)$ der Funktion $f(x_1, x_2) := x_1^2 - x_2^2$.

Beispiel 5.46
Sei $z \mapsto z^3$ mit $z = x + iy \in \mathbb{C}$ die komplexe dritte Potenz. Wir betrachten den Imaginärteil,

$$f(x, y) := \operatorname{Im}\left((x + iy)^3\right) = 3x^2 y - y^3\,.$$

Die Hessematrix im Ursprung ist die Nullmatrix, denn

$$H_f(x, y) = 6\begin{pmatrix} y & x\\ x & -y\end{pmatrix}.$$

Hier ist wieder der Übergang zu Polarkoordinaten hilfreich, denn $f(x, y) = \tilde{f}(r, \varphi) = r^3 \sin(3\phi)$. Daran sehen wir, dass $f(x, y)$ außerhalb des Ursprungs für $0 < \varphi < \frac{\pi}{3}$ positiv ist und negativ für $-\frac{\pi}{3} < \varphi < 0$. Da f invariant unter Drehungen um den

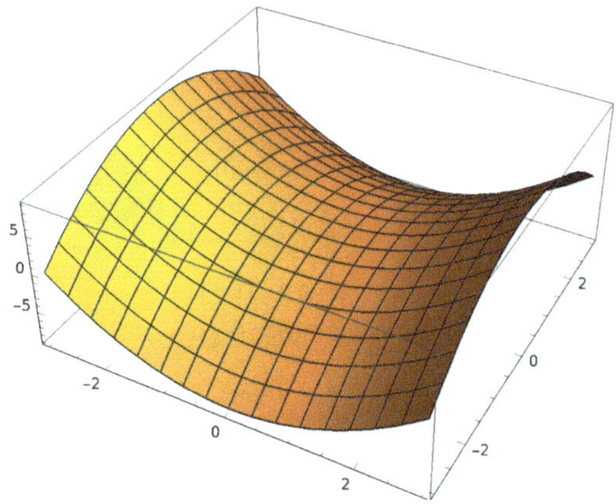

Abb. 5.15 Die Funktion $f(x_1, x_2) := x_1^2 - x_2^2$ hat im Ursprung einen Sattelpunkt

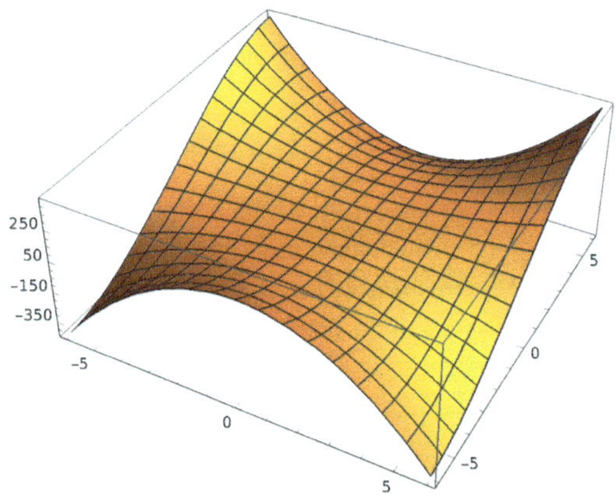

Abb. 5.16 Der Affensattel $f(x, y) = 3x^2y - y^3$

Winkel $\frac{2\pi}{3}$ ist, laufen im Ursprung drei Bergrücken und drei Senken zusammen. Manchmal wird eine solche Funktion „Affensattel" genannt, weil die drei Senken als Platz für die beiden Beine und den Schwanz gedacht werden, siehe Abb. 5.16.

Satz 5.47 (Hinreichende Optimalitätsbedingungen)
Sei $\Omega \subset \mathbb{R}^n$ *offen,* $f \in C^2(\Omega)$ *und* $x \in \Omega$ *mit* grad $f(x) = 0$. *Dann gilt*

$$\begin{aligned} H_f(x) \text{ positiv definit} &\quad\Rightarrow\quad x \text{ striktes lokales Minimum}, \\ H_f(x) \text{ negativ definit} &\quad\Rightarrow\quad x \text{ striktes lokales Maximum}, \\ H_f(x) \text{ indefinit} &\quad\Rightarrow\quad x \text{ Sattelpunkt}. \end{aligned}$$

Beweis Sei $H_f(x)$ positiv definit. Aus Folgerung 5.38 folgt, falls $\|h\|$ hinreichend klein ist,

$$f(x+h) = f(x) + \frac{1}{2}h^T H_f(x)h + R_3(h)\,, \quad \text{mit} \quad \lim_{\substack{h\to 0\\ h\neq 0}} \frac{R_3(h)}{\|h\|^2} = 0\,.$$

Wir setzen

$$Q(h) = h^T H_f(x)h\,, \quad \text{und} \quad \alpha = \min_{\|h\|=1} Q(h)\,;$$

das Minimum existiert, da Q stetig ist und die Einheitssphäre kompakt ist. Es ist $\alpha > 0$, da $H_f(x)$ positiv definit ist. Daher gilt für alle $h \neq 0$ mit $x + h \in \Omega$

$$f(x+h) - f(x) = \|h\|^2 \left(\frac{1}{2}Q\left(\frac{h}{\|h\|}\right) + \frac{R_3(h)}{\|h\|^2}\right) \geq \|h\|^2 \left(\frac{1}{2}\alpha + \frac{R_3(h)}{\|h\|^2}\right).$$

Wir wählen $\delta > 0$ so, dass

$$\frac{1}{2}\alpha > \frac{|R_3(h)|}{\|h\|^2}$$

für alle $\|h\| < \delta$ ist, dann gilt $f(x+h) > f(x)$ für alle $\|h\| < \delta$.

Ist $H_f(x)$ negativ definit, so ist $H_{-f}(x) = -H_f(x)$ positiv definit. Nach dem eben Bewiesenen hat $-f$ in x ein striktes lokales Minimum, also hat f in x ein striktes lokales Maximum.

Ist $H_f(x)$ indefinit, so folgt für gegebenes $h \in \mathbb{R}^n$

$$f(x+sh) - f(x) = \frac{1}{2}s^2 h^T H_f(x)h + o(s^2)$$

(der Restterm ist analog zur Diskussion oben gegeben als $R_3(sh)$ mit $\lim_{\substack{h\to 0\\ h\neq 0}} \frac{R_3(sh)}{\|sh\|^2} = 0$). Daraus sehen wir, dass $f(x+h) - f(x)$ und $h^T H_f(x)h$ das gleiche Vorzeichen besitzen; durch geeignete Wahl der Richtung h sehen wir also, dass ein Sattelpunkt vorliegt. □

In der linearen Algebra wird bewiesen: Ist $A \in \mathbb{R}^{n\times n}$ symmetrisch, so gilt

$$\begin{aligned}
A \text{ positiv definit} \quad &\Leftrightarrow \quad \text{alle Eigenwerte von } A \text{ sind } > 0,\\
A \text{ positiv semidefinit} \quad &\Leftrightarrow \quad \text{alle Eigenwerte von } A \text{ sind } \geq 0,\\
A \text{ negativ (semi)definit} \quad &\Leftrightarrow \quad \text{alle Eigenwerte von } A \text{ sind } < 0\ (\leq 0).
\end{aligned}$$

Wir betrachten als Beispiel

$$f : \mathbb{R}^2 \to \mathbb{R}\,, \quad f(x_1, x_2) = \frac{x_1^2}{a^2} + \frac{x_2^2}{b^2}\,, \quad a, b > 0\,.$$

Die Niveaumengen $N_c(f)$ sind die Ellipsen

$$\frac{x_1^2}{a^2} + \frac{x_2^2}{b^2} = c\,, \quad c > 0\,.$$

Der Graph von f stellt ein elliptisches Paraboloid im $\mathbb{R}^3$ dar. Es ist

$$\operatorname{grad} f(x_1, x_2) = \left(\frac{2x_1}{a^2}, \frac{2x_2}{b^2}\right)^T, \quad \operatorname{grad} f(0) = 0\,,$$

$$H_f(x_1, x_2) = \begin{pmatrix} \frac{2}{a^2} & 0 \\ 0 & \frac{2}{b^2} \end{pmatrix}.$$

Die Eigenwerte von $H_f(x)$ sind $2/a^2$ und $2/b^2$, also ist $H_f(0)$ positiv definit und damit ist 0 ein striktes lokales Minimum von f (in diesem Fall sogar ein globales Minimum, d. h. ein Minimum bezüglich des gesamten Definitionsbereichs von f).

Als weiteres Beispiel betrachten wir

$$f : \mathbb{R}^2 \to \mathbb{R}\,, \quad f(x_1, x_2) = \frac{x_1^2}{a^2} - \frac{x_2^2}{b^2}\,, \quad a, b > 0\,.$$

Die Niveaumengen $N_c(f)$ sind die Hyperbeln

$$\frac{x_1^2}{a^2} - \frac{x_2^2}{b^2} = c\,, \quad c \in \mathbb{R}\,.$$

Der Graph von f stellt ein hyperbolisches Paraboloid im $\mathbb{R}^3$ dar. Es ist

$$\operatorname{grad} f(x_1, x_2) = \left(\frac{2x_1}{a^2}, -\frac{2x_2}{b^2}\right)^T, \quad \operatorname{grad} f(0) = 0\,,$$

$$H_f(x_1, x_2) = \begin{pmatrix} \frac{2}{a^2} & 0 \\ 0 & -\frac{2}{b^2} \end{pmatrix}.$$

Die Eigenwerte von $H_f(x)$ sind $2/a^2$ und $-2/b^2$, also ist $H_f(0)$ indefinit und 0 ist daher kein lokales Extremum, sondern ein Sattelpunkt.

Vorsicht: Im semidefiniten Fall kann man an der Hessematrix nicht erkennen, ob ein Extremum vorliegt oder nicht: Für die Funktionen

$$f(x_1, x_2) = x_1^2 + x_2^4\,, \quad g(x_1, x_2) = x_1^2\,, \quad h(x_1, x_2) = x_1^2 + x_2^3$$

gilt $\operatorname{grad} f(0) = \operatorname{grad} g(0) = \operatorname{grad} h(0) = 0$ und

$$H_f(0) = H_g(0) = H_h(0) = \begin{pmatrix} 2 & 0 \\ 0 & 0 \end{pmatrix},$$

aber f hat in 0 ein striktes, lokales Minimum; g hat in 0 ein nicht striktes, lokales Minimum; h hat kein lokales Extremum in 0 (SÜPER-Übung). Ebenso gilt: Ist $x \in \Omega$ ein Punkt mit $\operatorname{grad} f(x) = 0$ und verschwindender Hessematrix, $Hf(x) = 0$, so kann aus den Ableitungen bis zur zweiten Ordnung allein keine Folgerung gezogen werden, ob ein Minimum, Maximum oder ein Sattelpunkt vorliegt. Dies sieht man beispielsweise, indem man eine geeignete Funktion f betrachtet, die längs der Koordinatenachsen quartisch in der jeweiligen Variablen wächst oder fällt (SÜPER-Übung)

5.7 Taylorentwicklung für vektorwertige Funktionen

Die Taylorentwicklung für vektorwertige Funktionen erhalten wir komponentenweise. Sei $f\colon \Omega \to \mathbb{R}^m$ mit $\Omega \subset \mathbb{R}^n$ offen. Nach Satz 5.37 gilt für alle j, falls $f_j \in C^{k+1}(\Omega)$,

$$f_j(x+h) = \sum_{|\alpha| \le k} \frac{\partial^\alpha f_j(x)}{\alpha!} h^\alpha + \sum_{|\alpha| = k+1} \frac{\partial^\alpha f_j(\xi_j)}{\alpha!} h^\alpha .$$

Führen wir die Notation

$$\partial^\alpha f(x) = (\partial^\alpha f_1(x), \dots, \partial^\alpha f_m(x))$$

ein, so erhalten wir wie in Folgerung 5.38, falls f k-mal stetig differenzierbar ist,

$$f(x+h) = \sum_{|\alpha| \le k} \frac{\partial^\alpha f(x)}{\alpha!} h^\alpha + R_{k+1}(h) ,$$

wobei $R_{k+1}(h) \in \mathbb{R}^m$ und

$$\lim_{\substack{h \to 0 \\ h \neq 0}} \frac{R_{k+1}(h)}{\|h\|^k} = 0 .$$

Ableitungen höherer Ordnung: Für Ordnungen größer als 1 haben wir bisher nur partielle Ableitungen betrachtet. Für die Ordnung 1 kennen wir auch die Definition der (totalen) Ableitung als einer linearen Abbildung; ist $f\colon \Omega \to \mathbb{R}^m$ in $\Omega \subset \mathbb{R}^n$ differenzierbar, so erhalten wir für jedes $x \in \Omega$ eine lineare Abbildung $Df(x)\colon \mathbb{R}^n \to \mathbb{R}^m$, und damit eine Abbildung

$$Df\colon \Omega \to L(\mathbb{R}^n, \mathbb{R}^m) = \{\varphi \mid \varphi\colon \mathbb{R}^n \to \mathbb{R}^m \text{ linear}\} .$$

Der Raum $L(\mathbb{R}^n, \mathbb{R}^m)$ ist ein endlichdimensionaler Vektorraum, er hat die Dimension nm. Wir können uns also fragen, ob die Abbildung Df differenzierbar ist im Sinne von Definition 5.21; dabei ist es, wiederum wegen der Äquivalenz der Normen im Endlichdimensionalen, gleichgültig, welche Norm auf $L(\mathbb{R}^n, \mathbb{R}^m)$ wir betrachten. Ist das der Fall, so definieren wir die zweite Ableitung $D^2 f(x)$ als die Ableitung von Df in x, das heißt, $D^2 f(x)$ ist eine lineare Abbildung

$$D^2 f(x)\colon \mathbb{R}^n \to L(\mathbb{R}^n, \mathbb{R}^m),$$

welche die Abbildung $Df\colon \Omega \to L(\mathbb{R}^n, \mathbb{R}^m)$ im Punkt x gemäß Definition 5.21 lokal approximiert. Ist das in jedem Punkt $x \in \Omega$ möglich, so erhalten wir die zweite Ableitung von f in Ω als Abbildung

$$D^2 f\colon \Omega \to L(\mathbb{R}^n, L(\mathbb{R}^n, \mathbb{R}^m)).$$

In der linearen Algebra wird gezeigt, dass der Raum $L(\mathbb{R}^n, L(\mathbb{R}^n, \mathbb{R}^m))$ kanonisch isomorph ist zum Raum $\mathrm{Bil}(\mathbb{R}^n \times \mathbb{R}^n, \mathbb{R}^m)$ der bilinearen Abbildungen von $\mathbb{R}^n \times \mathbb{R}^n$ nach $\mathbb{R}^m$. Im Falle $m = 1$ handelt es sich gerade um die Bilinearformen auf $\mathbb{R}^n$. Diese sind darstellbar durch quadratische Matrizen. Wählt man die Darstellung bezüglich der kanonischen Basis, so kommt dabei gerade die Hessematrix heraus. Es gilt dann

$$(D^2 f(x))(u, v) = u^T H_f(x) v = \langle u, H_f(x) v \rangle$$

für alle $u, v \in \mathbb{R}^n$. Links steht eine Bilinearform, angewendet auf das Paar (u, v).

Diese Überlegungen kann man induktiv fortsetzen und für beliebiges $k \in \mathbb{N}$ eine k-te Ableitung $D^k f$ als multilineare Abbildung vom Grad k definieren.

5.8 Ausblick: Niveaumengen, der Satz über implizite Funktionen und Computeralgebra

Niveaumengen, und insbesondere Niveaulinien für Funktionen $g\colon \mathbb{R}^2 \to \mathbb{R}$, sind sicher eine große Hilfe zur Veranschaulichung von Funktionen im Mehrdimensionalen. Aber wie kann man sie finden? Computeralgebrapakete wie Mathematica® können bequem Niveaulinien zeigen. Beispielsweise gibt das Kommando

```
ContourPlot[Cos[x1] * Sin[x2]*Exp[10^(-1)x1], {x1, 0, 4 Pi},
{x2, 0, 4 Pi},
PlotLegends -> Automatic]
```

in Mathematica® die Niveaulinien wie in Abb. 5.17.

Um zu verstehen, wie Niveaumengen berechnet werden können, betrachten wir den einfachsten Fall $g\colon \mathbb{R}^2 \to \mathbb{R}$ und starten mit einem Beispiel. Sei

$$g(x_1, x_2) = x_1^2 + x_2^2\,; \tag{5.34}$$

dann ist zur Bestimmung der Niveaumengen für gegebenes $c \in \mathbb{R}$ mit $c > 0$ die Gleichung

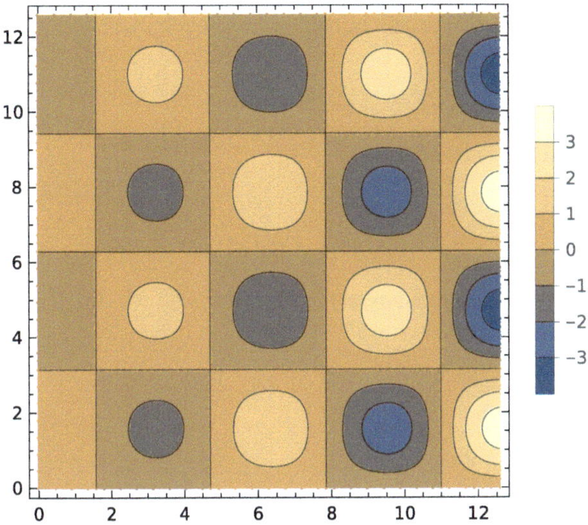

Abb. 5.17 Niveaulinien für die Funktion $g(x_1, x_2) = \cos(x_1)\sin(x_2)\exp(0.1 \cdot x_1)$

$$g(x_1, x_2) = c$$

nach x_1 oder x_2 aufzulösen. Hier sehen wir sofort, dass wir getrennt für positive und negative x_2 auflösen können,

$$x_2 = \pm\sqrt{c - x_1^2}\,,$$

und damit können wir die Niveaulinien zeichnen. Im Allgemeinen wird ein Auflösen „zu Fuß" nicht möglich sein. Hier hilft es, sich die Struktur klar zu machen: Gegeben ist eine Kurve

$$g(x_1, x_2) = c\,,$$

die wir nach x_1 oder x_2 auflösen wollen. Beides ist möglich und auch erforderlich – im obigen Beispiel ist es um die Punkte $\left(-\sqrt{c}, 0\right)$ und $\left(\sqrt{c}, 0\right)$ nicht möglich, die Gleichung $g(x_1, x_2) = c$ nach x_2 aufzulösen, während es dort lokal die Lösungen $x_1 = \pm\sqrt{c - x_2^2}$ gibt, wir also nach x_1 auflösen können. Wir erhalten unter der Annahme, dass $x_2 = f(x_1)$ gilt,

$$0 = \frac{\mathrm{d}}{\mathrm{d}x_1} g(x_1, f(x_1)) = \partial_1 g(x_1, f(x_1)) + \partial_2 g(x_1, f(x_1)) f'(x_1)\,;$$

hier ist $\frac{\mathrm{d}}{\mathrm{d}x_1}$ die totale Ableitung nach x_1, zu unterscheiden von der partiellen Ableitung ∂_1. Damit ist

$$f'(x_1) = -\frac{\partial_1 g(x_1, f(x_1))}{\partial_2 g(x_2, f(x_1))}\,, \tag{5.35}$$

falls $\partial_2 g(x_1, f(x_1)) \neq 0$. Für das Beispiel (5.34) haben wir

$$\partial_1 g(x_1, x_2) = 2x_1\,, \quad \partial_2 g(x_1, x_2) = 2x_2\,.$$

Damit ergibt sich aus (5.35) mit $x_2 = f(x_1)$

$$f'(x_1) = -\frac{x_1}{f(x_1)}\,.$$

Dies ist eine Differentialgleichung erster Ordnung, die wir mit Trennung der Variablen wie in Analysis 1 in Abschn. 17.1 besprochen haben. Aus

$$f(x_1)f'(x_1) = -x_1$$

ergibt sich durch Integration

$$\frac{1}{2}\,(f(x_1))^2 = -\frac{1}{2}x_1^2 + C$$

mit Integrationskonstante C. Durch geeignete Wahl der Konstante, $C = \frac{1}{2}c$, wobei c der zur betrachteten Niveauline gehörige Funktionswert ist, und Wurzelziehen ergibt sich

$$x_2 = f(x_1) = \pm\sqrt{c - x_1^2}\,,$$

wie wir oben zu Fuß ausgerechnet hatten.

Dieser Lösungsweg basiert auf der Idee, in $g(x_1, x_2) = c$ eine Variable als Funktion der anderen zu schreiben, oben $x_2 = f(x_1)$, dies in $g(x_1, x_2) = c$ einzusetzen und diese Gleichung zu differenzieren. Dies ist ein Spezialfall des Satzes 6.9 über implizite Funktionen, den wir in Abschn. 6.2 behandeln werden (insbesondere werden Sätze 6.9 und 6.12 Kriterien liefern, wann dieses Vorgehen prinzipiell funktioniert). Daher nennen wir diesen Zugang den Weg über implizite Funktionen.

Natürlich war der Weg zu Fuß schneller, aber der eben skizzierte Weg über implizite Funktionen hat entscheidende Vorteile. Insbesondere ist das explizites Auflösen zu Fuß nur in seltenen Fällen möglich. Der Weg über implizite Funktionen hingegen liefert die Differentialgleichung (5.35). Hier hatten wir Glück und konnten diese Gleichung explizit lösen. Im Allgemeinen wird das nicht gehen. Dennoch ist der Weg über implizite Funktionen keine Sackgasse, wie der Weg zu Fuß es oft ist. Wir können die Differentialgleichung (5.35) nämlich approximativ lösen, mit Verfahren, die in der numerischen Mathematik behandelt werden.

Inverse und implizite Funktionen 6

6.1 Inverse Funktionen im Mehrdimensionalen

6.1.1 Motivation

Als Erstes fassen wir einige Resultate aus dem Eindimensionalen zusammen (siehe Analysis 1, Satz 12.23): Sei $f: (a, b) \to \mathbb{R}$ stetig differenzierbar. Ist $x \in (a, b)$ mit $f'(x) \neq 0$, so ist die Einschränkung $f: I_\delta \to \mathbb{R}$, $I_\delta = (x - \delta, x + \delta)$, für hinreichend kleines $\delta > 0$ streng monoton und damit, aufgefasst als Abbildung

$$f: I_\delta \to f(I_\delta),$$

bijektiv. Die Bildmenge $f(I_\delta)$ ist ebenfalls ein offenes Intervall im $\mathbb{R}$, und die Umkehrung $f^{-1}: f(I_\delta) \to I_\delta$ ist stetig differenzierbar. Aus der Voraussetzung $f'(x) \neq 0$ folgt also, dass f „lokal invertierbar" und die Inverse ebenfalls stetig differenzierbar ist.

Wir konnten auch einen globalen Satz formulieren (Satz 12.22 in Analysis 1): Ist $f'(x) \neq 0$ für alle $x \in (a, b)$, so ist f invertierbar, und $f^{-1}: f((a, b)) \to (a, b)$ ist ebenfalls stetig differenzierbar.

In diesem Abschnitt werden wir einen analogen Satz für Funktionen $f: \mathbb{R}^n \to \mathbb{R}^n$ herleiten. Der Beweis verläuft ganz anders als im Eindimensionalen: Wir werden eine Fixpunktgleichung herleiten und mit dem Banachschen Fixpunktsatz lösen. Zum einen ist dieses Resultat für sich genommen wichtig, da es die Existenz und Differenzierbarkeit von Umkehrfunktionen im Mehrdimensionalen zeigt. Zum anderen wird dieses Ergebnis in Beweisen von zahlreichen weiteren Resultaten verwendet, beispielsweise im Beweis von Satz 6.9 über implizite Funktionen und in Beweis von Satz 7.2 zur Charakterisierung von Nullstellenmengen als sogenannte Untermannigfaltigkeiten, dem Hauptthema von Kap. 7.

M. Brokate et al., *Analysis 2*,
https://doi.org/10.1007/978-3-662-71141-5_6

Das folgende, auf dem Banachschen Fixpunktsatz basierende Vorgehen liefert außerdem auch für den eindimensionalen Fall neue Einsichten. Wir hatten in Analysis 1 in Satz 10.30 mit abstrakten Argumenten gezeigt, dass streng monoton wachsende, stetige Funktionen $f\colon [a,b] \to \mathbb{R}$ eine Umkehrfunktion besitzen. Aber wie können wir die Umkehrfunktion im konkreten Fall (zumindest näherungsweise) berechnen?

Wir betrachten als Beispiel das Wurzelziehen. Sei y eine nichtnegative reelle Zahl, für die wir $\sqrt{y}$ bestimmen wollen. Dies kann als Invertieren der Abbildung $f\colon [0,\infty) \to [0,\infty), x \mapsto x^2 = y$ aufgefasst werden. Jetzt denken wir an die Behandlung des Banachschen Fixpunktsatzes 2.43 zurück: Dort ist die Grundidee, Gleichungen dadurch zu lösen, dass man eine äquivalente Fixpunktgleichung betrachtet und dafür ein rekursives Verfahren formuliert. Für die hier vorliegende Gleichung $y = x^2$ eignet sich die Rekursion

$$x_{k+1} = x_k + \frac{1}{2}(y - x_k^2)\,;$$

als Fixpunktgleichung geschrieben ist dies

$$Tx = x + \frac{1}{2}(y - x^2)\,.$$

Genau diese Fixpunktgleichung wird nachher im Beweis von Satz 6.3 in (6.5) (dann in vektoriellem Gewand) auftauchen; sie kann nämlich in der Form

$$Tx = x + (f'(1))^{-1}(y - f(x))$$

geschrieben werde. Hier ist 1 der Entwicklungspunkt obiger heuristischer Herleitung. Im Mehrdimensionalen lautet die zugehörige Iterationsvorschrift für geeignetes x_*, zum Beispiel den (geeignet gewählten) Startwert x_0,

$$x_{k+1} = x_k + J_f(x_*)^{-1}(y - f(x_k))\,. \tag{6.1}$$

Dies ist das **vereinfachte Newtonverfahren**. Allgemein liefert das vereinfachte Newtonverfahren eine Näherungslösung für die Gleichung $f(x) = y$ für gegebenes y, sofern der Startwert x_0 nahe genug an der Lösung liegt, also $f(x_0)$ nahe genug an der Lösung $\bar{x}$ liegt, für die $f(\bar{x}) = y$ gilt. (In der Praxis setzt man dabei normalerweise $x_* = x_0$.) Weiter unten skizzieren wir eine Herleitung des Newtonverfahrens.

Man kann sich leicht überzeugen (SÜPER-Übung), dass für $y \in I_\delta$ mit

$$I_\delta := \left[\frac{1}{2}, \frac{3}{2}\right]$$

das oben definierte T eine Selbstabbildung $T\colon I_\delta \to I_\delta$ und eine Kontraktion ist. Das Verfahren funktioniert also für $x, y \in I_\delta$ und liefert eine Approximation von $\sqrt{y}$.

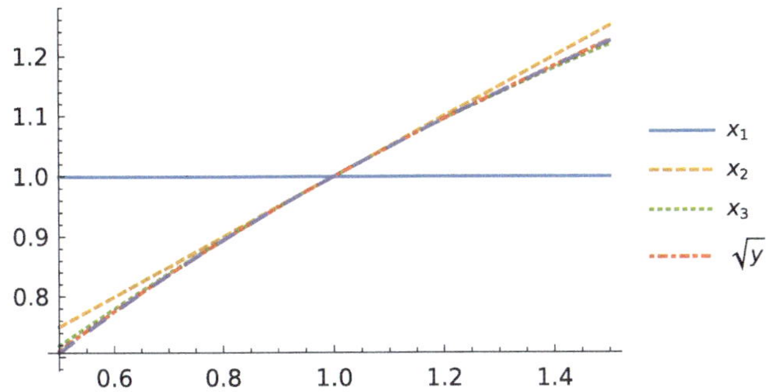

Abb. 6.1 Zum Satz über inverse Funktionen: Wurzelziehen mit dem vereinfachten Newtonverfahren

Das Verfahren (6.1) lässt sich leicht programmieren. Beispielsweise erhält man zur Bestimmung der Wurzelfunktion, also $f(x) = x^2$, mit $x_* := x_0 := 1$ die Vorschrift

$$x_{k+1} = x_k + J_f(x_*)^{-1}(y - f(x_k)) = x_k + \frac{1}{2}(y - x_k^2)\,.$$

und Abb. 6.1 illustriert, dass dieses Verfahren auf I_δ konvergiert. Dort wird das Iterationsverfahren gleich auf alle $y \in I_\delta$ angewendet, indem obige Iterationsvorschrift angewendet wird auf die Funktion $x_0(y) := 1$, und dann

$$x_{k+1}(y) = x_k(y) + J_f(x_*)^{-1}(y - f(x_k(y))) = x_k(y) + \frac{1}{2}(y - (x_k(y))^2)$$

berechnet wird.

In der Praxis wird zur Lösung der Gleichung $f(x) = y$ oft das **Newtonverfahren** verwendet, das durch die Iterationsvorschrift

$$x_{k+1} = x_k + J_f(x_k)^{-1}(y - f(x_k)) \tag{6.2}$$

definiert ist. Im Vergleich zum vereinfachten Newtonverfahren konvergiert das Newtonverfahren unter geeigneten Voraussetzungen schneller; dafür ist die Berechnung aufwändiger, da in jedem Schritt die Jacobimatrix $J_f(x_k)$ berechnet werden muss. In der numerischen Mathematik werden diese Methode und andere Näherungsverfahren ausführlich behandelt. Wir sind dem Newton-Verfahren übrigens schon begegnet: Das Heronverfahren zum Wurzelziehen aus Beispiel 2.46 ist das Newtonverfahren für die Funktion $f(x) = x^2 - b$ (SÜPER-Übung).

Für Interessierte skizzieren wir die Herleitung des Newtonverfahrens für Funktionen $f : \mathbb{R} \to \mathbb{R}$: Die Aufgabe ist, ein $\bar{x} \in \mathbb{R}$ zu finden, so dass $f(\bar{x}) = y$ für gegebenes $y \in \mathbb{R}$ gilt. Wir suchen also eine Nullstelle der Funktion $g(x) := f(x) - y$. Wir beginnen mit einem Schätzwert x_0. Wir berechnen $g(x_0)$ und betrachten, als Approximation an g in der Nähe von x_0, die Tangente t_0 an $(x_0, g(x_0))$, gegeben durch $g(x_0) + g'(x_0)(x - x_0)$. Wenn die Tangente t_0 eine gute Approximation an

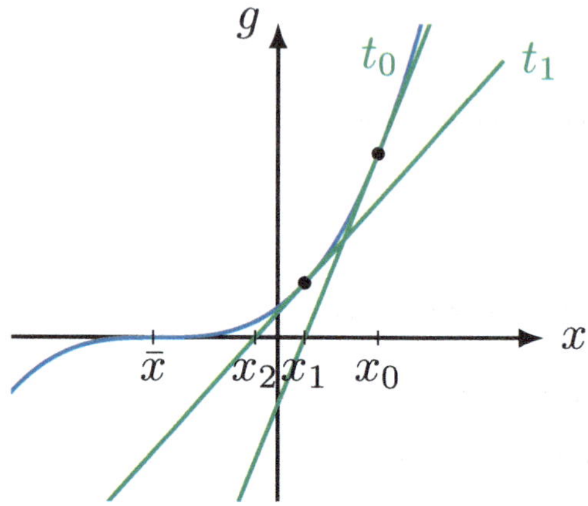

Abb. 6.2 Zum Newtonverfahren. Gezeigt sind der Startpunkt x_0 mit zugehöriger Tangente t_0 sowie der im ersten Iterationsschritt erhaltene Punkt x_1 mit zugehöriger Tangente t_1. Die Nullstelle von t_1 ist x_2, und die gesuchte Nullstelle von g ist $\bar{x}$

die Funktion ist, steht zu hoffen, dass die Nullstelle der Tangente näher an der Nullstelle $\bar{x}$ von g liegt als x_0 dies tut. Also bestimmen wir die Nullstelle der Tangente und nennen diesen Punkt x_1. Siehe Abb. 6.2. Es ergibt sich $x_1 = x_0 - (g'(x_0))^{-1}g(x_0)$. Iterieren wir und verwenden $g(x) = f(x) - y$, so erhalten wir

$$x_{k+1} = x_k + (f'(x_k))^{-1}(y - f(x_k))\,;$$

dies ist die eindimensionale Version des Newtonverfahrens. Das vereinfachte Newtonverfahren ergibt sich dadurch, dass die Inverse der Jacobimatrix nur am Startpunkt ausgewertet wird. Damit ist die Iteration (6.1) natürlich.

Die zentralen Inhalte des folgenden Abschnitts sind:

(i) Ist $f : \Omega \to \mathbb{R}^n$ mit $\Omega \subset \mathbb{R}^n$ stetig differenzierbar, so ist f um Punkte mit invertierbarer Jacobimatrix lokal invertierbar.
(ii) Die Inverse wird mit dem vereinfachten Newtonverfahren iterativ konstruiert, im Sinne des Banachschen Fixpunktsatzes 2.43.

6.1.2 Existenz der Inversen im Mehrdimensionalen

Wir betrachten nun Funktionen $f : \mathbb{R}^n \to \mathbb{R}^n$. Wie angekündigt beweisen wir einen Satz über die lokale Invertierbarkeit von f. Aussagen über *globale* Invertierbarkeit sind schwieriger, oft unmöglich (siehe Beispiel 6.5 unten).

Falls die Inverse f^{-1} auf irgendeinem Teilgebiet existiert und differenzierbar ist, können wir ihre Ableitung sofort aus der Kettenregel berechnen. Aus $f^{-1} \circ f = \mathrm{id}$ folgt

$$(D(f^{-1} \circ f))(x) = (D(\mathrm{id}))(x) = \mathrm{id}\,,$$

und weiter aus der Kettenregel

$$\mathrm{id} = (D(f^{-1} \circ f))(x) = (Df^{-1})(f(x)) \circ (Df)(x)$$

beziehungsweise

$$I = J_{f^{-1}}(f(x)) \cdot J_f(x)\,.$$

Eine differenzierbare Inverse von f kann also höchstens dann existieren, wenn die Ableitung bzw. die Funktionalmatrix von f invertierbar ist. Das Näherungsverfahren aus der Motivation benutzte ja auch die Inverse $(f'(1))^{-1} = \frac{1}{2}$.

Ist f eine lineare Abbildung, also $f(x) = Ax$ mit einer Matrix $A \in \mathbb{R}^{n\times n}$, so ist $J_f(x) = A$ in allen Punkten x, und $f^{-1}\colon \mathbb{R}^n \to \mathbb{R}^n$ existiert genau dann, wenn A invertierbar ist; in diesem Fall ist $f^{-1}(y) = A^{-1}y$, also ist f^{-1} ebenfalls differenzierbar mit $J_{f^{-1}}(y) = A^{-1}$ für alle $y \in \mathbb{R}^n$. Ist A nicht invertierbar, so ist noch nicht einmal die Einschränkung von f auf eine offene Kugel $B(x,\delta)$ invertierbar, egal wie klein δ ist und wo x liegt. Damit ist für lineare Abbildungen im Endlichdimensionalen die Frage der Invertierbarkeit geklärt. In der linearen Algebra wird weiter bewiesen, dass gilt

$$A \text{ invertierbar} \quad \Leftrightarrow \quad \operatorname{rang}(A) = n \quad \Leftrightarrow \quad \det(A) \neq 0\,.$$

Satz 6.1
Die Determinante, aufgefasst als Funktion

$$\det\colon \mathbb{R}^{n\times n} \to \mathbb{R}$$

ist beliebig oft stetig differenzierbar. Die Menge

$$GL(n,\mathbb{R}) := \{A \mid A \in \mathbb{R}^{n\times n},\ A \textit{ invertierbar}\} \tag{6.3}$$

ist eine offene Teilmenge des $\mathbb{R}^{n\times n}$.

Beweis Die Determinante, aufgefasst als Funktion der Matrixelemente, ist ein Polynom; es gilt nämlich, wie in der linearen Algebra gezeigt wird, dass

$$\det(A) = \sum_{\pi} \operatorname{sign}(\pi) \prod_{j=1}^{n} a_{\pi(j),j}\,,$$

wobei die Summe über alle Permutationen π der Indexmenge $\{1,\ldots,n\}$ gebildet wird. Da Polynome beliebig oft stetig differenzierbar sind, gilt dies auch für die Determinante. Die zweite Behauptung folgt aus der Darstellung

$$GL(n,\mathbb{R}) = \{A \mid A \in \mathbb{R}^{n\times n}, \det(A) \neq 0\}\,,$$

d. h. $GL(n,\mathbb{R})$ ist das Urbild der offenen Menge $\mathbb{R}\setminus\{0\}$ unter der stetigen Abbildung det und damit offen nach Satz 2.27. □

Folgerung 6.2
Die Abbildung

$$T: GL(n, \mathbb{R}) \to \mathbb{R}^{n\times n}, \quad T(A) = A^{-1},$$

ist beliebig oft differenzierbar.

Beweis Dies folgt aus Satz 6.1, da sich die Inverse mit einer Formel darstellen lässt, in der nur Determinanten vorkommen, nämlich, wie aus der linearen Algebra bekannt,

$$A^{-1} = \frac{1}{\det A}(\operatorname{adj} A)^T .$$

Hierbei ist adj A, die sogenannte **Adjunkte** von A, diejenige Matrix im $\mathbb{R}^{n\times n}$, deren (j, k)-tes Element gegeben ist durch

$$(-1)^{j+k} \det(\tilde{A}_{jk}) ,$$

wobei $\tilde{A}_{jk}$ diejenige Matrix im $\mathbb{R}^{(n-1),(n-1)}$ ist, die aus A durch Streichen der j-ten Zeile und k-ten Spalte entsteht. Die Elemente von A^{-1} lassen sich also schreiben als rationale Funktionen der Elemente von A. □

Satz 6.1 und Folgerung 6.2 besagen, dass die Abbildungen $A \mapsto \det(A)$ und $A \mapsto A^{-1}$ differenzierbar sind, sie liefern aber keine Formel für die Ableitung. Wir werden später im Abschnitt über Matrixfunktionen in Satz 8.16 die Ableitung von $f(A) = A^{-1}$ berechnen.

Satz 6.3 (Satz über inverse Funktionen)
Sei $\Omega \subset \mathbb{R}^n$ offen, sei $f: \Omega \to \mathbb{R}^n$ stetig differenzierbar und $x_* \in \Omega$ mit $Df(x_*)$ invertierbar. Dann gibt es offene Mengen $U, V \subset \mathbb{R}^n$ mit $x_* \in U \subset \Omega$, so dass gilt:

(i) *$f|_U: U \to V$ ist bijektiv.*
(ii) *$(f|_U)^{-1}: V \to U$ ist stetig differenzierbar in V, und für alle $x \in U$ gilt*

$$Df^{-1}(f(x)) = (Df(x))^{-1}, \quad J_{f^{-1}}(f(x)) = J_f(x)^{-1} . \tag{6.4}$$

Beweis In diesem Beweis steht $\|\cdot\|$ für $\|\cdot\|_\infty$. Wir setzen $y_* = f(x_*)$.

Zu (i): *Vorbereitung: Umschreiben der Gleichung $y = f(x)$ in eine Fixpunktgleichung.* Zur Konstruktion der lokalen Inverse wird der Banachsche Fixpunktsatz 2.43 herangezogen. Zu diesem Zweck definieren wir für jedes $y \in \mathbb{R}^n$ eine Abbildung $T_y: \Omega \to \mathbb{R}^n$ durch

$$T_y(x) = x + J_f(x_*)^{-1}(y - f(x)) ; \tag{6.5}$$

dies ist das vereinfachte Newtonverfahren (6.1) aus der heuristischen Herleitung! Es gilt dann

$$f(x) = y \qquad \Leftrightarrow \qquad x \text{ ist Fixpunkt von } T_y .$$

Es gilt $T_y \in C^1(\Omega)$, und durch Differenzieren von (6.5) finden wir

$$J_{T_y}(x) = I - J_f(x_*)^{-1} J_f(x) \ \text{(unabhängig von } y\text{)}, \quad J_{T_y}(x_*) = 0 .$$

Schritt 1: T_y ist eine Kontraktion: Wir wählen ein $\delta > 0$, so dass gilt

$$\|T_y(x) - T_y(\xi)\| \leq \frac{1}{2}\|x - \xi\| , \qquad \text{für alle } x, \xi \in K(x_*, \delta) \text{ und alle } y \in \mathbb{R}^n. \tag{6.6}$$

(Dass das möglich ist, folgt aus dem Schrankensatz 5.34 und der Stetigkeit der Abbildung $x \mapsto J_{T_y}(x)$, die unabhängig von y ist.)

Schritt 2: T_y ist eine Selbstabbildung: Wir müssen ein vollständige Menge finden, die durch T_y auf sich abgebildet wird. Falls nötig, verkleinern wir dieses $\delta > 0$ weiter, so dass $J_f(x)$ für alle $x \in B(x_*, \delta)$ invertierbar ist, was wegen (6.3) aus Satz 6.1 möglich ist (dies brauchen wir für Teil (ii)).

Aus (6.5) folgt

$$T_y(x) - T_{\hat{y}}(x) = J_f(x_*)^{-1}(y - \hat{y}) .$$

Für $x, \xi \in K_\delta := K(x_*, \delta)$ und $y, \hat{y} \in \mathbb{R}^n$ gilt also

$$\begin{aligned} \|T_y(x) - T_{\hat{y}}(\xi)\| &= \|T_{\hat{y}}(x) - T_{\hat{y}}(\xi) + J_f(x_*)^{-1}(y - \hat{y})\| \\ &\leq \|T_{\hat{y}}(x) - T_{\hat{y}}(\xi)\| + C\|y - \hat{y}\| \leq \frac{1}{2}\|x - \xi\| + C\|y - \hat{y}\| , \end{aligned} \tag{6.7}$$

wobei die zweite Ungleichung (6.6) verwendet und C nur von $J_f(x_*)^{-1}$ abhängt.

Mit $\xi = x_*$ und $\hat{y} = y_*$ gilt $T_{\hat{y}}(\xi) = T_{y_*}(x_*) = x_*$ und somit ergibt (6.7):

$$\|T_y(x) - x_*\| = \|T_y(x) - T_{y_*}(x_*)\| \leq \tfrac{1}{2}\|x - x_*\| + C\|y - y_*\| ; \tag{6.8}$$

da $x \in K_\delta$ ist, gilt, sofern $\|y - y_*\| \leq \frac{\delta}{2C}$ ist, dass T_y eine Selbstabbildung von K_δ in sich ist.

Aus Schritt 1 und Schritt 2, nämlich aus (6.6) und (6.8), folgt:

$$T_y : K_\delta \to K_\delta \text{ ist eine Kontraktion, falls } \|y - y_*\| \leq \frac{\delta}{2C} .$$

Der Banachsche Fixpunktsatz 2.43 liefert nun, dass alle solchen T_y einen eindeutigen Fixpunkt $x \in K_\delta$ haben. Es ergibt sich:

$$\text{Zu jedem } y \in K(y_*, \tfrac{\delta}{2C}) \text{ gibt es genau ein } x \in K_\delta \text{ mit } f(x) = y . \tag{6.9}$$

Schritt 3: Definition von U und V. Für das eben betrachtete x aus (6.9) gilt wegen $x = T_y(x)$ und (6.8), dass $\|x - x_*\| = \|T_y(x) - x_*\| \le \frac{1}{2}\|x - x_*\| + C\|y - y_*\|$, also

$$\|x - x_*\| \le 2C\|y - y_*\| . \tag{6.10}$$

Wir definieren

$$V = B(y_*, \tfrac{\delta}{2C}) , \quad U = f^{-1}(V) \cap B(x_*, \delta) .$$

Es ist $x_* \in U$, $U \subset \mathbb{R}^n$ offen, $f(U) \subset V$, und wegen (6.9) ist $f|_U$ injektiv. Es gilt weiterhin $V \subset f(U)$, da es wegen (6.9) zu jedem $y \in V = B(y_*, \frac{\delta}{2C})$ ein $x \in K_\delta$ mit $f(x) = y$ gibt und aus (6.10) dann $x \in B(x_*, \delta)$ folgt. Also ist (i) bewiesen.

Zu (ii): Wir schreiben f^{-1} statt $(f|_U)^{-1}$. Sei $x \in U$ beliebig. Dann gilt $y = f(x) \in V$ und wegen $U \subset B(x_*, \delta)$ existiert $J_f(x)^{-1}$. Wir beweisen (ii), indem wir zeigen: Für jede Folge $(y_k)_{k\in\mathbb{N}}$ in $V = B(y_*, \frac{\delta}{2C})$ mit $y_k \to y$ und $y_k \neq y$ für alle k gilt

$$\lim_{k\to\infty} \frac{\|f^{-1}(y_k) - f^{-1}(y) - J_f(x)^{-1}(y_k - y)\|}{\|y_k - y\|} = 0 . \tag{6.11}$$

Sei (y_k) eine solche Folge und sei $x_k = f^{-1}(y_k)$, dann ist $x_k \in U$ für alle k, da $f|_U : U \to V$ nach (i) bijektiv ist. Aus (6.7) folgt

$$\|x - x_k\| = \|T_y(x) - T_{y_k}(x_k)\| \le \tfrac{1}{2}\|x - x_k\| + C\|y - y_k\|,$$

also $\|x_k - x\| \le 2C\|y_k - y\|$ für alle k. Weiter haben wir

$$\begin{aligned}
&\frac{\|f^{-1}(y_k) - f^{-1}(y) - J_f(x)^{-1}(y_k - y)\|}{\|y_k - y\|} \\
&= \frac{\|x_k - x - J_f(x)^{-1}(f(x_k) - f(x))\|}{\|x_k - x\|} \cdot \frac{\|x_k - x\|}{\|y_k - y\|} \\
&\le \frac{C_x\|f(x_k) - f(x) - J_f(x)(x_k - x)\|}{\|x_k - x\|} \cdot 2C ,
\end{aligned}$$

wobei $C_x > 0$ nur von $J_f(x)^{-1}$ abhängt. Die rechte Seite dieser Ungleichung konvergiert gegen 0 für $k \to \infty$, da f differenzierbar in x ist und $\|x_k - x\| \le 2C\|y_k - y\| \to 0$. Damit ist (6.11) bewiesen und f^{-1} differenzierbar auf V mit $J_{f^{-1}}(y) = J_f(f^{-1}(y))^{-1}$, was (6.4) beweist. Aus der Differenzierbarkeit folgt die Stetigkeit von $f^{-1}\colon V \to U$. Die Stetigkeit von $y \in V \mapsto J_{f^{-1}}(y) = J_f(f^{-1}(y))^{-1} \in \mathbb{R}^{n\times n}$ folgt, da f^{-1}, J_f und $A \in GL(n, \mathbb{R}) \mapsto A^{-1} \in \mathbb{R}^{n\times n}$ stetig sind, letztere nach Folgerung 6.2. □

Eine Folgerung des Satzes über inverse Funktionen ist der sogenannte Offenheitssatz.

Satz 6.4 (Offenheitssatz)
Sei $f\colon U \to \mathbb{R}^n$ stetig differenzierbar auf einer offenen Menge $U \subset \mathbb{R}^n$, so dass für sämtliche $x \in U$ das Differential $Df(x)$ invertierbar ist. Dann ist die Bildmenge $f(U)$ offen.

Beweis Jeder Punkt $x \in U$ besitzt nach Satz 6.3 eine Umgebung U_x, deren Bild $f(U_x)$ offen ist. Damit ist auch $f(U) = \cup_{x \in U} f(U_x)$ offen. □

Die Invertierbarkeit aller Differentiale ist wesentlich, schon im Eindimensionalen: Die Abbildung $f\colon \mathbb{R} \to \mathbb{R}$, $x \mapsto x^2$ bildet beispielsweise das offene Intervall $(-1, 1)$ auf das halboffene Intervall $[0, 1)$ ab. Das Bild ist also *nicht* offen (die Abbildung „biegt bei $x = 0$ hoch", und dies ist der Punkt mit nichtinvertierbarem Differential, $f'(0) = 0$).

Beispiel 6.5
Wir kommen auf die Polarkoordinaten aus Abschn. 2.7 zurück,

$$f\colon (0, \infty) \times \mathbb{R} \to \mathbb{R}^2 \qquad f(r, \varphi) = (r\cos(\varphi), r\sin(\varphi))\,.$$

Es ist

$$\det(J_f(r, \varphi)) = r\,,$$

also ist f lokal invertierbar in allen Punkten (r, φ) mit $r \neq 0$. Es gilt darüber hinaus, dass $f\colon U \to V$ bijektiv ist für

$$U = \{(r, \varphi) \mid r > 0,\ -\pi < \varphi < \pi\}, \quad V = \mathbb{R}^2 \setminus ((-\infty, 0] \times \{0\})\,.$$

Global sind die Polarkoordinaten als Abbildung $(0, \infty) \times \mathbb{R} \to \mathbb{R}^2$ wegen der Periodizität $f(r, \varphi) = f(r, \varphi + 2\pi)$ nicht invertierbar, die Invertierbarkeit gilt also *nur* lokal.

Koordinatentransformationen sind ein prototypisches Beispiel der folgenden wichtigen Klasse von Abbildungen.

Definition 6.6 (Diffeomorphismus)
Eine bijektive stetig differenzierbare Abbildung $f\colon U \to V$ zwischen offenen Mengen U und V heißt ***Diffeomorphismus****, falls die Umkehrabbildung $f^{-1}\colon V \to U$ existiert und ebenfalls stetig differenzierbar ist.*

Mit dem Begriff des Diffeomorphismus lässt sich der Satz 6.3 über inverse Funktionen bündig so formulieren: Sei $x_* \in \Omega$, Ω offen im $\mathbb{R}^n$. Ist $f\colon \Omega \to \mathbb{R}^n$ stetig differenzierbar und $Df(x_*)$ invertierbar, dann gibt es offene Mengen $U, V \subset \mathbb{R}^n$ mit $x_* \in U \subset \Omega$ und $f(x_*) \in V$, so dass $f|_U\colon U \to V$ ein Diffeomorphismus ist.

Insbesondere gilt für einen Diffeomorphismus f nach (6.4), dass das Differential (bzw. die Jacobimatrix) der Inversen f^{-1} das Inverse des Differentials (bzw. der Jacobimatrix) von f ist,

$$Df^{-1}(f(x)) = (Df(x))^{-1} \quad \text{und} \quad J_{f^{-1}}(f(x)) = J_f(x)^{-1}\,. \tag{6.12}$$

Der Satz über inverse Funktionen liefert ein Kriterium, wann ein Diffeomorphismus vorliegt. Diese Kriterium ist „global“ in dem Sinne, dass der Definitionsbereich U keine „kleine“ Menge sein muss.

Satz 6.7 (Diffeomorphismussatz)
Sei $f : U \to V$ eine injektive und stetig differenzierbare Abbildung auf einer offenen Menge $U \subset \mathbb{R}^n$, so dass für sämtliche $x \in U$ das Differential $Df(x)$ invertierbar ist. Dann ist $f : U \to f(U)$ ein Diffeomorphismus.

Beweis Die Umkehrabbildung $f^{-1} : f(U) \to U$ ist stetig differenzierbar nach dem Satz 6.3 über inverse Funktionen, da dies lokal in jedem Punkt gilt. Damit ist $f : U \to f(U)$ ein Diffeomorphismus. □

Als Ausblick: Man nennt eine Abbildung $f : U \to V$ für $k \in \mathbb{N}_{>0} \cup \{\infty\}$ einen **C^k-Diffeomorphismus,** wenn f ein Diffeomorphismus ist mit $f \in C^k(U, V)$ und $f^{-1} \in C^k(V, U)$. Für $k = 1$ ist dies schlicht ein Diffeomorphismus, für $k \geq 2$ ergibt sich ein neuer Begriff.

Lemma 6.8
Ist $f : U \to V$ ein Diffeomorphismus und gilt $f \in C^k(U, V)$ für $k \in \mathbb{N}_{>0} \cup \{\infty\}$, so ist f ein C^k-Diffeomorphismus.

Beweis Zu zeigen ist nur, dass $f^{-1} \in C^k(V, U)$ gilt. Wir schreiben die Identität (6.12) für einen Diffeomorphismus um als

$$Df^{-1} = (Df)^{-1} \circ f^{-1} .$$

Ist nun $f^{-1} \in C^l$ mit $l \in \{1, \ldots, k-1\}$, so ist $Df^{-1} \in C^l$, da nach der Kettenregel die Komposition zweier C^l-Funktionen wieder C^l ist und nach Folgerung 6.2 die Inversenabbildung $(Df)^{-1}$ sogar C^∞ ist. Damit ist $f^{-1} \in C^{l+1}$. Mit einem Induktionsargument ergibt sich $f^{-1} \in C^k$. □

6.2 Implizite Funktionen

Eine der Kernaufgaben der Mathematik ist das Auflösen von Gleichungen. In der linearen Algebra wird die Lösbarkeit linearer Systeme $Ax = b$ untersucht und Lösungsverfahren dafür vorgestellt. Im vorangegangenen Abschn. 6.1 haben wir die Lösbarkeit (typischerweise nichtlinearer) Gleichungen $f(x) = y$ nach x behandelt.

Die Fragestellung dieses Abschnitts ist anders gelagert. Wir betrachten eine Funktion von mehreren Variablen x und y, also $g = g(x, y)$, und fragen uns, ob die Gleichung

$$g(x, y) = c$$

„nach y aufgelöst werden kann“, also lokal in der Form $y = f(x)$ beschrieben werden kann. Im Kern geht es also darum, eine Funktion mehrerer Variablen lokal durch eine Funktion einer Variablen zu beschreiben. Wir hatten dies schon für die Spur einer ebenen Kurve $\gamma(t) = (x(t), y(t))$ besprochen, siehe den Satz 4.13 über implizite Funktionen für ebene Kurven. Den Fall von Niveaulinien haben wir ebenfalls schon anhand eines Beispiels besprochen. Zum Verständnis dieses Kapitels ist es sehr hilfreich, Abschn. 5.8 zu wiederholen. Insbesondere ist beispielsweise für den Einheitskreis

$$g(x, y) = x^2 + y^2 - 1 = 0 \tag{6.13}$$

für x mit $|x| < 1$ ein Auflösen möglich,

$$f(x) = +\sqrt{1 - x^2} \quad \text{und} \quad f(x) = -\sqrt{1 - x^2}$$

sind Lösungen von (6.13). Also ist die Lösung hier

- „global" mehrdeutig, aber „lokal" (d. h. in einer hinreichend kleinen Umgebung eines Punktes (x, y) mit $g(x, y) = 0$) eindeutig für $|x| < 1$,
- lokal mehrdeutig für $|x| = 1$ und dort ist f nicht differenzierbar,
- nicht definiert für $|x| > 1$.

Die allgemeine Situation im Endlichdimensionalen sieht so aus: Wir haben m Gleichungen mit $n + m$ Unbekannten, von denen wir mit Hilfe der Gleichungen m Unbekannte eliminieren wollen, indem wir sie als Funktionen der anderen n Unbekannten ausdrücken.

$$\begin{aligned} g_1(x_1, \dots, x_n, y_1, \dots, y_m) &= 0\,, \\ g_2(x_1, \dots, x_n, y_1, \dots, y_m) &= 0\,, \\ &\vdots \\ g_m(x_1, \dots, x_n, y_1, \dots, y_m) &= 0\,. \end{aligned} \tag{6.14}$$

Gesucht sind Funktionen f_j, die wir uns denken als $y_j = f_j(x_1, \dots, x_n)$, für $1 \leq j \leq m$, mit

$$g_j(x_1, \dots, x_n, f_1(x_1, \dots, x_n), \dots, f_m(x_1, \dots, x_n)) = 0\,, \quad 1 \leq j \leq m\,.$$

Erheblich übersichtlicher ist die vektorielle Schreibweise: Gegeben ist

$$g\colon \mathbb{R}^n \times \mathbb{R}^m \to \mathbb{R}^m\,,$$

und das Ziel ist es,

$$f\colon \mathbb{R}^n \to \mathbb{R}^m \qquad \text{zu finden, so dass} \qquad g(x, f(x)) = 0$$

für alle (oder doch möglichst viele) $x \in \mathbb{R}^n$. In einem solchen Fall empfiehlt es sich, auch für die Jacobimatrix eine Block-Notation einzuführen. Ist $g\colon \mathbb{R}^n \times \mathbb{R}^m \to \mathbb{R}^k$

differenzierbar, und schreiben wir $(x, y) = (x_1, \ldots, x_n, y_1, \ldots, y_m)$ für die Elemente in $\mathbb{R}^n \times \mathbb{R}^m$, so definieren wir

$$\partial_x g(x, y) = \begin{pmatrix} \partial_{x_1} g_1(x, y) & \cdots & \partial_{x_n} g_1(x, y) \\ \vdots & & \vdots \\ \partial_{x_1} g_k(x, y) & \cdots & \partial_{x_n} g_k(x, y) \end{pmatrix} \in \mathbb{R}^{k \times n}, \tag{6.15}$$

und

$$\partial_y g(x, y) = \begin{pmatrix} \partial_{y_1} g_1(x, y) & \cdots & \partial_{y_m} g_1(x, y) \\ \vdots & & \vdots \\ \partial_{y_1} g_k(x, y) & \cdots & \partial_{y_m} g_k(x, y) \end{pmatrix} \in \mathbb{R}^{k \times m}. \tag{6.16}$$

Die gesamte Jacobimatrix setzt sich aus zwei nebeneinanderstehenden Blöcken zusammen,

$$J_g(x, y) = \big(\partial_x g(x, y) \; \partial_y g(x, y)\big) \in \mathbb{R}^{(k, n+m)}.$$

Wie schon beim Satz über inverse Funktionen geht es darum, ob wir *lokal* auflösen können, das heißt in der Nähe einer gegebenen Lösung des Gleichungssystems, also eines Punktes (x_*, y_*) mit $g(x_*, y_*) = 0$.

Als Orientierung betrachten wir den Fall linearer Gleichungen. Dann wird (6.14) zu

$$\begin{aligned} a_{11}x_1 + \ldots + a_{1n}x_n + b_{11}y_1 + \ldots + b_{1m}y_m &= c_1, \\ a_{21}x_1 + \ldots + a_{2n}x_n + b_{21}y_1 + \ldots + b_{2m}y_m &= c_2, \\ &\vdots \\ a_{m1}x_1 + \ldots + a_{mn}x_n + b_{m1}y_1 + \ldots + b_{mm}y_m &= c_m \end{aligned} \tag{6.17}$$

mit m Unbekannten $y_1, \ldots, y_m$. Wir stellen uns $x_1, \ldots, x_n$ als gegeben, aber variabel vor; a_{jk}, b_{jl} und c_j sind konstant. (Z.B. können die Variablen $x_1, \ldots, x_n$ durch ein externes bewegliches System gegeben sein, wie in Abschn. 6.2.1 als durch Satelliten gegebene Größen.) Gesucht sind Gleichungen

$$\begin{aligned} y_1 &= f_1(x_1, \ldots, x_n) = f_{11}x_1 + \ldots + f_{1n}x_n + d_1, \\ y_2 &= f_2(x_1, \ldots, x_n) = f_{21}x_1 + \ldots + f_{2n}x_n + d_2, \\ &\vdots \\ y_m &= f_m(x_1, \ldots, x_n) = f_{m1}x_1 + \ldots + f_{mn}x_n + d_m. \end{aligned}$$

Diese Funktionen $f_1, \ldots, f_m \colon \mathbb{R}^n \to \mathbb{R}$ sind die durch das System (6.17) **implizit definierten Funktionen.**

In Matrizenschreibweise lautet (6.17)

$$g\colon \mathbb{R}^m \times \mathbb{R}^n \to \mathbb{R}^m\,, \quad g(x, y) = Ax + By$$

und das Gleichungssystem

$$g(x, y) = c \quad \Leftrightarrow \quad Ax + By = c$$

hat offenbar genau dann eine Lösung, wenn B invertierbar ist. Die Lösung ist dann

$$y = f(x) = B^{-1}(c - Ax) = B^{-1}c - B^{-1}Ax\,. \tag{6.18}$$

Man beachte, dass $A = \partial_x g(x, y)$ aus (6.15) und $B = \partial_y g(x, y)$ aus (6.16), also enthält die Lösungsformel den Ausdruck $B^{-1}A = \partial_y g(x, f(x))^{-1} \partial_x g(x, f(x))$. Diesen Term sehen wir gleich in der Formel (6.19) für die Jacobimatrix des nichtlinearen Falls wieder.

Als weiteres Beispiel eines vektoriellen Problems in der Formulierung des gleich folgenden Satzes über implizite Funktionen betrachten wir noch einmal die Niveaumengen aus Abb. 5.3, für die Funktion $(x_1, x_2, x_3) \mapsto x_1^2 + x_2^4 + \sin(x_3)$. Die dort gezeichneten Niveaumengen $N_c(g)$ sind zweidimensional. Also können wir hoffen, sie in der Form $N_c(g) = \{g(x, y) = c\}$ schreiben zu können mit einer *zweidimensionalen* Variablen $x \in \mathbb{R}^2$ und y „implizit" festgelegt durch $y = f(x)$ mit einer geeigneten Funktion f. Hierzu müssen wir festlegen, welche der ursprünglichen Variablen x_1, x_2, x_3 die Rolle der Variablen y in der Notation dieses Kapitels übernehmen soll. Welche Optionen dabei bestehen, sagt der folgende Satze über implizite Funktionen. Hier betrachten wir nur Nullstellenmengen, also $N_0(g)$; dies ist aber keine Einschränkung, da der allgemeine Fall durch Verschiebung darauf zurückgeführt werden kann; wir führen dies nachher vor.

Satz 6.9 (Implizite Funktionen)
Sei $\Omega \subset \mathbb{R}^n \times \mathbb{R}^m$ offen, sei $g\colon \Omega \to \mathbb{R}^m$ stetig differenzierbar, und $(x_*, y_*) \in \Omega$ mit $g(x_*, y_*) = 0$. Ist $\partial_y g(x_*, y_*)$ invertierbar, so gibt es ein offenes $X \subset \mathbb{R}^n$ mit $x_* \in X$ und eine stetig differenzierbare Funktion $f\colon X \to \mathbb{R}^m$ mit $y_* = f(x_*)$ und

$$g(x, f(x)) = 0\,, \quad (x, f(x)) \in \Omega\,, \quad \textit{für alle } x \in X\,,$$

und es gilt

$$J_f(x) = -\partial_y g(x, f(x))^{-1} \partial_x g(x, f(x)) \tag{6.19}$$

für alle $x \in X$.

Auf die Analogie von (6.19) zum Ausdruck $B^{-1}A$ für den linearen Fall haben wir schon hingewiesen. Man beachte jedoch, dass dieser Ausdruck im Satz über implizite Funktionen das Differential $J_f(x)$ beschreibt, nicht die Funktion f! Bei linearen Abbildungen beschreibt diese Formel zugleich f selbst, siehe (6.18), denn für lineare Abbildungen ist das Differential die Funktion selbst (siehe Beispiel 5.22).

Im nichtlinearen Fall kann f in der Regel nicht explizit aus (6.19) gewonnen werden. Schon beim Spezialfall des Satzes 4.13 für implizite Funktionen für Kurven hatten wir nur die Ableitung der gesuchten impliziten Funktion erhalten. Im Fall der Kreislinie konnten wir durch Integration die implizite Funktion f herleiten, bei der Zykloide (4.12) nicht.

Für den folgenden Beweis hilft es, sich den eindimensionalen Spezialfall aus Abschn. 5.8 vor Augen zu halten, mit seinem elementaren Beweis. Wir hatten damals aber angenommen, dass f existiert, und dies nachzuweisen ist der Hauptteil des folgenden Beweises.

Beweis Schritt 1: Existenz von f: Die Beweisidee ist, den Satz 6.3 über inverse Funktionen zu verwenden. Das erscheint kühn, denn „die Dimensionen passen nicht": Definitions- und Wertebereich von g haben verschiedene Dimensionen, so dass an Invertieren von g nicht zu denken ist. Wir behelfen uns aber mit einem Trick und betten g in eine Funktion F mit „passender" Dimension ein. Es ist naheliegend, dass g eine Komponente von F sein wird. Wir definieren

$$F : \Omega \to \mathbb{R}^n \times \mathbb{R}^m , \quad F(x, y) = \begin{pmatrix} x \\ g(x, y) \end{pmatrix} .$$

Es gilt dann

$$F(x, y) = \begin{pmatrix} x \\ 0 \end{pmatrix} \quad \Leftrightarrow \quad g(x, y) = 0 .$$

Also ist die zweite Komponente von F genau dann Null, wenn $g(x, y) = 0$ ist.

Ist also $F^{-1} : V \to U$ eine lokale Umkehrung von $F : U \to V$, wobei $(x_*, y_*) \in U$ und $(x_*, 0) \in V$, dann gilt für $\binom{\tilde{x}}{y} := F^{-1}(x, 0)$, dass $g(x, y) = 0$ und $\tilde{x} = x$ ist. Abb. 6.3 illustriert den Sachverhalt. Es ist eine SÜPER-Übung, die im folgenden Beweis auftretenden Mengen und Punkte in Abb. 6.3 zu ergänzen. Sie können am Ende mit der kompletten Zeichnung in Abb. 6.4 vergleichen.

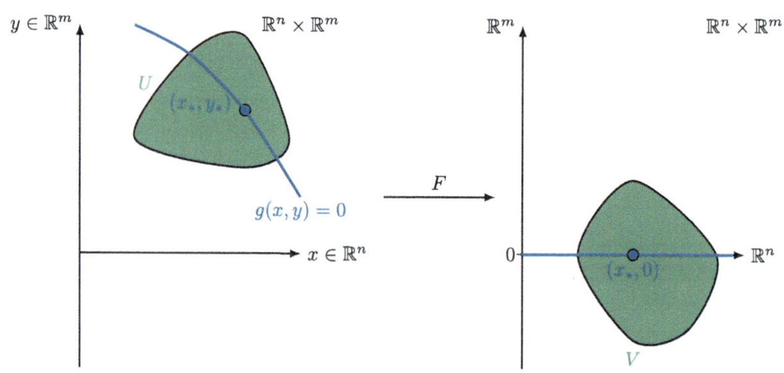

Abb. 6.3 Zum Satz über implizite Funktionen: Die Nullstellenmenge $\{g(x, y) = 0\}$ wird durch die Abbildung F auf $\mathbb{R}^n \times \{0\}$ abgebildet

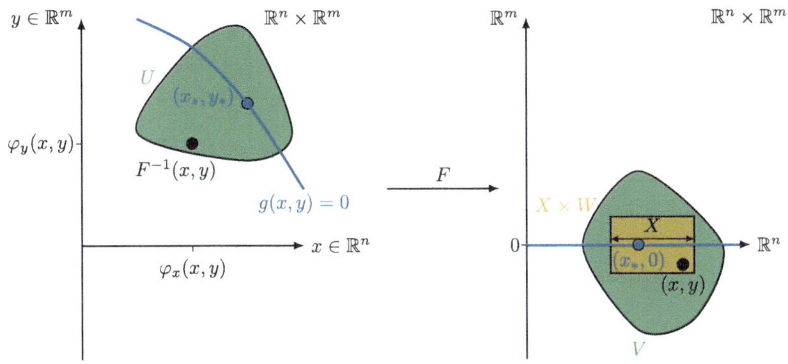

Abb. 6.4 Zur Notation im Beweis des Satzes über implizite Funktionen

Wir zeigen daher, dass F in (x_*, y_*) die Voraussetzungen des Satzes 6.3 über inverse Funktionen erfüllt. Dazu genügt es zu zeigen, dass die Funktionalmatrix

$$J_F(x, y) = \begin{pmatrix} I_n & 0 \\ \partial_x g(x, y) & \partial_y g(x, y) \end{pmatrix}$$

für $(x, y) = (x_*, y_*)$ invertierbar ist. Die Matrix

$$\begin{pmatrix} I_n & 0 \\ B(x, y) & (\partial_y g(x, y))^{-1} \end{pmatrix} \quad \text{mit} \quad B(x, y) = -(\partial_y g(x, y))^{-1} \partial_x g(x, y)$$

ist in der Tat für $(x, y) = (x_*, y_*)$ die Inverse von $J_F(x, y)$. Aus Satz 6.3 folgt nun: Es gibt offene Mengen $U, V \subset \mathbb{R}^n \times \mathbb{R}^m$ mit $(x_*, y_*) \in U \subset \Omega$, so dass $F : U \to V$ bijektiv und $F^{-1} : V \to U$ stetig differenzierbar ist. Wir zerlegen F^{-1} in zwei Blöcke,

$$F^{-1}(x, y) = \begin{pmatrix} \varphi_x(x, y) \\ \varphi_y(x, y) \end{pmatrix},$$

mit $\varphi_x : V \to \mathbb{R}^n$, $\varphi_y : V \to \mathbb{R}^m$. Für $(x, y) \in V$ gilt dann (wie bereits oben motiviert)

$$\begin{pmatrix} x \\ y \end{pmatrix} = F(F^{-1}(x, y)) = F(\varphi_x(x, y), \varphi_y(x, y)) = \begin{pmatrix} \varphi_x(x, y) \\ g(\varphi_x(x, y), \varphi_y(x, y)) \end{pmatrix},$$

also sehen wir durch Komponentenvergleich

$$x = \varphi_x(x, y), \quad y = g(x, \varphi_y(x, y)). \tag{6.20}$$

Wir wählen nun offene Mengen $X \subset \mathbb{R}^n$, $W \subset \mathbb{R}^m$ mit

$$F(x_*, y_*) = \begin{pmatrix} x_* \\ 0 \end{pmatrix} \in X \times W \subset V,$$

und definieren $f: X \to \mathbb{R}^m$ durch

$$f(x) = \varphi_y(x, 0) .$$

Außerdem verlangen wir, dass $\partial_y g(x, f(x))$ invertierbar ist für alle $x \in X$ (das können wir in der Nähe von x_* immer durch Verkleinern von X erreichen). Es gilt dann wegen (6.20)

$$g(x, f(x)) = g(x, \varphi_y(x, 0)) = 0 , \quad \text{für alle } x \in X,$$

und

$$\begin{pmatrix} x_* \\ y_* \end{pmatrix} = F^{-1}(x_*, 0) = \begin{pmatrix} x_* \\ \varphi_y(x_*, 0) \end{pmatrix} = \begin{pmatrix} x_* \\ f(x_*) \end{pmatrix},$$

also

$$y_* = f(x_*) .$$

Da F^{-1} stetig differenzierbar ist, ist auch f stetig differenzierbar.

Schritt 2: Formel für J_f: Jetzt können wir argumentieren wie im eindimensionalen Fall. Die Formel (6.19) für J_f folgt aus der Kettenregel, angewendet auf

$$x \mapsto \begin{pmatrix} x \\ f(x) \end{pmatrix} \mapsto g(x, f(x)) = 0 ,$$

da wir durch Differenzieren erhalten

$$\begin{aligned} 0 &= \left(\partial_x g(x, f(x)) \; \partial_y g(x, f(x))\right) \begin{pmatrix} I_n \\ J_f(x) \end{pmatrix} \\ &= \partial_x g(x, f(x)) + \partial_y g(x, f(x)) J_f(x) . \end{aligned}$$

□

Man kann den Beweis etwas verfeinern, um auch lokale Eindeutigkeit der impliziten Funktion f zu bekommen. Wir formulieren dieses weiter unten als Satz 6.12, betrachten aber erst einmal Beispiele.

Beispiel 6.10

Die einfachste Situation ist die, die wir am Anfang dieses Kapitels betrachtet haben, nämlich eine Gleichung mit zwei Unbekannten, also $m = 1$, $n + m = 2$ und damit $n = 1$. Dieser Fall liegt vor, wenn wir die Niveaulinien $g(x, y) = c$ einer stetig differenzierbaren Funktion $g: \Omega \to \mathbb{R}$, $\Omega \subset \mathbb{R}^2$ betrachten. Es genügt, den Fall $c = 0$ zu betrachten: Wir können von g zu $\tilde{g}(x, y) = g(x, y) - c$ übergehen, es ist $J_{\tilde{g}} = J_g$. Wir sehen uns daher im Folgenden ohne Einschränkung nur den Fall $c = 0$ an.

Sei $(x_*, y_*) \in \Omega$, $g(x_*, y_*) = 0$, also $(x_*, y_*) \in N_0(g)$. Die Frage ist: Wie sieht $N_0(g)$ in der Nähe von (x_*, y_*) aus? Wir betrachten zunächst den regulären Fall

$$\operatorname{grad} g(x_*, y_*) \neq 0 . \tag{6.21}$$

In diesem Fall ist mindestens eine der beiden partiellen Ableitungen nicht Null. Ist $\partial_y g(x_*, y_*) \neq 0$, so gibt es nach Satz 6.9 ein offenes Intervall $I = (x_* - \delta, x_* + \delta)$ und ein $f \in C^1(I)$ mit $f(x_*) = y_*$ und $g(x, f(x)) = 0$, d. h. die Gleichung lässt sich in der Nähe von (x_*, y_*) nach y auflösen. Ist $\partial_x g(x_*, y_*) \neq 0$, so gibt es nach Satz 6.9 ein offenes Intervall $J = (y_* - \delta, y_* + \delta)$ und ein $h \in C^1(J)$ mit $h(y_*) = x_*$ und $g(h(y), y) = 0$, d. h. die Gleichung lässt sich in der Nähe von (x_*, y_*) nach x auflösen. Das ist der Fall in Beispiel (6.13), in dem

$$\partial_x g(x, y) = 2x \neq 0\,, \quad \text{falls } x \neq 0,$$
$$\partial_y g(x, y) = 2y \neq 0\,, \quad \text{falls } y \neq 0.$$

Man kann außerdem zeigen, dass es im regulären Fall (6.21) in einer hinreichend kleinen Kugel um (x_*, y_*) keine anderen Punkte von $N_0(g)$ geben kann (siehe die Verfeinerung von Satz 6.9 in Satz 6.12 unten).

Der singuläre Fall ist charakterisiert durch

$$\operatorname{grad} g(x_*, y_*) = 0\,.$$

Hier kann allerlei passieren.

(i) Sei

$$g(x, y) = x^2 - y^3 = 0\,,$$

dann ist

$$\operatorname{grad} g(x, y) = \begin{pmatrix} 2x \\ -3y^2 \end{pmatrix}, \quad \operatorname{grad} g(0, 0) = 0\,.$$

Wir können die Gleichung nach y auflösen,

$$y = f(x) = \sqrt[3]{x^2}\,,$$

aber f ist nicht differenzierbar in 0, und $N_0(g)$ hat eine Spitze in 0.

(ii) Für

$$g(x, y) = x^2 - y^2 = 0\,,$$

gilt

$$\operatorname{grad} g(x, y) = \begin{pmatrix} 2x \\ -2y \end{pmatrix}, \quad \operatorname{grad} g(0, 0) = 0\,,$$

und $N_0(g)$ besteht aus den beiden Winkelhalbierenden (die sich im Nullpunkt schneiden).

(iii) Eine kompliziertere Situation liegt vor bei

$$g(x,y) = r^6 \sin\left(\frac{1}{r^2}\right), \quad r = \sqrt{x^2+y^2}, \quad g(0,0) = 0.$$

Hier ist ebenfalls grad $g(0,0) = 0$, und $N_0(g)$ besteht aus unendlich vielen Kreisen um 0 mit den Radien r, wobei

$$\frac{1}{r^2} = \pi n, \quad n \in \mathbb{N}_{>0},$$

sowie den Nullpunkt selbst.

Als Ausblick zitieren wir einen Satz von Hassler Whitney (1907–1989) [2]:

> Zu jeder abgeschlossenen Menge $A \subset \mathbb{R}^n$ gibt es eine C^∞-Funktion $g\colon \mathbb{R}^n \to \mathbb{R}$, so dass A die Nullstellenmenge von g ist, $A = N_0(g)$.

Dieser Satz ist (in unseren Augen) zunächst erstaunlich, denn abgeschlossene Mengen können ja eine sehr komplizierte Gestalt haben. Der Satz basiert auf dem Lemma von Urysohn, benannt nach Pavel Samuilovich Urysohn (1898–1924), das in Topologielehrbüchern zu finden ist.

Beispiel 6.11
Als nächstes betrachten wir ein Beispiel mit zwei Gleichungen und drei Unbekannten,

$$\begin{aligned} x^2+y^2+z^2-6\sqrt{x^2+y^2} &= -8 \\ x^2+y^2+z^2-6x-2y &= -8. \end{aligned} \tag{6.22}$$

Es ist $m = 2$, $n + m = 3$ und $n = 1$. Es gibt drei Möglichkeiten der Auflösung dieser Gleichungen: Nach (y, z) (abhängig von x), nach (x, z) (abhängig von y) oder nach (x, y) (abhängig von z). Die zugehörige Funktionalmatrix ist gegeben durch

$$J_g(x,y,z) = \begin{pmatrix} 2x - \frac{6x}{\sqrt{x^2+y^2}} & 2y - \frac{6y}{\sqrt{x^2+y^2}} & 2z \\ 2x-6 & 2y-2 & 2z \end{pmatrix}$$

Der Punkt $(x_*, y_*, z_*) = (3, 0, 1)$ erfüllt (6.22), wir fragen nach der lokalen Auflösbarkeit bei diesem Punkt. Die Funktionalmatrix wird zu

$$J_g(3,0,1) = \begin{pmatrix} 0 & 0 & 2 \\ 0 & -2 & 2 \end{pmatrix}.$$

Wollen wir nach (y, z) auflösen, so müssen wir die Teilmatrix

$$\partial_{(y,z)} g(3,0,1) = \begin{pmatrix} 0 & 2 \\ -2 & 2 \end{pmatrix}$$

betrachten. Sie ist invertierbar, also können wir gemäß dem Satz über implizite Funktionen die Gl. (6.22) lokal nach (y, z) auflösen (in Abhängigkeit von x). Die anderen beiden Fälle führen auf

$$\partial_{(x,z)} g(3, 0, 1) = \begin{pmatrix} 0 & 2 \\ 0 & 2 \end{pmatrix}, \quad \partial_{(x,y)} g(3, 0, 1) = \begin{pmatrix} 0 & 0 \\ 0 & -2 \end{pmatrix}.$$

Diese Matrizen sind nicht invertierbar. Der Satz über implizite Funktionen liefert also hier keine Aussage über die Frage, ob sich die Gleichungen lokal nach (x, z) oder nach (x, y) auflösen lassen.

Den folgenden Satz werden wir im Beweis von Satz 7.2 verwenden.

Satz 6.12 (Implizite Funktionen, lokale Eindeutigkeit)
Sei $\Omega \subset \mathbb{R}^n \times \mathbb{R}^m$ offen, sei $g\colon \Omega \to \mathbb{R}^m$ stetig differenzierbar, und $(x_*, y_*) \in \Omega$ mit $g(x_*, y_*) = 0$. Ist $\partial_y g(x_*, y_*)$ invertierbar, so gibt es ein offenes $X \subset \mathbb{R}^n$ mit $x_* \in X$ und ein offenes $Y \subset \mathbb{R}^m$ mit $y_* \in Y$, und eine eindeutige stetig differenzierbare Funktion $f\colon X \to Y$, für die gilt

$$g(x, y) = 0 \quad \Leftrightarrow \quad y = f(x) \quad \text{für alle } x \in X \text{ und alle } y \in Y; \tag{6.23}$$

insbesondere ist $y_* = f(x_*)$. Weiterhin gilt wie bisher

$$J_f(x) = -\partial_y g(x, f(x))^{-1} \partial_x g(x, f(x))$$

für alle $x \in X$.

Wichtig ist hier die Einschränkung „$y = f(x)$ in Y“, die die Eindeutigkeit der Lösung garantiert. Es könnte weitere Lösungen außerhalb von Y geben: Beispielsweise kann es einen zweiten Lösungsast geben, oder der zu $y = f(x)$ gehörende Lösungsast kann sich in die Nähe von (x_*, y_*) „zurückschlängeln“. Wegen der stetigen Differenzierbarkeit zeigt aber der im Beweis von Satz 6.9 verwendete Satz über die Inverse, dass dies in einer klein genug gewählten Umgebung von (x_*, y_*) nicht geschehen kann. Wir müssen daher lediglich geeignete Umgebungen X und Y von x_* und y_* finden, die so klein sind, dass die oben genannten mögliche Probleme nicht innerhalb dieser Umgebungen auftreten können.
Beweis Wir verwenden die im Beweis von Satz 6.9 definierten Mengen U und V und wollen X und Y finden. Nach Satz 6.9 ist in U und V die Auflösung eindeutig; wir müssen also nur „darin“ geeignete offene Umgebungen X von x_* und Y von y_* finden, so dass (6.23) gilt. Wir werden dazu die Mengen so wählen, dass $f(X) \subset Y$ ist, $X \times Y \subset U$ gilt und $(x, 0) \in V$ für alle $x \in X$ erfüllt ist. Die Situation ist in Abb. 6.5 veranschaulicht.

Weil U eine Umgebung von (x_*, y_*) ist, gibt es ein $\varepsilon > 0$ mit $U_\varepsilon((x_*, y_*)) \subset U$, wobei

$$U_\varepsilon((x_*, y_*)) := \left\{(x, y) \;\middle|\; (x, y) \in \mathbb{R}^{m+n}, \|(x, y) - (x_*, y_*)\|_\infty < \varepsilon\right\} = U_\varepsilon(x_*) \times U_\varepsilon(y_*);$$

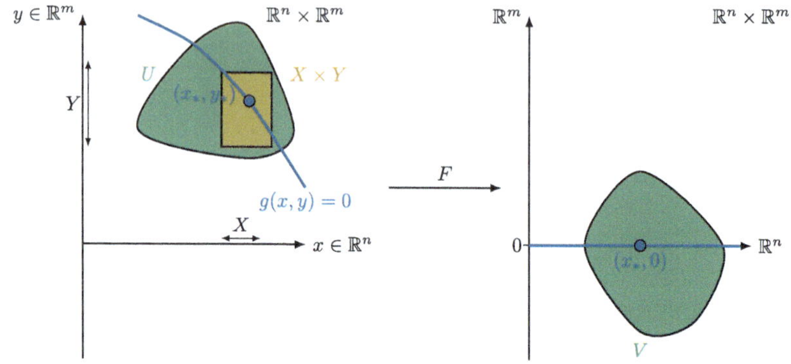

Abb. 6.5 Zur lokalen Eindeutigkeit im Satz über implizite Funktionen

hier ist $U_\varepsilon(x_*, y_*) \subset \mathbb{R}^{m+n}$, und $U_\varepsilon(x_*) \subset \mathbb{R}^n$ und $U_\varepsilon(y_*) \subset \mathbb{R}^m$ sind jeweils Kugeln mit Radius ε in der Supremumsnorm $\|\cdot\|_\infty$. Wir setzen $Y := U_\varepsilon(y_*)$. Sei f wie in Satz 6.9 gegeben, insbesondere ist $f(x_*) = y_*$. Da f stetig in x_* ist, gibt es ein $\delta \in (0, \varepsilon)$, so dass $f(U_\delta(x_*)) \subset Y$ gilt. Gegebenenfalls durch Verkleinern von δ und damit $U_\delta(x_*)$ können wir erreichen, dass für alle $x \in X := U_\delta(x_*)$ auch $(x, 0) \in V$ gilt, denn $(x_*, 0) \in V$ und V ist offen.

Mit dieser Wahl von X und Y gilt $f(X) = f(U_\delta(x_*)) \subset U_\varepsilon(y_*) = Y$, und

$$X \times Y = U_\delta(x_*) \times U_\varepsilon(y_*) \subset U_\varepsilon(x_*) \times U_\varepsilon(y_*) = U_\varepsilon((x_*, y_*)) \subset U\,.$$

Damit ist alles gezeigt. □

6.2.1 Anwendung: Navigation mit GPS

GPS *(Global Positioning System)* ist heute aus der Navigation und damit aus Smartphones und Verkehrsleitsystemen nicht mehr wegzudenken. Wir folgen hier [1] und diskutieren eine Anwendung des Satzes über implizite Funktionen in diesem Kontext; weitere Informationen finden sich in [1]. Die Grundidee des GPS ist, dass der GPS-Empfänger die Distanz zu vier Satelliten misst und daraus die Position berechnet. Vier Satelliten werden benötigt, um die drei gesuchten Ortskoordinaten und eine Korrektur zur Zeitsynchronisation der Uhr im GPS-Gerät zu den (synchronisierten) Uhren in den Satelliten zu berechnen. Jeder Satellit j ($j = 1, \ldots, 4$) sendet ein Signal aus, das nach einer realen Reisezeit t_j^{real} am Empfänger eintritt. Damit ist die Entfernung zwischen Satellit j und Empfänger $r_j = ct_j^{\text{real}}$, wobei c die Lichtgeschwindigkeit ist. Seien (z_1, z_2, z_3) die Koordinaten des ersten Satelliten, und entsprechend für die anderen Satelliten, so dass also der vierte Satellit die Koordinaten (z_{10}, z_{11}, z_{12}) hat. Die Ortskoordinaten des Empfängers seien (y_1, y_2, y_3). Dann liegt der Empfänger in der Schnittmenge der vier Sphären

$$
\begin{aligned}
(y_1 - z_1)^2 + (y_2 - z_2)^2 + (y_3 - z_3)^2 &= r_1^2 , \\
(y_1 - z_4)^2 + (y_2 - z_5)^2 + (y_3 - z_6)^2 &= r_2^2 , \\
(y_1 - z_7)^2 + (y_2 - z_8)^2 + (y_3 - z_9)^2 &= r_3^2 , \\
(y_1 - z_{10})^2 + (y_2 - z_{11})^2 + (y_3 - z_{12})^2 &= r_4^2 .
\end{aligned}
\tag{6.24}
$$

Da die Uhr im Empfangsgerät nicht mit den Satellitenuhren synchronisiert ist, unterscheidet sich die echte Reisezeit t_j^{real} von der gemessenen Reisezeit von Satellit j, die wir mit t_j bezeichnen,

$$
t_j^{\text{real}} = t_j + \Delta t .
$$

Damit wird (6.24) zu

$$
\begin{aligned}
(y_1 - z_1)^2 + (y_2 - z_2)^2 + (y_3 - z_3)^2 - c^2(t_1 + \Delta t)^2 &= 0 , \\
(y_1 - z_4)^2 + (y_2 - z_5)^2 + (y_3 - z_6)^2 - c^2(t_2 + \Delta t)^2 &= 0 , \\
(y_1 - z_7)^2 + (y_2 - z_8)^2 + (y_3 - z_9)^2 - c^2(t_3 + \Delta t)^2 &= 0 , \\
(y_1 - z_{10})^2 + (y_2 - z_{11})^2 + (y_3 - z_{12})^2 - c^2(t_4 + \Delta t)^2 &= 0 .
\end{aligned}
\tag{6.25}
$$

Wir haben also 20 gegebene Größen, nämlich die Satellitenkoordinaten $z_1, \dots, z_{12}$, die unkorrigierten Laufzeiten $t_1, \dots, t_4$ die unbekannten Ortskoordinaten (y_1, y_2, y_3) und den unbekannten Zeitfehler Δt. Wir betrachten die Satellitenkoordinaten $z_1, \dots, z_{12}$ als fest gegebene Parameter und schreiben

$$
\begin{aligned}
x &:= (t_1, \dots, t_4) \quad \text{für die gegebenen Größen,} \\
y &:= (y_1, y_2, y_3, \Delta t) \quad \text{für die unbekannten Größen.}
\end{aligned}
$$

Für feste Satellitenkoordinaten können wir (6.25) interpretieren als ein nichtlineares System von Gleichungen $g(x, y) = 0$ mit

$$
g \colon \mathbb{R}^4 \times \mathbb{R}^4 \to \mathbb{R}^4 , \, (t_1, \dots, t_4) \times (y_1, y_2, y_3, \Delta t) \mapsto g(t_1, \dots, t_4, y_1, y_2, y_3, \Delta t) ,
$$

mit Parametern $z_1, \dots, z_{12}$. Für gegebene Satellitenkoordinaten kann man die gesuchten Größen $(y_1, y_2, y_3, \Delta t)$ z. B. mit dem Newtonverfahren (6.2) approximativ bestimmen, also y zu gegebenen Daten x und festen Parametern $z_1, \dots, z_{12}$ mit einem Näherungsverfahren bestimmen. Wir nehmen an, dass das mit hinreichender Genauigkeit geschehen ist.

Neben numerischen Fehlern, die sich mit genug Aufwand und Geschicklichkeit reduzieren lassen, tritt eine weitere Fehlerquelle auf, die die Genauigkeit des GPS-Verfahrens beeinflusst: Das Zeitsignal der Satelliten wird bei nichtmilitärischen Anwendungen bewusst ein klein wenig verrauscht, um die Genauigkeit zu reduzieren (dies geht auf das US-amerikanische Verteidigungsministerium zurück; von ihm autorisierte Nutzer erhalten einen Code, mit dem das Rauschen wieder herausgerechnet werden kann). Wie wirkt sich dies aus?

Dies können wir mit dem Satz über implizite Funktionen bestimmen. Hier ist $g\colon \mathbb{R}^4 \times \mathbb{R}^4 \to \mathbb{R}^4$ stetig differenzierbar, und

$$\partial_y g(x,y) = \begin{pmatrix} 2(y_1 - z_1) & 2(y_2 - z_2) & 2(y_3 - z_3) & -2c^2(t_1 + \Delta t) \\ 2(y_1 - z_4) & 2(y_2 - z_5) & 2(y_3 - z_6) & -2c^2(t_2 + \Delta t) \\ 2(y_1 - z_7) & 2(y_2 - z_8) & 2(y_3 - z_9) & -2c^2(t_3 + \Delta t) \\ 2(y_1 - z_{10}) & 2(y_2 - z_{11}) & (y_3 - z_{12})^2 & -2c^2(t_4 + \Delta t) \end{pmatrix}.$$

Weiter folgt aus (6.25)

$$\partial_x g(x, f(x)) = \begin{pmatrix} -2c^2(t_1 + \Delta t) & 0 & 0 & 0 \\ 0 & -2c^2(t_2 + \Delta t) & 0 & 0 \\ 0 & 0 & -2c^2(t_3 + \Delta t) & 0 \\ 0 & 0 & 0 & -2c^2(t_4 + \Delta t) \end{pmatrix}.$$

Damit lautet der Satz über implizite Funktionen in Komponenten

$$J_f = \begin{pmatrix} \frac{\partial y_1}{\partial t_1} & \frac{\partial y_1}{\partial t_2} & \frac{\partial y_1}{\partial t_3} & \frac{\partial y_1}{\partial t_4} \\ \frac{\partial y_2}{\partial t_1} & \frac{\partial y_2}{\partial t_2} & \frac{\partial y_2}{\partial t_3} & \frac{\partial y_2}{\partial t_4} \\ \frac{\partial y_3}{\partial t_1} & \frac{\partial y_3}{\partial t_2} & \frac{\partial y_3}{\partial t_3} & \frac{\partial y_3}{\partial t_4} \\ \frac{\partial \Delta t}{\partial t_1} & \frac{\partial \Delta t}{\partial t_2} & \frac{\partial \Delta t}{\partial t_3} & \frac{\partial \Delta t}{\partial t_4} \end{pmatrix} = -(\partial_y g(x,y))^{-1} \partial_x g(x,y),$$

mit $y = f(x)$ beispielsweise durch das Newtonverfahren bestimmt. Mit Verfahren der numerischen Mathematik kann man J_f näherungsweise berechnen. Satellitenkoordinaten können in der Größenordnung 10^7 m liegen, die Reisezeiten t_j sind oft in Bereich 10^{-2} s und es ist $c = 299792458\ \frac{\text{m}}{\text{s}}$. Für geeignete Beispielswerte erhalten wir Koordinaten y_j in der Größenordnung 10^7 m und Δt im Nanosekundenbereich. Damit ergibt sich für solche typischen Zahlenwerte für J_f eine Matrix, in der zeilenweise die Summe der Beträge maximal $3 \cdot 10^9$ betragen.

Seien nun die Laufzeiten $t_1, \ldots, t_4$ um $\Delta t_1, \ldots, \Delta t_4$ gestört. Das bewirkt näherungsweise eine Änderung Δy_j der y_j-Koordinate für $j = 1, 2, 3$ der Größe

$$\Delta y_j \approx \frac{\partial y_j}{\partial t_1}\Delta t_1 + \frac{\partial y_j}{\partial t_2}\Delta t_2 + \frac{\partial y_j}{\partial t_3}\Delta t_3 + \frac{\partial y_j}{\partial t_4}\Delta t_4 .$$

Ist $|\Delta t_j| \leq C$ für alle $j = 1, \ldots, 4$, dann erhält man mit obigen Zahlenwerten als obere Schranke $|\Delta y_j| \leq 3 \cdot 10^9 C$. Sind die Zeitdaten also beispielsweise bis maximal 10^{-9} s verfälscht, kann man mithilfe obiger Rechnung erkennen, dass dies zu einem Fehler von bis zu 3 m in der Ortsgenauigkeit führt. Ungefähr kann man das auch durch Einsetzen verschiedener Zahlenwerte sehen, aber der Satz über implizite Funktionen legt die Struktur viel klarer zutage.

Literatur

1. G. Nord, D. Jabon und J. Nord. The global positioning system and the implicit function theorem. *SIAM Rev.* 40.3 (1998), 692–696.
2. H. Whitney. Analytic extensions of differentiable functions defined in closed sets. *Trans. Amer. Math. Soc.* 36.1 (1934), 63–89.

Untermannigfaltigkeiten; Extrema mit Nebenbedingungen

7

7.1 Untermannigfaltigkeiten im $\mathbb{R}^n$

Wir betrachten in diesem Abschnitt Teilmengen des $\mathbb{R}^n$ mit spezieller Struktur. In Kap. 2 hatten wir bereits die Kugeloberfläche und die Oberfläche des Rotationsellipsoids als Beispiele für Definitionsmengen M (für Funktionen und Vektorfelder) gegeben, die keine linearen oder affine Räume sind.

In vielen Fragestellungen der Wetter- und Klimavorhersage spielt die Krümmung der Erdoberfläche eine Rolle. Wie kann man mit Funktionen und Vektorfeldern hantieren, die auf gekrümmten Flächen wie der Erdoberfläche definiert sind? Diese Frage stellt sich sehr oft; beispielsweise muss man in der Baustatik zuverlässig vorhersagen können, ob komplizierte Konstruktionen wie das Münchener Olympia-Zeltdach stabil sind. In der allgemeinen Relativitätstheorie spielt die Krümmung der sogenannten Raumzeit eine wesentliche Rolle.

Das Konzept der Untermannigfaltigkeiten ist *der* mathematische Rahmen für *gekrümmte Räume*. Die Erdoberfläche ist ein gutes Beispiel der zugrundeliegenden Idee: *Global* handelt es sich um ein Objekt mit Krümmung. *Lokal* ist die Erdoberfläche gekrümmt, sieht aber eingeschränkt auf ein genügend kleines Gebiet „fast wie der $\mathbb{R}^2$ aus". Die Grundidee der Untermannigfaltigkeiten ist, dass Objekte mit Krümmung in jedem Punkt unter geeigneten Bedingungen lokal gut durch einen affinen Raum approximiert werden können, dass dies aber für nichttriviale Untermannigfaltigkeiten auch *nur* lokal geht. Dieser Abschnitt beschreibt die Grundlagen dieser sehr fruchtbaren Idee.

In Abschn. 2.7 hatten wir für die Kugeloberfläche gesehen, wie Kugelkoordinaten diese Definitionsmenge „flachmachen" können, siehe Abb. 7.1. Wir konzentrieren uns hier auf die Definitionsmenge und ignorieren das darauf definierte Vektorfeld. Offenbar gibt es für die Kugelsphäre zwei Beschreibungen:

M. Brokate et al., *Analysis 2*,
https://doi.org/10.1007/978-3-662-71141-5_7

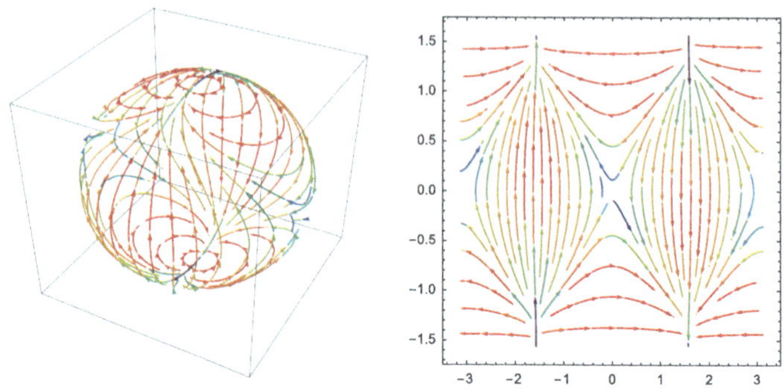

Abb. 7.1 Ein Vektorfeld auf der Kugelsphäre und seine Darstellung in Kugelkoordinaten

(i) Zum einen ist die Kugelsphäre M gegeben als *Nullstellenmenge einer (nichtlinearen) Funktion,* nämlich

$$M = \left\{(x_1, x_2, x_3) \mid x_1^2 + x_2^2 + x_3^2 = r_0^2\right\} ,$$

wobei der Kugelradius r_0 gegeben ist.

(ii) Zum anderen ist die Kugelsphäre M beschreibbar durch *im Wesentlichen zweidimensionale Koordinaten.* Betrachten wir nämlich Kugelkoordinaten $r \in (0, \infty)$, $\varphi \in (-\pi, \pi]$ und $\theta \in \left[-\frac{\pi}{2}, \frac{\pi}{2}\right]$, siehe Abb. 2.11, dann ist

$$r = \sqrt{x_1^2 + x_2^2 + x_3^2} ,$$

$$\theta = \arcsin\left(\frac{x_3}{r}\right) = \arcsin\left(\frac{x_3}{\sqrt{x_1^2 + x_2^2 + x_3^2}}\right) ,$$

$$\varphi = \begin{cases} \arctan\left(\frac{x_2}{x_1}\right) & \text{für } x_1 > 0 , \\ \frac{\pi}{2}\operatorname{sgn}(x_2) & \text{für } x_1 = 0 , \\ \arctan\left(\frac{x_2}{x_1}\right) + \pi & \text{für } x_1 < 0 \text{ und } x_2 \geq 0 , \\ \arctan\left(\frac{x_2}{x_1}\right) - \pi & \text{für } x_1 < 0 \text{ und } x_2 < 0 . \end{cases}$$

Um obiges „im Wesentlichen zweidimensionale Koordinaten“ präzise zu definieren, definieren wir eine Abbildung $\Phi\colon M \cap \mathbb{R}^3 \to \mathbb{R}^3$ als $\Phi(x) := (\varphi(x), \theta(x), r(x) - r_0)$, wobei (r, φ, θ) die zu $x = (x_1, x_2, x_3) \neq 0$ gehörigen Kugelkoordinaten und r_0 der gegebene Kugelradius sind. Dann ist mit $U \subset \mathbb{R}^3$ geeignet

$$\Phi(M \cap \mathbb{R}^3) = U \cap E_2$$

mit

$$E_2 := \{(x_1, x_2, 0) \mid x_1, x_2 \in \mathbb{R}\} = \mathbb{R}^2 \times \{0\} .$$

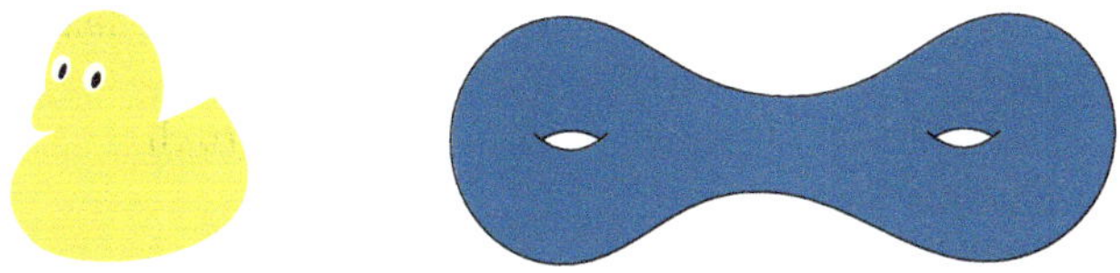

Abb. 7.2 Links: In gelb eine zweidimensionale Menge ohne maßgeschneidertes Koordinatensystem. Rechts: Ein typisches Beispiel einer zweidimensionalen Untermannigfaltigkeit des $\mathbb{R}^3$

Offenbar ist E_2 ein zweidimensionaler Vektorraum. Die (bis auf Translation um r_0) durch die Umkehrung der Kugelkoordinatentransformation gegebene Abbildung Φ bildet also die Kugelsphäre ab auf einen zweidimensionalen „flachen" Raum.

Analog können wir für andere Mengen vorgehen, die durch ein Koordinatensystem beschrieben werden können, bei dem eine oder mehrere Komponenten festgehalten werden wie oben der Radius r. Klar ist aber, dass die Beschränkung auf Mengen, die durch geeignete Koordinatensysteme beschrieben werden können, für Anwendungen zu restriktiv ist. So kennen wir für die zweidimensionale gelbe Menge links in Abb. 7.2 kein maßgeschneidertes Koordinatensystem. Untermannigfaltigkeiten sind hier das Werkzeug, das uns in dieser Situation weiterhelfen kann.

Die Abbildung rechts in Abb. 7.2 ist ein klassisches Beispiel einer zweidimensionalen Untermannigfaltigkeit im $\mathbb{R}^3$. Wie die Kugelsphäre handelt es sich um ein Objekt im $\mathbb{R}^3$, das man intuitiv als zweidimensional beschreiben will. Wir haben hier aber keine geeigneten Koordinaten zur Verfügung. Aber das oben geschilderte Vorgehen mit den Koordinatenabbildungen lässt sich mit einem Abstraktionsschritt mehr auf Objekte wie in Abb. 7.2 rechts übertragen: Wir könnten *verlangen,* dass eine Abbildung Φ definiert ist, für die das Bild $\Phi(M \cap \mathbb{R}^3) = U \cap E_2$ ist, mit einem geeigneten $U \subset \mathbb{R}^n$. Das ist fast richtig – aber ein letzter Gedanke fehlt noch. Anders als die Kugelsphäre ist die Menge in Abb. 7.2 „unregelmäßiger" als die Sphäre. Daher ist es zu viel verlangt, Φ als globale Funktion, für alle $a \in M$, zu definieren. Stattdessen fordern wir dies *lokal,* also in einer Umgebung O von $a \in M$:

$$\Phi(M \cap O) = U \cap E_2 .$$

Also können verschiedene Punkte $a_1, a_2 \in M$ verschiedene Abbildungen Φ_1, Φ_2 haben. Es steht zu erwarten, dass dies bei Mengen, die als Nullstellenmenge nichtlinearer Funktionen charakterisierbar sind (und das sind Untermannigfaltigkeiten, wie wir in Satz 7.2 zeigen werden), diese lokale Charakterisierung wesentlich ist, anders als bei affinen und linearen Abbildungen.

Wir werden jetzt sehen, dass k-dimensionale Untermannigfaltigkeiten – wie oben die Kugelsphäre – als Nullstellenmengen und durch „flachmachende Abbildungen" mit Bild im $\mathbb{R}^n \cap E_k$ beschrieben werden können. Wir nehmen letztere Charakterisierung als Definition, da dies der übliche Zugang in der Differentialgeometrie ist.

Wir erinnern an den Begriff des Diffeomorphismus aus Definition 6.6: Eine bijektive Abbildung $f\colon O \to U$ zwischen offenen Teilmengen O und U des $\mathbb{R}^n$ heißt

Diffeomorphismus, falls f und die Umkehrabbildung $f^{-1}: U \to O$ stetig differenzierbar sind. Die Namensgebung O und U kommt daher, dass wir uns den Diffeomorphismus $f: O \to U$ als Abbildung von „Oben" nach „Unten" vorstellen wie die Abbildung Φ in 7.3.

Definition 7.1 (Untermannigfaltigkeit)
*Eine Teilmenge M von $\mathbb{R}^n$ heißt k-**dimensionale Untermannigfaltigkeit** im $\mathbb{R}^n$, falls zu jedem $a \in M$ eine offene Umgebung $O \subset \mathbb{R}^n$, eine offene Menge $U \subset \mathbb{R}^n$ und ein Diffeomorphismus $\Phi: O \to U$ existieren mit*

$$\Phi(M \cap O) = U \cap E_k\,,$$

wobei

$$E_k := \{(x_1, \ldots, x_k, 0, \ldots, 0) \mid x_j \in \mathbb{R},\ 1 \le j \le k\}\,.$$

*Ein solcher Diffeomorphismus Φ heißt **Flachmacher** der Untermannigfaltigkeit, siehe Abb. 7.3.*

Wir beschränken uns in diesem Kapitel auf durch Diffeomorphismen definierte Untermannigfaltigkeiten. Analog kann man mit den am Ende von Abschn. 6.1.2 erwähnten C^k-Diffeomorphismen für $k = 2, 3, \ldots, \infty$ den Begriff der C^k-Untermannigfaltigkeit definieren. Die in diesem Kapitel bewiesenen Resultate lassen sich leicht übertragen; hierzu nutzt man, dass ein Diffeomorphismus f, für den $f \in C^k(O, U)$ gilt, nach Lemma 6.8 ein C^k-Diffeomorphismus ist.

Die Bezeichungsweise für die Objekte in Definition 7.1 ist nicht einheitlich: Oft werden Φ oder Φ^{-1} als Karte oder Kartenabbildung oder Parametrisierung bezeichnet. Wir folgen hier einer in der Differentialgeometrie oft vertretenen Konvention: Die Richtung *von* der Untermannigfaltigkeit *in* den $\mathbb{R}^n$ oder einen Teilraum davon

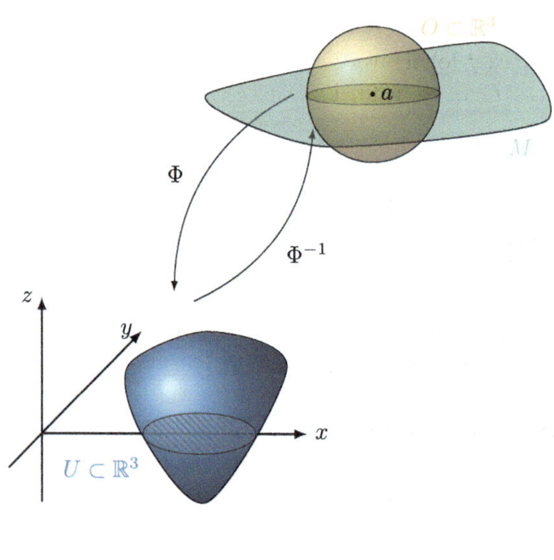

Abb. 7.3 Eine zweidimensionale Untermannigfaltigkeit im $\mathbb{R}^3$. Für $a \in M$ ist eine kugelförmige (dreidimensionale) Umgebung $O \subset \mathbb{R}^3$ und deren Bild $U = \Phi(O) \subset \mathbb{R}^3$ unter dem Flachmacher Φ in blau gezeigt. Die gelb gestreifte Menge in O ist der Schnitt von O mit M; die blau gestreifte Menge im Bild des Flachmachers ist $\Phi(M \cap O) = U \cap E_2$ und liegt damit in der xy-Ebene, hat also z-Koordinate $z = 0$

erhält einen Namen. Wir verwenden hier den anschaulichen Begriff des Flachmachers, um den Begriff der Karte für eine mit dem Flachmacher verwandte Abbildung aufzusparen, die wir bald einführen. In der mehrdimensionalen Integralrechnung wird es praktisch sein, die Inverse Φ^{-1} eines Flachmachers **Parametrisierung** oder **Einbettung** zu nennen. Der etwas sperrige Begriff „Untermannigfaltigkeit" rührt daher, dass wir Teilmengen des $\mathbb{R}^n$ betrachten und die Topologie dieses umschließenden Raumes verwenden. In der Differentialgeometrie wird der Begriff der Mannigfaltigkeit so eingeführt, dass er keinen umgebenden topologischen Raum benötigt. Wir beschränken uns auf Untermannigfaltigkeiten, bereiten den Begriff der allgemeinen Mannigfaltigkeit aber vor; siehe Satz 7.8 und die anschließenden Bemerkungen.

Satz 7.2 (Untermannigfaltigkeiten sind Nullstellenmengen)
Sei $M \subset \mathbb{R}^n$. Dann sind äquivalent:

(i) *M ist eine k-dimensionale Untermannigfaltigkeit.*
(ii) *Zu jedem $a \in M$ existieren eine Umgebung $O \subset \mathbb{R}^n$ von a und ein $f \in C^1(O; \mathbb{R}^{n-k})$ mit*

$$M \cap O = \{x \mid f(x) = 0\}, \quad \operatorname{rang} J_f(a) = n - k. \tag{7.1}$$

Die Bedingung (7.1) bedeutet, dass $J_f(a)$ maximalen Rang hat. Dazu ist äquivalent, dass die totale Ableitung $Df(a)\colon \mathbb{R}^n \to \mathbb{R}^{n-k}$ surjektiv ist.

Beweis „(i)⇒(ii)": Nach Annahme gibt es eine offene Umgebung $O \subset \mathbb{R}^n$ von a, ein offenes $U \subset \mathbb{R}^n$ und einen Diffeomorphismus $\Phi\colon O \to U$ mit

$$\Phi(M \cap O) = U \cap E_k.$$

Damit ist es naheliegend, f folgendermaßen zu definieren:

$$f\colon O \to \mathbb{R}^{n-k}, \qquad f = (\Phi_{k+1}, \ldots, \Phi_n);$$

denn so gilt $M \cap O = \{x \mid f(x) = 0\}$. Weiter ist $f \in C^1(O; \mathbb{R}^{n-k})$. Weil Φ ein Diffeomorphismus ist, gilt $\operatorname{rang} J_\Phi(a) = n$, also sind $\operatorname{grad} f_1 = \operatorname{grad} \Phi_{k+1}, \ldots, \operatorname{grad} f_{n-k} = \operatorname{grad} \Phi_n$ linear unabhängig. Damit ist $\operatorname{rang} J_f(a) = n - k$.

„(ii)⇒(i)": Sei $a \in M$ und $\tilde{O} \subset \mathbb{R}^n$ eine Umgebung von a. Sei weiter $f \in C^1(\tilde{O}; \mathbb{R}^{n-k})$ mit

$$M \cap \tilde{O} = \{x \mid x \in \mathbb{R}^n,\ f(x) = 0\}, \quad \operatorname{rang} J_f(a) = n - k.$$

Wir betrachten zunächst den Spezialfall, dass die letzten $n-k$ Spalten von $J_f(a)$ linear unabhängig sind. Wir zerlegen $x \in \mathbb{R}^n$ in

$$x = (\xi, \eta), \quad \xi \in \mathbb{R}^k, \quad \eta \in \mathbb{R}^{n-k}.$$

Die Matrix $\partial_\eta f(a) \in \mathbb{R}^{(n-k,n-k)}$ ist invertierbar. Also gibt es nach dem Satz 6.12 über implizite Funktionen offene Mengen $O_1 \subset \mathbb{R}^k$, $O_2 \subset \mathbb{R}^{n-k}$, mit $(a_1, \ldots, a_k) \in O_1$, und ein $g\colon O_1 \to O_2$, $g \in C^1(O_1; \mathbb{R}^{n-k})$, mit

$$M \cap (O_1 \times O_2) = \{(\xi, g(\xi)) \mid \xi \in O_1\} \subset M \cap \tilde{O},$$

also $f(\xi, g(\xi)) = 0$. Wir setzen

$$O = O_1 \times O_2, \quad \Phi(\xi, \eta) = (\xi, \eta - g(\xi)), \quad U = \Phi(O).$$

Dann ist Φ injektiv, also ist $\Phi\colon O \to \Phi(O) = U$ bijektiv, und

$$(\xi, \eta) \in M \cap O \quad \Leftrightarrow \quad \xi \in O_1, \quad \eta = g(\xi) \quad \Leftrightarrow \quad \Phi(\xi, \eta) \in U \cap E_k.$$

Weiter ist

$$J_\Phi(\xi, \eta) = \begin{pmatrix} I & 0 \\ -J_g(\xi) & I \end{pmatrix},$$

also ist $J_\Phi(\xi, \eta)$ invertierbar und daher nach dem Satz 6.3 über inverse Funktionen Φ ein Diffeomorphismus (hier kann es passieren, dass wir O verkleinern müssen, so dass es mit der Menge U in Satz 6.3 übereinstimmt; der Satz über inverse Funktionen ist ja nur eine lokale Aussage).

Der allgemeine Fall wird durch Umnummerieren der Koordinatenachsen darauf zurückgeführt. Seien die Spalten $j_1, j_2, \ldots, j_{n-k}$ von $J_f(a)$ linear unabhängig. Sei $\sigma : \mathbb{R}^n \to \mathbb{R}^n$ eine lineare Abbildung, welche die Einheitsvektoren permutiert, und zwar der Form

$$\sigma(x_1, \ldots, x_n) = (\ldots, x_{j_1}, \ldots, x_{j_{n-k}}),$$

so dass die letzten $n-k$ Spalten linear unabhängig sind. Dann ist $\sigma(M)$ eine k-dimensionale Untermannigfaltigkeit mit der lokalen Darstellung (in einer Umgebung von $\sigma(a)$)

$$\sigma(M) \cap \sigma(\tilde{O}) = \sigma(M \cap \tilde{O}) = \{y \mid y \in \sigma(\tilde{O}), \ (f \circ \sigma^{-1})(y) = 0\}$$

und die letzten $n-k$ Spalten von $J_{f \circ \sigma^{-1}}(\sigma a)$ sind linear unabhängig. Also existiert Φ wie behauptet mit

$$U \cap E_k = \Phi(\sigma(M) \cap O) = (\Phi \circ \sigma)(M \cap \sigma^{-1}(O)),$$

das heißt, $\Phi \circ \sigma$ leistet das Verlangte. □

Beispiel 7.3
In den folgenden Beispielen genügt ein einziger Flachmacher zur Darstellung.

(i) *Affine Unterräume.* Sei X ein k-dimensionaler Untervektorraum des $\mathbb{R}^n$ mit einer Basis $(v_1, \ldots, v_k)$, die wir zu einer Basis $(v_1, \ldots, v_n)$ des $\mathbb{R}^n$ ergänzen. Ein affiner Unterraum

$$M := a + X = \{a + x \mid x \in X\}$$

ist eine Untermannigfaltigkeit mit einem Flachmacher $\Phi: \mathbb{R}^n \to \mathbb{R}^n$ definiert durch

$$\Phi\left(a + \sum_{j=1}^{n} t_j v_j\right) = (t_1, \ldots, t_n).$$

Denn dann gilt für einen Punkt $a + x \in M$

$$\Phi\left(a + \sum_{j=1}^{n} t_j v_j\right) = (t_1, \ldots, t_k, 0, \ldots, 0) \in \mathbb{R}^n \cap E_k = E_k.$$

Da M die Lösungsmenge eines linearen Gleichungssystems ist, kann es wie folgt als Nullstellenmenge geschrieben werden. Sei $f: \mathbb{R}^n \to \mathbb{R}^{n-k}$ definiert durch

$$f_j(x) = \langle v_{k+j}, x - a\rangle,$$

für $j = 1, \ldots, n-k$. Dann ist

$$M = \{x \mid f(x) = 0\}.$$

In diesem Spezialfall kann also für jedes a dieselbe Funktion f gewählt werden.

(ii) *Niveaumengen.* Sei $O \subset \mathbb{R}^n$ offen, $f \in C^1(O)$, $c \in \mathbb{R}$, und

$$N_c(f) = \{x \mid f(x) = c\}.$$

Dann ist $N_c(f)$ eine $(n-1)$-dimensionale Untermannigfaltigkeit, falls (7.1) erfüllt ist, also rang $J_f(a) = 1$ erfüllt ist, also grad $f(x) \neq 0$ für alle $x \in N_c(f)$ gilt. (Ist $f \in C^k(O)$, so ist $N_c(f)$ eine C^k-Untermannigfaltigkeit.) Ein Spezialfall davon ist die Oberfläche der n-dimensionalen Einheitskugel in der euklidischen Norm,

$$S^{n-1} = \{x \mid \|x\|_2 = 1\}.$$

S^{n-1} ist also eine $(n-1)$-dimensionale Untermannigfaltigkeit (sogar eine C^∞-Untermannigfaltigkeit).

(iii) *Keine* Untermannigfaltigkeit ist die singuläre elliptische Kurve, die in $\mathbb{R}^2$ als Lösungsmenge M der Gleichung

$$f(x, y) := x^3 - y^2 = 0$$

definiert ist. Hier ist nämlich die Spitze im Nullpunkt eine Singularität, denn (genau) dort ist die Ableitung

$$Df(x, y) = (3x^2, -2y)$$

nicht surjektiv, verletzt dort also wegen $J_f(0, 0) = 0$ die Regularitätsbedingung aus (7.1). (Um zu beweisen, dass diese Kurve keine Untermannigfaltigkeit ist, müsste man zeigen, dass es keine andere Abbildung $\tilde{f}$ gibt, die die gleiche Nullstellenmenge wie f hat und die Voraussetzungen von Satz 7.2 erfüllt; wir wollen dies hier nicht tun.) Entfernen wir diesen singulären Punkt, ist $M \setminus \{(0, 0)\}$ eine eindimensionale Untermannigfaltigkeit des $\mathbb{R}^2$.

(iv) *Orthogonale Matrizen.* Eine Matrix $A \in \mathbb{R}^{n\times n}$ ist **orthogonal** genau dann, wenn $A^T A = I$. Die Menge $O(n)$ der orthogonalen Matrizen im $\mathbb{R}^{n\times n}$ ist also gegeben durch

$$O(n) := \{X \mid X \in \mathbb{R}^{n\times n}\,,\ f(X) = 0\}$$

mit

$$f(X) := X^T X - I\,, \quad f\colon \mathbb{R}^{n\times n} \to \mathbb{R}^{n\times n}_{\text{sym}}\,.$$

Da $\mathbb{R}^{n\times n}_{\text{sym}}$ die Dimension $n(n+1)/2$ hat, ist hier $k = n^2 - n(n+1)/2 = n(n-1)/2$. Wir wollen zeigen, dass für jedes $A \in O(n)$ die totale Ableitung $Df(A)$ eine surjektive lineare Abbildung ist. Es gilt

$$\begin{aligned}\frac{1}{t}(f(A+tH) - f(A)) &= \frac{1}{t}\left[(A+tH)^T(A+tH) - A^T A\right]\\ &= H^T A + A^T H + tH^T H\,,\end{aligned}$$

also

$$Df(A)H = \lim_{t\to 0}\frac{1}{t}(f(A+tH) - f(A)) = H^T A + A^T H\,.$$

Eine Lösung von

$$Df(A)H = B$$

für beliebiges $B \in \mathbb{R}^{n\times n}_{\text{sym}}$ ist gegeben durch

$$H = \frac{1}{2}(A^T)^{-1}B\,, \quad \text{da} \quad Df(A)H = \frac{1}{2}(B^T + B) = B\,.$$

Also ist $Df(A)$ surjektiv. Die Menge $O(n)$ ist also eine Untermannigfaltigkeit der Dimension $n(n-1)/2$. Damit ist auch

$$SO(n) = \{X \mid X \in O(n)\,,\ \det(X) = 1\}$$

eine Untermannigfaltigkeit der Dimension $n(n-1)/2$, denn hinreichend kleine Umgebungen eines Punktes $x \in SO(n)$ liegen ganz in $SO(n)$. (Man kann leicht sehen, dass $O(n)$ und $SO(n)$ sogar C^∞-Untermannigfaltigkeiten sind.)

Das letzte Beispiel zeigt, dass Untermannigfaltigkeiten nicht nur geometrische Objekte beschreiben, sondern auch solche, die durch (nichtlineare) Gleichungen gegeben sind. Ein Vorteil von Untermannigfaltigkeiten ist, dass man auf ihnen Differential- und Integralrechnung betreiben kann.

Wir können eine Untermannigfaltigkeit auf folgende Weise mit einer Topologie ausstatten.

Definition 7.4
Eine Teilmenge $\Omega \subset M$ einer Untermannigfaltigkeit im $\mathbb{R}^n$ heißt ***offen*** *bzw.* ***abgeschlossen,*** *wenn es eine offene bzw. abgeschlossene Menge $O \subset \mathbb{R}^n$ gibt mit $\Omega = O \cap M$.*

Die offenen Mengen auf einer Untermannigfaltigkeit M definieren eine Topologie, die durch den umgebenden Raum $\mathbb{R}^m$ **induzierte Topologie.** Die Untermannigfaltigkeit wird dadurch zu einem topologischen Raum. Wir notieren im folgenden mit griechischen Buchstaben „niederdimensionale" Mengen, wie oben Ω oder eine Menge $\Upsilon \subset \mathbb{R}^k$ (Ω wie O für „oben", Υ wie U für „unten").

Jetzt kommen wir zu der Beschreibung von Untermannigfaltigkeiten als „im Wesentlichen niedrigdimensionale" Objekte zurück. „Im Wesentlichen" bedeutet dabei, dass Φ zwar in den vollen $\mathbb{R}^n$ als Wertebereich abbildet, das Bild $\Phi(M \cap O)$ (mit $O \subset \mathbb{R}^n$) jedoch die „im Wesentlichen niederdimensionale" Bildmenge in $\mathbb{R}^n \cap E_k$ hatte. Die Menge E_k unterscheidet sich vom $\mathbb{R}^k$ nur durch angehängte Nullen. Können wir diese überflüssige Information abstreifen? Der folgende Satz erklärt uns, wie das geht.

Satz 7.5 (Charakterisierung durch lokale Parametrisierung)
Sei $M \subset \mathbb{R}^n$. Dann sind äquivalent:

(i) *M ist eine k-dimensionale Untermannigfaltigkeit.*
(ii) *Für alle $a \in M$ gibt es eine in M offene Umgebung $\Omega \subset M$ von a, eine offene Menge $\Upsilon \subset \mathbb{R}^k$ und einen Homöomorphismus $\psi\colon \Upsilon \to \Omega$ mit $\psi \in C^1(\Upsilon; \mathbb{R}^n)$, so dass*

$$\operatorname{rang} J_\psi(u) = k\,, \quad \textit{für alle } u \in \Upsilon.$$

Diesen Homöomorphismus ψ nennt man ***Parametrisierung*** *von M.*

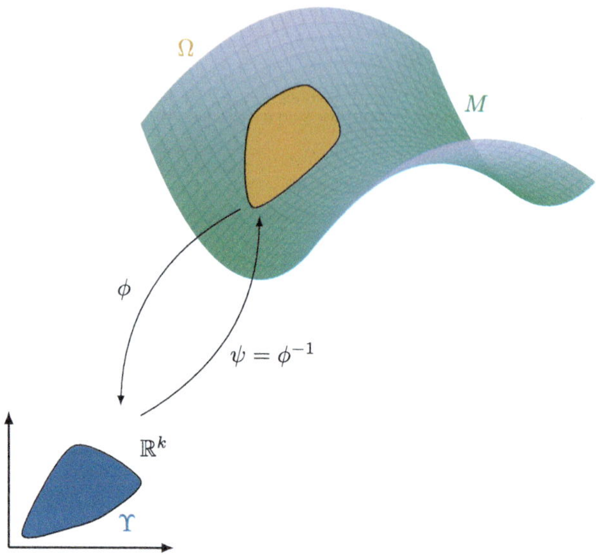

Abb. 7.4 Zur Charakterisierung einer Untermannigfaltigkeit durch lokale Parametrisierung durch Satz 7.5

Abb. 7.4 veranschaulicht die Aussage dieses Satzes.

Wir würden gerne $\psi : \Upsilon \to \Omega$ als Diffeomorphismus erkennen, und nicht nur als Homöomorphismus mit $\psi \in C^1(\Upsilon; \mathbb{R}^n)$. Dazu müsste insbesondere $\psi^{-1} : \Omega \to \Upsilon$ differenzierbar sein. Wir haben bisher aber Differenzierbarkeit nur für offene Mengen im $\mathbb{R}^n$ definiert haben, und Ω ist nicht offen im $\mathbb{R}^n$. Daher wird die Differenzierbarkeit von ψ^{-1} im obigen Satz nicht thematisiert, in Sinne von Wittgenstein: „Worüber man nicht sprechen kann, darüber muss man schweigen." Wir können dieses Schweigen aber nach Definition 7.6 brechen.

Beweis „(i)⇒(ii)": Seien Φ, O und U wie in Definition 7.1. Wir streichen die „überflüssigen Nullen", indem wir setzen

$$\Omega := M \cap O\,, \quad \Upsilon := \left\{\xi \mid \xi \in \mathbb{R}^k,\ (\xi, 0) \in U\right\}, \quad \text{und} \quad \psi(\xi) := \Phi^{-1}(\xi, 0)\,.$$

Dann ist $\psi : \Upsilon \to \Omega$ bijektiv, $\psi^{-1} = \Phi|_\Omega$ stetig, und

$$J_\psi(\xi) = J_{\Phi^{-1}}(\xi, 0) \begin{pmatrix} I \\ 0 \end{pmatrix},$$

das heißt, J_ψ entsteht aus $J_{\Phi^{-1}}$, indem man die Spalten $k+1, \ldots, n$ auf 0 setzt. Da $\operatorname{rang}(J_{\Phi^{-1}}(\xi, 0)) = n$, ist $\operatorname{rang}(J_\psi(\xi)) = k$.

„(ii)⇒(i)": Sei $a \in M$, seien Ω, Υ und ψ wie in (ii) gegeben. Wir setzen $u = \psi^{-1}(a) \in \Upsilon$ und betrachten den Spezialfall, dass die ersten k Zeilen von $J_\psi(u)$ linear unabhängig sind. (Der allgemeine Fall wird wie oben im Beweis von Satz 7.2

durch eine geeignete Permutation darauf zurückgeführt.) Nach dem Satz 6.3 über inverse Funktionen angewendet auf $(\psi_1, \ldots, \psi_k) : \Upsilon \to \mathbb{R}^n$ gibt es offene Mengen $\tilde{\Omega}, \tilde{\Upsilon} \subset \mathbb{R}^k$ mit $u \in \tilde{\Upsilon} \subset \Upsilon$, so dass

$$\tilde{\psi} := (\psi_1, \ldots, \psi_k) \colon \tilde{\Upsilon} \to \tilde{\Omega}$$

ein Diffeomorphismus ist. (Vorsicht: Es ist $\tilde{\Upsilon} \subset \Upsilon$, aber $\tilde{\Omega} \subset \mathbb{R}^k$ und nicht $\tilde{\Omega} \subset \Omega$!) Wir definieren

$$G \colon \tilde{\Upsilon} \times \mathbb{R}^{n-k} \to \tilde{\Omega} \times \mathbb{R}^{n-k}, \quad G(\xi, \eta) = \psi(\xi) + (0, \eta).$$

Es ist, mit $\xi \in \tilde{\Upsilon}$ und $\eta \in \mathbb{R}^{n-k}$,

$$J_G(\xi, \eta) = \begin{pmatrix} J_{\tilde{\psi}}(\xi) & 0 \\ * & I \end{pmatrix},$$

wobei $*$ die Komponenten $k+1, \ldots, n$ von J_ψ beinhaltet, also die Komponenten, die nicht in $J_{\tilde{\psi}}$ enthalten sind. I ist hier die Einheitsmatrix in $\mathbb{R}^{(n-k)\times(n-k)}$. Aus der Form von J_G ergibt sich sofort, dass J_G auf $\tilde{\Upsilon} \times \mathbb{R}^{n-k}$ invertierbar ist. Wir werden nachher die Umkehrfunktion G^{-1} in Komponenten zerlegen; die zweite Komponente wird die Nullstellencharakterisierung einer Untermannigfaltigkeit aus Satz 7.2 und damit die Behauptung liefern.

Wir brauche dazu noch einige Vorbereitungen. Wir zeigen zunächst, dass G bijektiv auf $\tilde{\Upsilon} \times \mathbb{R}^{n-k}$ ist.

Zur Injektivität von G: Es ist

$$G(\xi, \eta) = G(\xi', \eta') \quad \Leftrightarrow \quad \psi(\xi) + (0, \eta) = \psi(\xi') + (0, \eta').$$

Vergleichen wir „komponentenweise", gilt für die ersten k Komponenten, also $1 \leq j \leq k$, dass $G_j(\xi, \eta) = \psi_j(\xi) = \tilde{\psi}_j(\xi)$ ist. Also impliziert $G(\xi, \eta) = G(\xi', \eta')$, dass $\tilde{\psi}(\xi) = \tilde{\psi}(\xi')$ gilt, und damit ist $\xi = \xi'$. Setzen wir dieses Wissen in den letzten $n-k$ Komponenten ein, ergibt sich sofort $\eta = \eta'$. Also ist G injektiv.

Zur Surjektivität von G: Sei nun $(y, z) \in \tilde{\Omega} \times \mathbb{R}^{n-k}$. Es ist

$$(y, z) = \psi(\xi) + (0, \eta),$$

wenn wir $\xi = \tilde{\psi}^{-1}(y)$ setzen und η so definieren, dass die Gleichung erfüllt ist. Also ist G auch surjektiv und damit

$$G \colon \tilde{\Upsilon} \times \mathbb{R}^{n-k} \to \tilde{\Omega} \times \mathbb{R}^{n-k}$$

ein Diffeomorphismus. Wir wählen $\tilde{O} \subset \mathbb{R}^n$, so dass $\psi(\tilde{\Upsilon}) = \tilde{O} \cap M$ ist. Dies ist möglich, da $\psi : \Upsilon \to \psi(\Upsilon)$ ein Homöomorphismus ist, $\tilde{\Upsilon} \subset \Upsilon$ gilt und somit $\psi(\tilde{\Upsilon})$ offen ist. Wir setzen

$$O := \left(\tilde{\Omega} \times \mathbb{R}^{n-k}\right) \cap \tilde{O},$$

und zerlegen

$$G^{-1} = (f_1, f_2) \quad \text{mit} \quad f_1\colon O \to \tilde{\Upsilon} \quad \text{und} \quad f_2\colon O \to \mathbb{R}^{n-k}.$$

Dann gilt für alle $x \in O$

$$x \in M \Leftrightarrow \exists \xi \in \tilde{\Upsilon},\ \psi(\xi) = x \Leftrightarrow \exists \xi \in \tilde{\Upsilon},\ G^{-1}(x) = (\xi, 0) \Leftrightarrow f_2(x) = 0,$$

also ist

$$M \cap O = \left\{x \;\middle|\; x \in O,\ f_2(x) = 0\right\}.$$

Da $J_{G^{-1}}(x)$ invertierbar ist für alle $x \in O$, hat $J_{f_2}(x)$ maximalen Rang, also $\operatorname{rang}(J_{f_2}(x)) = n - k$ für alle $x \in O$. Aus der Äquivalenz nach Satz 7.2 folgt die Behauptung. □

Definition 7.6 (Karte, Atlas)
Sei $M \subset \mathbb{R}^n$ eine k-dimensionale Untermannigfaltigkeit. Sei $\psi\colon \Upsilon \to \Omega$ wie in Satz 7.5(ii) *gegeben. Die Umkehrabbildung $\varphi\colon \Omega \to \Upsilon$ heißt C^1-**Karte** (oder einfach **Karte**) von M. Eine Familie $(\varphi_j)_{j\in J}$ von Karten $\varphi_j\colon \Omega_j \to \Upsilon_j$ heißt **Atlas** von M, falls*

$$M = \bigcup_{j\in J} \Omega_j.$$

Abb. 7.5 zeigt zwei Karten aus einem Atlas. Aus Satz 7.5 folgt unmittelbar, dass jede Untermannigfaltigkeit einen Atlas besitzt. Man kann zeigen, dass eine kompakte

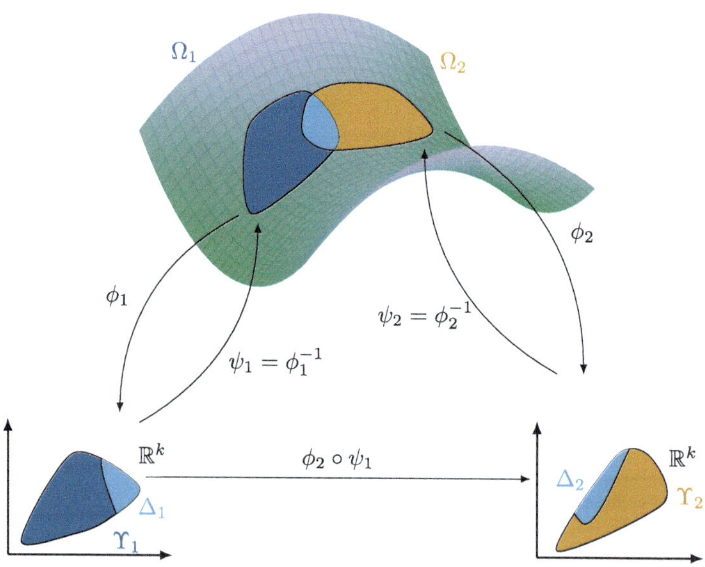

Abb. 7.5 Karten und Atlas

Untermannigfaltigkeit M einen endlichen Atlas besitzt, d. h. einen Atlas mit einer endlichen Indexmenge J.

Als Ausblick: Mittels Karten können wir lokale Eigenschaften wie Differenzierbarkeit definieren. Beispielsweise ist in der Situation von Abb. 7.4 eine „oben" auf der Untermannigfaltigkeit definierte Funktion $f\colon M \to \mathbb{R}$ in einem Punkt $p \in \Omega$ differenzierbar, wenn die entsprechende Funktion „unten", also auf eine Karte zurückgeholt, differenzierbar ist, hier also $\psi \circ f\colon \Upsilon \to \mathbb{R}$ in $\varphi(p)$ differenzierbar ist. Dies löst das nach Satz 7.5 angesprochene Problem.

Beispiel 7.7
Für die Sphäre $S^1 := \{x \mid x \in \mathbb{R}^2, \|x\|_2 = 1\}$ können wir einen Atlas angeben, der aus zwei Karten besteht. Wir wählen als Karten die Umkehrabbildungen von

$$\psi_1\colon (-\pi, \pi) \to \mathbb{R}^2, \quad \psi_1(t) = \begin{pmatrix} \cos(t) \\ \sin(t) \end{pmatrix}$$

bzw.

$$\psi_2\colon (-\pi, \pi) \to \mathbb{R}^2, \quad \psi_2(t) = \begin{pmatrix} -\sin(t) \\ \cos(t) \end{pmatrix}$$

auf deren jeweiligen Bildbereich. Im Allgemeinen ist, wie in diesem Beispiel, mehr als eine Karte zur Beschreibung einer Untermannigfaltigkeit M erforderlich.

Satz 7.8
Sei $M \subset \mathbb{R}^n$ eine k-dimensionale Untermannigfaltigkeit. Seien für $j = 1, 2$ weiter C^1-Karten $\varphi_j\colon \Omega_j \to \Upsilon_j$ von M gegeben mit $\Omega_1 \cap \Omega_2 \neq \emptyset$; deren Umkehrabbildungen seien $\psi_j\colon \Upsilon_j \to \Omega_j$. Dann sind

$$\Delta_j := \varphi_j(\Omega_1 \cap \Omega_2)$$

offene Teilmengen von $\mathbb{R}^k$ mit $\Delta_j \subset \Upsilon_j$, und

$$\varphi_2 \circ \psi_1\colon \Delta_1 \to \Delta_2$$

ist ein Diffeomorphismus. Die Abbildung $\varphi_2 \circ \psi_1$ heißt ***Kartenwechsel.***

Beweis Nach Konstruktion gilt $\Delta_j \subset \Upsilon_j$ für $j = 1, 2$, und $\psi_2^{-1} \circ \psi_1\colon \Delta_1 \to \Delta_2$ ist bijektiv. Wir zeigen, dass Δ_j offen ist. Wir fassen Ω_j als metrischen Raum auf, mit der aus dem $\mathbb{R}^n$ induzierten Metrik. Die Menge $\Omega_1 \cap \Omega_2$ ist in Ω_j offen. Weiter ist $\psi_j\colon \Upsilon_j \to \Omega_j$ stetig, also ist Δ_j als Urbild einer offenen Menge offen.

Wir zeigen nun, dass $\psi_2^{-1} \circ \psi_1$ ein Diffeomorphismus ist. Es genügt zu zeigen, dass $\psi_2^{-1} \circ \psi_1 \in C^1(\Delta_1; \mathbb{R}^k)$. Sei $u_1 \in \Delta_1$ beliebig. Wir setzen $a = \psi_1(u_1)$. Wir wählen $\hat{\Omega} \subset \Omega_1 \cap \Omega_2$ offen mit $a \in \hat{\Omega}$. Die Notation $\hat{}$ für die gerade definierte Menge und damit zugehörige Objekte soll daran erinnern, dass es sich um einen Schnitt ($\cap$) handelt. Da $\hat{\Omega}$ offen in M ist, existiert eine offene Menge $\hat{O} \subset \mathbb{R}^n$ mit

$\hat{\Omega} = M \cap \hat{O}$. Da M eine Untermannigfaltigkeit ist, können wir eine offene Menge $\hat{U} \subset \mathbb{R}^n$ und einen Diffeomorphismus $\Phi\colon \hat{O} \to \hat{U}$ wählen mit $\Phi(\hat{\Omega}) = \hat{U} \cap E_k$.

Wir setzen

$$\hat{\Delta}_j = \psi_j^{-1}(\hat{\Omega}) .$$

Dass $\hat{\Delta}_j$ offen ist, zeigt man genauso wie oben für Δ_j.

Es ist

$$\begin{aligned} \Phi \circ \psi_1 \colon \hat{\Delta}_1 \to \mathbb{R}^n , \quad \Phi \circ \psi_1 = (g_1, \dots, g_k, 0, \dots, 0) , \\ \Phi \circ \psi_2 \colon \hat{\Delta}_2 \to \mathbb{R}^n , \quad \Phi \circ \psi_2 = (h_1, \dots, h_k, 0, \dots, 0) . \end{aligned}$$

Sei $g = (g_1, \dots, g_k)$ und $h = (h_1, \dots, h_k)$. Es ist $g\colon \hat{\Delta}_1 \to \mathbb{R}^k$, $h\colon \hat{\Delta}_2 \to \mathbb{R}^k$ und

$$\operatorname{rang} J_\Phi = n , \quad \operatorname{rang} J_{\psi_j} = k ,$$

also

$$\operatorname{rang} J_{\Phi \circ \psi_j} = k ,$$

und damit

$$\operatorname{rang} J_g = \operatorname{rang} J_h = k .$$

Hieraus folgt mit dem Satz 6.3 über inverse Funktionen, dass es Umgebungen $\tilde{\Delta}_j \subset \hat{\Delta}_j$ von $u_j = \psi_j^{-1}(a)$ gibt, so dass

$$g\colon \tilde{\Delta}_1 \to g(\tilde{\Delta}_1) , \quad h\colon \tilde{\Delta}_2 \to h(\tilde{\Delta}_2) ,$$

Diffeomorphismen sind, und dass

$$\psi_2^{-1} \circ \psi_1 = h^{-1} \circ g , \quad \text{auf } \tilde{\Delta}_1 .$$

Da $u_1 \in \Delta_1$ beliebig war, folgt $\psi_2^{-1} \circ \psi_1 \in C^1(\Delta_1; \mathbb{R}^k)$. □

Eine Untermannigfaltigkeit $M \subset \mathbb{R}^n$ kann lokal, also für jeden Punkt $a \in M$ in einer Umgebung Ω von a, durch einen affinen Raum approximiert werden.

Definition 7.9

Sei $M \subset \mathbb{R}^n$ eine k-dimensionale Untermannigfaltigkeit und $a \in M$. Ein Vektor $v \in \mathbb{R}^n$ heißt ***Tangentialvektor*** *an M in a, wenn es eine stetig differenzierbare Kurve $\gamma\colon (-\varepsilon, \varepsilon) \to M$ gibt mit $\varepsilon > 0$ und*

$$\gamma(0) = a \quad \textit{und} \quad \dot{\gamma}(0) = v .$$

Die Menge der Tangentialvektoren heißt der ***Tangentialraum*** *von M in a und wird mit T_aM bezeichnet. Das orthogonale Komplement*

$$N_aM := (T_aM)^\perp := \left\{x \;\middle|\; x \in \mathbb{R}^n,\ \langle x, v\rangle = 0 \text{ für alle } v \in T_aM\right\}$$

heißt ***Normalenraum*** *an M in a, und die Elemente heißen* ***Normalenvektoren.***

Der folgende Satz zeigt insbesondere, dass T_aM ein k-dimensionaler Unterraum des $\mathbb{R}^n$ ist, und N_aM ein $(n-k)$-dimensionaler Unterraum.

Satz 7.10 (Charakterisierung des Tangential- und Normalenraumes)
Sei $M \subset \mathbb{R}^n$ eine k-dimensionale Untermannigfaltigkeit und $a \in M$. Ist Ω eine Umgebung von a in M und $\varphi\colon \Omega \to \Upsilon$ eine Karte mit Umkehrabbildung ψ, dann bilden die Spaltenvektoren der Jacobimatrix $J_{\psi\circ\varphi}(a)$ eine Basis von T_aM.

Ist $O \subset \mathbb{R}^n$ und $f \in C^1(O, \mathbb{R}^{n-k})$ eine Abbildung mit $a \in O$ und rang $Df(a) = n-k$ *und $M \cap O = \left\{x \;\middle|\; x \in \mathbb{R}^n,\ f(x) = 0\right\}$, dann ist*

$$\begin{aligned} T_aM &= \ker Df(a)\,, \\ N_aM &= \operatorname{span}\{\operatorname{grad} f_1(a), \ldots, \operatorname{grad} f_{n-k}(a)\}\,, \end{aligned}$$

also: Die Zeilenvektoren der Jacobimatrix $J_f(a)$ bilden eine Basis von N_aM.

Anschaulich ist sehr plausibel, dass die Gradienten grad $f_1(a), \ldots,$ grad $f_{n-k}(a)$ im Normalenraum liegen: Schließlich ist die Untermannigfaltigkeit lokal als Nullstellenmenge von f definierbar, also lokal Teil der Niveaumenge $N_0(f)$. Der Tangentialraum schmiegt sich an die Untermannigfaltigkeit an (vergleiche Abb. 5.14, wobei wir uns die Kugel jetzt als Untermannigfaltigkeit denken). Gradienten zeigen in die Richtung des stärksten Anwachsens einer Funktion, stehen also senkrecht zur Niveaufläche und damit senkrecht zum Tangentialraum, liegen also im Normalenraum. – Dass die Spalten einer Darstellungsmatrix einer linearen Abbildung wie hier $D\psi(\varphi(a))$ den Bildraum aufspannen, ist aus der linearen Algebra vertraut; obige Aussage sagt, dass dies auch im Kontext eines Tangentialraumes T_aM einer Untermannigfaltigkeit gilt.

Beweis Wir schreiben im T für das Bild einer linearen Abbildung T und ker T für den Kern.

Zum einen gilt

$$\dim \operatorname{im} D\psi(\varphi(a)) = \operatorname{rang} D\psi(\varphi(a)) = k = n - \operatorname{rang} Df(a) = \dim \ker Df(a)\,,$$

wobei die letzte Gleichheit aus der linearen Algebra bekannt ist.

Die Behauptung über T_aM folgt aus obiger Identität, wenn

$$\operatorname{im} D\psi(\varphi(a)) \subset T_aM \subset \ker Df(a)$$

gezeigt ist.

Schritt 1, linke Inklusion im $D\psi(\varphi(a)) \subset T_aM$: Um dies zu sehen, sei $v \in$ im $D\psi(\varphi(a))$, also $v = D\psi(\varphi(a))w$ mit $w \in \mathbb{R}^k$. Wir setzen für $\varepsilon > 0$ klein genug $\gamma(t) := \psi(\varphi(a) + tw)$ mit $t \in (-\varepsilon, \varepsilon)$; dies ist eine stetig differenzierbare Kurve mit $\gamma(0) = a$ und $\dot{\gamma}(0) = D\psi(\varphi(a))w = v$, d. h. $v \in T_aM$.

Schritt 2, rechte Inklusion $T_aM \subset \ker Df(a)$: Sei $v \in T_aM$. Wir wählen eine C^1-Kurve $\gamma : (-\varepsilon, \varepsilon) \to M$ mit $\gamma(0) = a$ und $\dot{\gamma}(0) = v$. Dann liegt für $t \in \mathbb{R}$ mit $|t| < \varepsilon$ der Punkt $\gamma(t)$ in M, und daher ist nach Annahme $f(\gamma(t)) = 0$. Daraus folgt, dass

$$0 = \frac{\mathrm{d}}{\mathrm{d}t} f(\gamma(t)) = Df(\gamma(t))\dot{\gamma}(t) .$$

Dies gilt insbesondere für $t = 0$:

$$0 = Df(a)v ,$$

also ist $v \in \ker Df(a)$. Die Aussagen über den Tangentialraum sind damit bewiesen.

Zur Behauptung über den Normalenraum: Es ist

$$\ker(Df(a)) = \left\{ w \in \mathbb{R}^n \;\middle|\; \left\langle \operatorname{grad} f_j(a), w \right\rangle = 0 \text{ für alle } 1 \leq j \leq n-k \right\} .$$

Aus der linearen Algebra erhalten wir hieraus

$$\ker(Df(a))^{\perp} = \operatorname{span}\{\operatorname{grad} f_1(a), \ldots, \operatorname{grad} f_{n-k}(a)\} .$$

Also ist

$$N_aM := (T_aM)^{\perp} = \ker(Df(a))^{\perp} = \operatorname{span}\{\operatorname{grad} f_1(a), \ldots, \operatorname{grad} f_{n-k}(a)\}$$

wie behauptet. □

Ausblick: Satz 7.8 besagt, dass für Untermannigfaltigkeiten alle Kartenwechsel Diffeomorphismen sind. Hieraus lässt sich eine allgemeinere Definition einer Mannigfaltigkeit M gewinnen, die nicht mehr von vornherein als Teilmenge des $\mathbb{R}^n$ gegeben ist, sondern nur ein topologischer Raum zu sein braucht. Solche **differenzierbaren Mannigfaltigkeiten** werden in der Differentialtopologie untersucht. Die definierende Eigenschaft einer differenzierbaren Mannigfaltigkeit ist, dass jeder Kartenwechsel ein Diffeomorphismus ist. Satz 7.8 sagt also aus, dass Untermannigfaltigkeiten differenzierbare Mannigfaltigkeiten sind.

Es gibt Mannigfaltigkeiten, die keine Untermannigfaltigkeit sind. Als Beispiel geben wir eine durch eine Karte parametrisierte Mannigfaltigkeit M an:

$$\psi : (0, \pi) \to \mathbb{R}^2, \qquad \psi(t) = \sin(2t) \cdot \begin{pmatrix} \cos(|t|) \\ \sin(t) \end{pmatrix} . \tag{7.2}$$

Das Bild M ist „Achterfigur“ in der Ebene, siehe Abb. 7.6. Bei M handelt es sich um eine Mannigfaltigkeit [2, Chap. 5, § 23]. Es handelt sich aber um keine Untermannigfaltigkeit des $\mathbb{R}^2$, da es um den Ursprung keine Umgebung gibt, in der M als

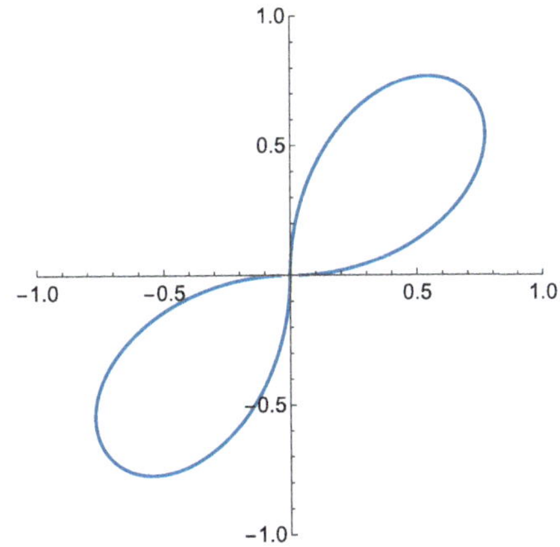

Abb. 7.6 Die Mannigfaltigkeit aus (7.2). Gezeichnet ist der Parameterbereich $(0{,}02, \pi - 0{,}02)$, um die Lage der „Anfangs- und Endpunkte" zu verdeutlichen. Der Ursprung wird nur von einer „Achterlinie" durchlaufen, aber die beiden Enden kommen in der vollen Parametrisierung $(0, \pi)$ dem Ursprung beliebig nahe

Nullstellenmenge einer Funktion mit nichtverschwindender Ableitung geschrieben werden kann.

Der Einbettungssatz von Whitney, 1936 von Hassler Whitney bewiesen, besagt aber, dass jede n-dimensionale differenzierbare Mannigfaltigkeit eine Einbettung in den euklidischen Raum $\mathbb{R}^{2n+1}$ besitzt, also als Untermannigfaltigkeit im $\mathbb{R}^{2n+1}$ aufgefasst werden kann.

7.2 Extrema unter Nebenbedingungen

Wir haben in Kap. 5 bereits Methoden zur Kurvendiskussion kennen gelernt, vgl. Definition 5.41 und die darauf folgenden Resultate. In der Praxis geht es aber oft nicht darum, das Extremum einer Funktion $f\colon \mathbb{R}^n \to \mathbb{R}$ zu finden, sondern das Extremum einer Funktion „unter Nebenbedingungen" zu bestimmen. Ist beispielsweise $f\colon \mathbb{R}^n \to \mathbb{R}$ eine Funktion, die einen Produktionsprozess beschreibt und optimiert werden soll, sind die Argumente x in der Realität nicht uneingeschränkt wählbar. Jeder Punkt x wird z. B. Materialkosten haben, und eine typische Aufgabe ist es, eine optimale Lösung, also ein Extremum von f, unter allen „zulässigen" Punkten x zu finden. Die Menge der zulässigen Punkte kann durch Ungleichungen und Gleichungen beschrieben werden, und in den Optimierungsvorlesungen lernt man dafür Methoden kennen. Wir betrachten hier einen einfacheren, aber häufig vorkommenden Fall, in dem die *Nebenbedingungen durch Gleichungen* gegeben sind. Wir lassen zur Extremumsbestimmung also nur Punkte x zu, die eine gegebene Menge von Gleichungen erfüllen. Man schreibt diese Gleichungsmenge meist als Nullstellenmenge. Gegeben $g_1, \ldots, g_m\colon \mathbb{R}^n \to \mathbb{R}$ mit $m \leq n$, betrachten wir also lediglich Punkte x mit

$$g_1(x) = \ldots = g_m(x) = 0\,.$$

Oft sind g_j hier lineare oder quadratische Funktionen. Wir fassen die Nebenbedingungen zu einer Funktion $g\colon \mathbb{R}^n \to \mathbb{R}^m$ zusammen. Meist betrachtet man Minimierungsprobleme (Maximierungsprobleme lassen sich durch Wechsel des Vorzeichens darauf zurückführen). Damit stellt sich die Aufgabe

$$\min_{x \in M} f(x) \quad \text{mit} \quad M := \{x \mid x \in \mathbb{R}^n, g(x) = 0\}. \tag{7.3}$$

Man spricht hier von einer Optimierung unter Nebenbedingungen, genauer Gleichungsnebenbedingungen, die durch die Einschränkung

$$x \in \mathbb{R}^n \text{ mit } g(x) = 0$$

gegeben sind. In diesem Kontext nennt man die zu minimierende Funktion f oft **Zielfunktion.** In der Sprache der Untermannigfaltigkeiten beschreibt die Gleichungsnebenbedingung in (7.3) nach Satz 7.2 eine $n-m$-dimensionale Untermannigfaltigkeit $M = \{x \mid x \in \mathbb{R}^n, g(x) = 0\}$. Das in diesem Abschnitt betrachtete Problem kann also so formuliert werden: Wir suchen Extrema einer Funktion $f : \mathbb{R}^n \to \mathbb{R}$ auf der durch die Nullstellenmenge $\{x \mid g(x) = 0\}$ charakterisierten Untermannigfaltigkeit M.

Definition 7.11
Ein $x_* \in M$ heißt lokale Lösung *von (7.3), falls es eine offene Kugel $O \subset \mathbb{R}^n$ um x_* gibt, so dass*

$$f(x_*) \leq f(x), \quad \textit{für alle } x \in O \cap M. \tag{7.4}$$

Äquivalent zu obiger Bedingung ist natürlich, dass eine in M offen Umgebung Ω von x_* existiert mit $f(x_*) \leq f(x)$ für alle $x \in \Omega$ (SÜPER-Übung).

Satz 7.12 (Notwendige Bedingung für Extrema unter Nebenbedingungen)
Seien $f \in C^1(\mathbb{R}^n)$ und $g \in C^1(\mathbb{R}^n; \mathbb{R}^m)$ mit $m \leq n$. Sei M die Nullstellenmenge von g wie in (7.3) gegeben. Sei weiter $x_* \in M$ eine lokale Lösung von (7.3) und $Dg(x_*)$ surjektiv. Dann gibt ein $\lambda \in \mathbb{R}^m$ mit

$$\operatorname{grad} f(x_*) = J_g(x_*)^T \lambda. \tag{7.5}$$

Der Vektor λ heißt ***Lagrange-Multiplikator.***

Wir geben zunächst eine geometrische Interpretation von (7.5) und beweisen dann damit den Satz.

Lemma 7.13
Im Kontext von Satz 7.12 gilt (7.5) für $\lambda \in \mathbb{R}^m$ genau dann, wenn grad $f(x_*)$ *senkrecht auf* ker $Dg(x_*)$ *steht.*

Beweis von Lemma 7.13 Es gilt für $\lambda \in \mathbb{R}^m$

$$\operatorname{grad} f(x_*) = J_g(x_*)^T \lambda \quad \Longleftrightarrow \quad \operatorname{grad} f(x_*) = \sum_{j-1}^{m} \lambda_j \operatorname{grad} g_j(x_*).$$

Die rechte Seite ist genau dann erfüllt, wenn $\operatorname{grad} f(x_*) \in \operatorname{span}\{\operatorname{grad} g_1(x_*), \ldots, \operatorname{grad} g_m(x_*)\}$ ist. Nach Satz 7.10 gilt aber mit $M = \{x \in \mathbb{R}^n \mid g(x) = 0\}$

$$(\ker Dg(a))^\perp = N_{x_*}M = \operatorname{span}\{\operatorname{grad} g_1(x_*), \ldots, \operatorname{grad} g_m(x_*)\} ,$$

und die Behauptung ist gezeigt. □

Im Fall $m = 1$ lässt sich (7.5) sehr anschaulich interpretieren. Dann ist $Dg(x_*)^T = \operatorname{grad} g_1(x_*)$, und damit bedeutet (7.5): *der Gradienten der Zielfunktion f und der Gradient der Nebenbedingung g_1 müssen linear abhängig sein, also parallel oder antiparallel sein.* Mit etwas Nachdenken erweist sich dies ist sehr plausibel: Wir suchen ein Extremum auf der Niveaulinie $g_1 = 0$. Der Gradient von g_1 steht senkrecht auf dieser Niveaulinie und zeigt in die Richtung des stärksten Anstiegs von g_1 (siehe die Diskussion nach (5.28) in Kap. 5). Nach (7.5) ist ein notwendiges Kriterium, dass $\operatorname{grad} f(x_*)$ ebenfalls senkrecht auf der Niveaulinie $g_1 = 0$ steht. Damit wächst f von dem Punkt x_* am stärksten in die Richtung orthogonal zu der Richtung, in der wir Extrema suchen können. Von diesem Wachstum kann man auf der Nullstellenmenge von g nicht profitieren, da die Projektion von $\operatorname{grad} f(x_*)$ auf die Tangente der Nullstellenmenge von g_1 in x_* verschwindet. Wäre das nicht so, könnten wir unter Umständen auch in dieser tangentialen Komponente das Wachstum von f spüren, und damit wäre x_* nicht optimal.

Beweis von Satz 7.12 Nach Lemma 7.13 und Satz 7.10 genügt es zu zeigen, dass

$$\operatorname{grad} f(x_*) \in (\ker Dg(x_*))^\perp = \left(T_{x_*}M\right)^\perp . \tag{7.6}$$

Sei $v \in T_{x_*}M$ und sei $\gamma\colon (-\varepsilon, \varepsilon) \to M$ eine stetig differenzierbare Kurve mit $\gamma(0) = x_*$ und $\dot\gamma(0) = v$. Die stetig differenzierbare Funktion $f_\gamma = f \circ \gamma\colon (-\varepsilon, \varepsilon) \to \mathbb{R}$ hat ein lokales Minimum in 0. Mit der Kettenregel folgt

$$0 = f_\gamma'(0) = Df(\gamma(0))\dot\gamma(0) = \langle \operatorname{grad} f(x_*), v \rangle .$$

Da v ein beliebiges Element von $T_{x_*}M$ war, ist (7.6) bewiesen. □

Bemerkung 7.14
Satz 7.12 ist tiefliegend: Man beweist diesen Satz oft direkt mit dem nichttrivialen Satz über implizite Funktionen. In obiger Fassung ist der Beweis in der Kernidee fast trivial: Wir verwenden einfach die Kettenregel für die Funktion f_γ und studieren dann die erhaltenen Objekte mit Hilfe der Geometrie des Tangentialraumes. Hier geht der Satz über implizite Funktionen nur implizit ein, denn mit ihm hatten wir die verwendeten Resultate im Abschnitt über Untermannigfaltigkeiten hergeleitet. Allerdings steckt jetzt diese Technologie „unter der Motorhaube", und die Struktur des Beweises tritt so klar hervor.

Man beachte, dass Satz 7.12 lediglich eine *notwendige* Bedingung für ein lokales Minimum liefert. Lösungen von (7.5) sind daher zunächst nur Kandidaten für

Minima, ganz wie im Fall ohne Nebenbedingung, in dem die Berechnung von Lösungen von grad $f(x_*) = 0$ ebenfalls nur Kandidaten liefert. Hinreichende Bedingungen involvieren die zweiten Ableitungen von g und f; sie werden in der Optimierungstheorie behandelt.

Jetzt zur praktischen Anwendung: Die Bedingung (7.5) bedeutet ausgeschrieben

$$\begin{aligned} \partial_1 f(x_*) &= \sum_{j=1}^{m} \partial_1 g_j(x_*)\lambda_j\,, \\ &\vdots \\ \partial_n f(x_*) &= \sum_{j=1}^{m} \partial_n g_j(x_*)\lambda_j\,. \end{aligned} \tag{7.7}$$

Dies legt folgendes Verfahren nahe: Wir definieren die **Lagrange-Funktion**

$$L(x, \lambda) = f(x) - \langle \lambda, g(x) \rangle\,. \tag{7.8}$$

mit unbestimmtem $\lambda \in \mathbb{R}^m$. Damit ist L eine Funktion in $n + m$ Unbekannten $x_1, \dots, x_n, \lambda_1, \dots, \lambda_m$. Bezeichnet ∂_l die partielle Ableitung nach x_l, für $1 \leq l \leq n$, gilt

$$\partial_l L(x, \lambda) = \partial_l f(x) - \sum_{j=1}^{m} \partial_l g_j(x)\lambda_j\,.$$

Also verschwinden alle diese partielle Ableitungen in einem Punkt x_*,

$$\partial_1 L(x_*, \lambda) = \dots = \partial_n L(x_*, \lambda) = 0$$

genau dann, wenn Gl. (7.7) erfüllt ist, was äquivalent zu (7.5) ist. Weiter ist die partielle Ableitung von L nach λ_j mit $1 \leq j \leq m$ gleich $g_j(x)$. Gilt also für x_*, dass alle partielle Ableitung von L nach λ_j mit $1 \leq j \leq m$ verschwinden, gilt

$$g_1(x_*) = g_2(x_*) = \dots g_m(x_*) = 0\,,$$

d. h. es ist $x_* \in M$.

Kurz gesagt: Die Lagrange-Funktion entsteht durch Anhängen der mit den Lagrange-Multiplikatoren multiplizierten Nebenbedingungen an die zu minimierenden Zielfunktion f. Man leitet L nach x_j (für $1 \leq j \leq n$) und nach λ_j (für $1 \leq j \leq m$) ab und versucht, die enthaltenen $n + m$ Gleichungen für die $n + m$ Variablen (x, λ) alle gleich null zu setzen. Gelingt dies, erzwingen die Lagrange-Multiplikatoren, dass das so erhaltene x_* die Nebenbedingung $g(x_*) = 0$ erfüllt.

Beispiel 7.15
Wie sieht die platzsparendste Konservenbüchse aus? Wir suchen den Zylinder mit

maximalem Volumen unter allen Zylindern mit vorgegebener Oberfläche. Sei r der Radius des Zylinders und h seine Höhe. Zu maximieren ist das Volumen

$$V(r,h) = \pi r^2 h$$

unter allen Zylindern mit fester positiver Oberfläche A_0

$$A(r,h) = 2\pi r^2 + 2\pi r h \overset{!}{=} A_0 . \tag{7.9}$$

Die Lagrange-Funktion ist $L(r,h,\lambda) = \pi r^2 h - \lambda\left(2\pi r^2 + 2\pi r h - A_0\right)$. (Der Lagrange-Formalismus funktioniert für Minima und Maxima gleichermaßen). Wir leiten partiell nach r und h ab und setzen gleich null:

$$\begin{aligned}\frac{\partial L}{\partial r} &= 2\pi r h - \lambda\,(4\pi r + 2\pi h) \overset{!}{=} 0 ,\\ \frac{\partial L}{\partial h} &= \pi r^2 - 2\lambda\pi r \overset{!}{=} 0 .\end{aligned}$$

Vereinfachen ergibt für $r > 0$

$$\begin{aligned} rh - \lambda(2r+h) &= 0 ,\\ r - 2\lambda &= 0 .\end{aligned}$$

Damit ergeben sich in Abhängigkeit von λ die Lösungen $r = 2\lambda$ aus der zweiten Gleichung und damit aus der ersten Gleichung $(r-\lambda)h = 2r\lambda$, also $h = 2r = 4\lambda$. Wir setzen diese Werte in (7.9) ein und erhalten $2\pi(2\lambda)^2 + 2\pi \cdot 2\lambda \cdot 4\lambda = A_0$, also $24\pi\lambda^2 = A_0$, was eine eindeutige positive Lösung λ besitzt. Man kann sich leicht überzeugen, dass ein Maximum vorliegt. – Die Modellierung dieses Problems wird in [3] diskutiert, siehe auch [1, Abschn. 13.3].

Beispiel 7.16
Sei $f(x) := x_1 + \ldots + x_n$ und $M := \left\{x \mid x \in \mathbb{R}^n, x_1 \cdot \ldots \cdot x_n - 1 = 0\right\}$; wir betrachten nur Lösungen mit $x_j > 0$ für $1 \le j \le n$. Es ist

$$L(x,\lambda) = x_1 + \ldots + x_n - \lambda(x_1 \cdot \ldots \cdot x_n - 1) .$$

Es ergibt sich in der Notation von oben

$$\partial_j L(x,\lambda) = 1 - \lambda x_1 \ldots x_{j-1} x_{j+1} \ldots x_n = 1 - \frac{\lambda}{x_j} .$$

Also impliziert $\partial_j L(x,\lambda) = 0$, dass $x_j = \lambda$ gilt. Da also alle x_j gleich sind, folgt $x_1 = \ldots = x_n = 1$, also $x_* := (1,\ldots,1)$. Man kann sich überzeugen, dass in der Tat ein Minimum vorliegt, indem man die kompakte Menge $[0,n]^n \cap M$ betrachtet und zeigt, dass die stetige Funktion f ein Minimum annimmt und dass das Minimum nicht am Rand des Quaders $[0, n]^n$ liegt. Weiter folgt aus der Aussage die Ungleichung zwischen dem arithmetischen und dem geometrischen Mittel („AGM-Ungleichung")

$$\sqrt[n]{x_1 \cdot \ldots \cdot x_n} \leq \frac{x_1 + \ldots + x_n}{n},$$

für $x_j \geq 0$ für $j = 1, \ldots, n$. Der Beweis ist als SÜPER-Übung überlassen.

Beispiel 7.17
Als weiteres Beispiel betrachten wir das Problem, die Extrema einer quadratischen Funktion auf der Einheitssphäre zu bestimmen. Sei $f : \mathbb{R}^n \to \mathbb{R}$ definiert durch

$$f(x) = x^T A x \quad \text{mit} \quad A \in \mathbb{R}^{n \times n} \text{ symmetrisch},$$

die Nebenbedingung sei

$$0 = g(x) = \sum_{j=1}^{n} x_j^2 - 1\,.$$

Es gilt dann $\{x \in \mathbb{R}^n \mid g(x) = 0\} = \{x \in \mathbb{R}^n \mid \|x\|_2 = 1\}$ und wir haben

$$\operatorname{grad} f(x) = 2Ax\,, \quad \operatorname{grad} g(x) = 2x\,.$$

Die stetige Funktion f nimmt auf der Einheitssphäre (die kompakt ist) ihr Maximum und ihr Minimum an. In beiden Fällen folgt aus Satz 7.12, im Falle des Maximums angewendet auf $-f$, die Existenz eines $\lambda \in \mathbb{R}$ mit $\operatorname{grad} f(x_*) = \lambda \operatorname{grad} g(x_*)$, also

$$Ax_* = \lambda x_*\,, \tag{7.10}$$

das heißt, λ ist Eigenwert von A zum Eigenvektor x_*. Aus (7.10) folgt

$$f(x_*) = x_*^T A x_* = x_*^T \lambda x_* = \lambda \|x_*\|_2^2 = \lambda\,.$$

Da diese Formel für jeden Eigenwert gilt, wenn wir einen zugehörigen Eigenvektor auf 1 normieren, haben wir das folgende Ergebnis erhalten:

$$\max_{\|x\|_2=1} f(x) = \lambda_{max}\,, \quad \min_{\|x\|_2=1} f(x) = \lambda_{min}\,,$$

wobei λ_{max} und λ_{min} der größte bzw. kleinste Eigenwert von A sind.

7.3 Bonusmaterial: Gradient, Divergenz und Rotation in Zylinderkoordinaten

In der linearen Algebra wird das Transformationsverhalten unter bijektiven linearen Abbildungen behandelt, d. h. unter einem Koordinatenwechsel $y = Lx$, wobei $x \in \mathbb{R}^n$ die ursprünglichen Koordinaten sind und y die durch die lineare Abbildung L entstehenden Koordinaten.

Die in Abschn. 2.7 behandelten Koordinatentransformationen (Polarkoordinaten, Kugelkoordinaten und Zylinderkoordinaten) sind nichtlineare Transformationen. Es ist nicht unmittelbar klar, wie sich der Gradient und andere Differentialoperatoren unter solchen Koordinatenwechseln transformieren. In diesem Abschnitt leiten wir die entsprechenden Formeln am Beispiel der Zylinderkoordinaten her. Am Ende des Abschnitts findet sich eine Zusammenfassung, die auch auf andere Koordinatenwechsel übertragbar ist.

Sei $f : \mathbb{R}^3 \to \mathbb{R}$ differenzierbar. Für $(x, y, z) \in \mathbb{R}^3$ sind die Funktionswerte von f durch $f(x, y, z)$ gegeben. Das ist die Darstellung von f in kartesischen Koordinaten. Wir schränken die Transformationsformel für Zylinderkoordinaten aus (2.17) auf $(0, \infty) \times (-\pi, \pi] \times \mathbb{R}$ ein, da sie dort eine bijektive Abbildung definiert. Wir bezeichnen diese Abbildung jetzt mit g,

$$(r, \varphi, z) \mapsto (r\cos(\varphi), r\sin(\varphi), z) =: g(r, \varphi, z)\,,$$

Es ist also

$$x = r\cos(\varphi)\,, \tag{7.11a}$$

$$y = r\sin(\varphi)\,, \tag{7.11b}$$

$$z = z\,. \tag{7.11c}$$

Dies definiert die Umkehrabbildung

$$\begin{aligned} g^{-1} : \mathbb{R}^3 \setminus \{0\} &\to \mathbb{R}^3 \setminus \{0\}\,, \\ (x, y, z) &\mapsto (r, \varphi, z) \end{aligned}$$

mit

$$r = \sqrt{x^2 + y^2}\,, \tag{7.12a}$$

$$\varphi = \begin{cases} \arctan\left(\frac{y}{x}\right) & \text{für } x > 0\,, \\ \frac{\pi}{2}\operatorname{sgn}(y) & \text{für } x = 0\,, \\ \arctan\left(\frac{y}{x}\right) + \pi & \text{für } x < 0 \text{ und } y \geq 0\,, \\ \arctan\left(\frac{y}{x}\right) - \pi & \text{für } x < 0 \text{ und } y < 0\,. \end{cases}, \tag{7.12b}$$

$$z = z\,. \tag{7.12c}$$

Damit ist die Darstellung von f in Zylinderkoordinaten gegeben durch $\tilde{f}(r, \varphi, z) := f(x(r, \varphi, z), y(r, \varphi, z), z(r, \varphi, z))$. Es gilt

$$f(x, y, z) = \tilde{f}(r(x, y, z), \varphi(x, y, z), z(r, \varphi, z)). \tag{7.13}$$

Die Frage ist, was der Gradient, die Rotation und die Divergenz von $\tilde{f}$ sind.

Beginnen wir mit dem Gradienten. Nach Definition 5.10 ist in kartesischen Koordinaten

$$\nabla f(x, y, z) = \begin{pmatrix} \partial_1 f(x, y, z) \\ \partial_2 f(x, y, z) \\ \partial_3 f(x, y, z) \end{pmatrix}. \tag{7.14}$$

Dies lautet ausgeschrieben

$$\nabla f(x, y, z) = \partial_1 f(x, y, z) e_x + \partial_2 f(x, y, z) e_y + \partial_3 f(x, y, z) e_z, \tag{7.15}$$

wobei e_x, e_y und e_z die Einheitsvektoren im $\mathbb{R}^3$ sind, die wir zunächst wie aus der linearen Algebra bekannt interpretieren, also $e_x = \begin{pmatrix} 1 \\ 0 \\ 0 \end{pmatrix}$ und so weiter.

Analog ist der Gradient in Zylinderkoordinaten eine Linearkombination von Einheitsvektoren e_r, e_φ und e_z. Aber welche Koordinatendarstellung haben die Einheitsvektoren e_r, e_φ und e_z? Um dies zu sehen, geben wir eine Definition der kartesischen Einheitsvektoren an, die sich auf nichtlineare Koordinatensysteme übertragen lässt. Sei $P_1 = (x_1, y_1, z_1) \in \mathbb{R}^3$. Wir betrachten die durch $x = x_1$ gegebene Niveaumenge. Für kartesische Koordinaten stimmt diese Niveaumenge mit dem durch sie definierten Tangentialraum in (x_1, y_1, z_1) überein. Das orthogonale Komplement dieses Tangentialraums, also der Normalenraum, ist eindimensional. Wir wählen daraus einen normierten Normalenvektor. Ebenso verfahren wir mit den zu den anderen Koordinaten gehörenden Niveaumengen $y = y_1$ und $z = z_1$. Wir wählen die Richtung der so erhaltenen Normalenvektoren (in der angegebenen Reihenfolge) so, dass diese der Orientierung von Daumen, Zeige- und Mittelfinger der rechten Hand folgen, und nennen sie e_x, e_y und e_z. Dies sind die **kartesischen Einheitsvektoren** in (x_1, y_1, z_1).

Wiederholen wir den Vorgang für einen weiteren Punkt $P_2 = (x_2, y_2, z_2)$, erhalten wir wieder einen Satz von Einheitsvektoren. Diese stimmen mit dem Satz der Einheitsvektoren in (x_1, y_1, z_1) überein. Es ist aber hilfreich sich vorzustellen, dass in jedem Punkt des $\mathbb{R}^3$ ein Satz Einheitsvektoren angeheftet ist wie in Abb. 7.7. Für Zylinderkoordinaten ändern sich nämlich die auf analoge Weise definierten Einheitsvektoren von Punkt zu Punkt! Das sehen wir, indem wir obige Prozedur für dieses Koordinatensystem wiederholen: Der Einheitsvektor e_r steht senkrecht auf dem Tangentialraum der Niveaumenge $r = \text{const}$, der Einheitsvektor e_φ steht senkrecht auf dem Tangentialraum der Niveaumenge $\varphi = \text{const}$. Abb. 7.8 veranschaulicht die Situation, wobei die zu r und φ gehörenden Einheitsvektoren wieder an den Basispunkt angeheftet gezeichnet sind. Der Einheitsvektor e_z stimmt mit dem entsprechenden kartesischen Einheitsvektor überein.

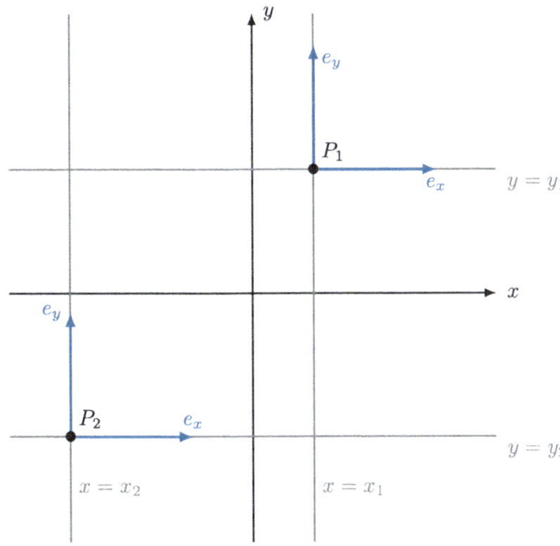

Abb. 7.7 Zwei Punkte in der Ebene mit den zugehörigen kartesischen Einheitsvektoren am Punkt angeheftet; der Einheitsvektor e_z zeigt beide Male aus der Papierebene heraus. Da die Einheitsvektoren für beide Punkte übereinstimmen, sind sie nicht mit dem zum Punkt gehörenden Index markiert

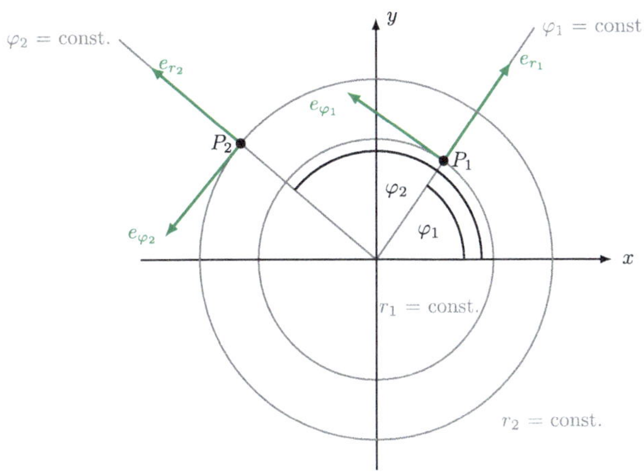

Abb. 7.8 Zwei Punkte in der Ebene mit den zugehörigen Einheitsvektoren in Zylinderkoordinaten am jeweiligen Punkt angeheftet; der Einheitsvektor e_z zeigt beide Male aus der Papierebene heraus

Damit haben verschiedene Punkte (r_1, φ_1, z_1) und (r_2, φ_2, z_2) verschiedene Einheitsvektoren. Einheitsvektoren sind also *vektorwertige Funktionen*. Zum Beispiel ist e_r eine Funktion $(r, \varphi, z) \mapsto e_r(r, \varphi, z)$.

Anhand von Abb. 7.9 sehen wir, dass die Einheitsvektoren e_x und e_y durch eine Drehung um den Winkel φ aus e_r und e_φ hervorgehen; e_z wird beim Übergang in Zylinderkoordinaten nicht verändert. Es gilt also

$$e_x = \cos(\varphi)e_r - \sin(\varphi)e_\varphi\,, \tag{7.16a}$$

$$e_y = \sin(\varphi)e_r + \cos(\varphi)e_\varphi\,, \tag{7.16b}$$

$$e_z = e_z\,. \tag{7.16c}$$

Abb. 7.9 Die Einheitsvektoren in der Ebene, für kartesische Koordinaten und Zylinderkoordinaten. Um die Umrechnung zwischen den Koordinatensystem zu illustrieren, sind alle Vektoren am Ursprung angeheftet

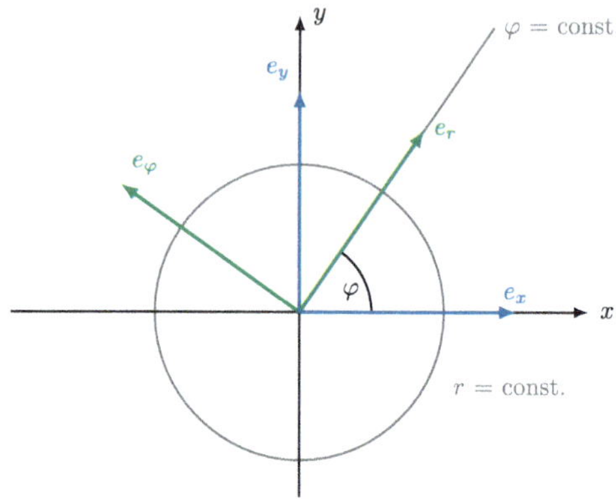

Weiter gilt nach der Kettenregel für f in (7.13) und den Formeln (7.12a)–(7.12b) für Zylinderkoordinaten für $x \neq 0$ (man kann sehen, dass die erhaltene Formel auch für $r \neq 0$ gültig ist)

$$\begin{aligned}\partial_1 f &= \partial_r \tilde{f} \cdot \partial_1 r + \partial_\varphi \tilde{f} \cdot \partial_1 \varphi = \partial_r \tilde{f} \cdot \partial_1 \sqrt{x^2+y^2} + \partial_\varphi \tilde{f} \cdot \partial_1 \arctan\left(\frac{y}{x}\right) \\ &= \partial_r \tilde{f} \cdot \frac{x}{r} + \partial_\varphi \tilde{f} \cdot \frac{1}{1+\left(\frac{y}{x}\right)^2} \cdot \frac{-y}{x^2} = \partial_r \tilde{f} \cdot \cos(\varphi) - \partial_\varphi \tilde{f} \cdot \frac{\sin(\varphi)}{r}. \end{aligned} \tag{7.17a}$$

Analog ergibt sich

$$\partial_2 f = \partial_r \tilde{f} \cdot \sin(\varphi) + \partial_\varphi \tilde{f} \cdot \frac{\cos(\varphi)}{r}. \tag{7.17b}$$

Durch Einsetzen von (7.16) und (7.17) in (7.15) ergibt sich

$$\begin{aligned}\nabla f &= \left(\partial_r \tilde{f} \cdot \cos(\varphi) - \partial_\varphi \tilde{f} \cdot \frac{\sin(\varphi)}{r}\right) \cdot \left(\cos(\varphi) e_r - \sin(\varphi) e_\varphi\right) \\ &\quad + \left(\partial_r \tilde{f} \cdot \sin(\varphi) + \partial_\varphi \tilde{f} \cdot \frac{\cos(\varphi)}{r}\right) \cdot \left(\sin(\varphi) e_r + \cos(\varphi) e_\varphi\right) + \partial_3 \tilde{f} e_z \\ &= \left(\partial_r \tilde{f} \cdot (\cos(\varphi))^2 + \partial_r \tilde{f} \cdot (\sin(\varphi))^2\right) e_r + \left(\frac{\partial_\varphi \tilde{f}}{r} \cdot (\sin(\varphi))^2 + \frac{\partial_\varphi \tilde{f}}{r} \cdot (\cos(\varphi))^2\right) e_\varphi \\ &\quad + \partial_3 \tilde{f} e_z \\ &= \partial_r \tilde{f} e_r + \frac{\partial_\varphi \tilde{f}}{r} e_\varphi + \partial_3 \tilde{f} e_z .\end{aligned}$$

Auf der rechten Seite steht eine Linearkombination der Einheitsvektoren e_r, e_φ und e_z, also der Gradient in Zylinderkoordinaten. Wir schreiben im Folgenden f_z statt f_3, da diese Notation für Zylinderkoordinaten natürlicher ist. Mit dem Verständnis, dass die erste Komponente zu e_r gehört, die zweite zu e_φ und die dritte zu e_z, lässt sich der Gradienten von $\tilde{f}$ in Zylinderkoordinaten also notieren als

$$\begin{pmatrix} \partial_r \tilde{f} \\ \frac{\partial_\varphi \tilde{f}}{r} \\ \partial_z \tilde{f} \end{pmatrix} . \tag{7.18}$$

Wir sehen insbesondere, dass der Gradient in Zylinderkoordinaten *nicht* der Vektor der partiellen Ableitungen $\partial_r \tilde{f}$, $\partial_\varphi \tilde{f}$ und $\partial_z \tilde{f}$ ist, wie dies für den Gradienten in kartesischen Koordinaten vereinbart ist: Durch die Transformation ergibt sich, dass die zweite Komponente $\partial_\varphi \tilde{f}$ geteilt durch r ist.

Jetzt zur Darstellung der Divergenz in Zylinderkoordinaten. Die komplette Herleitung startet mit der Divergenz in kartesischen Koordinaten und transformiert die einzelnen Ausdrücke in Zylinderkoordinaten. Wir führen diese längere Rechnung nicht aus und nutzen stattdessen, dass die formale Notation $\operatorname{div} F = \nabla \cdot F$ auch in Zylinderkoordinaten gilt, sofern der Gradient in Zylinderkoordinaten angegeben ist. Sei also $\tilde{F} = \tilde{F}_r e_r + \tilde{F}_\varphi e_\varphi + \tilde{F}_z e_z$ ein Vektorfeld. Wir schreiben den Nabla-Operator ∇ aus (7.18) als

$$\nabla = e_r \partial_r + e_\varphi \frac{\partial_\varphi}{r} + e_z \partial_z$$

(dass die Einheitsvektoren ihren Koeffizienten vorangestellt sind, wird sich gleich als notationell praktisch erweisen). Dann ist

$$\operatorname{div} \tilde{F} = \nabla \cdot \tilde{F} = \left(e_r \partial_r + e_\varphi \frac{\partial_\varphi}{r} + e_z \partial_z \right) \cdot \left(\tilde{F}_r e_r + \tilde{F}_\varphi e_\varphi + \tilde{F}_z e_z \right) . \tag{7.19}$$

Da die Einheitsvektoren vektorwertige Funktionen sind, die im Falle e_r und e_φ nicht konstant sind, sind auch deren partielle Ableitungen zu berücksichtigen. Um dies auszurechnen, bestimmen wir die Umkehrabbildung zu (7.16a) und (7.16b), die e_r und e_φ aus e_x und e_y bestimmt,[1]

$$\begin{aligned} e_r &= \cos(\varphi) e_x + \sin(\varphi) e_y , \\ e_\varphi &= -\sin(\varphi) e_x + \cos(\varphi) e_y . \end{aligned} \tag{7.20}$$

[1] Wir leiten diese Gleichungen hier geometrisch her. Alternativ kann man folgendes zeigen: Unter einem durch eine Funktion g beschriebenen Koordinatenwechsel werden die Einheitsvektoren durch geeignete Vielfache der Spalten der Jacobimatrix von g dargestellt, entstehen also aus diesen durch Normieren. Dies ist die nichtlineare Version des aus der linearen Algebra bekannten Sachverhalts, dass unter einem Koordinatenwechsel die Basisvektoren durch die Spalten der Darstellungsmatrix des Koordinatenwechsels dargestellt werden; vergleiche auch Satz 7.10. Für den Fall der Zylinderkoordinaten: Hier ist g die Abbildung aus (7.11). Also ergeben sich die Darstellungen der Einheitsvektoren durch Normieren aus $Dg(r, \varphi, z)(1, 0, 0)^T$, $Dg(r, \varphi, z)(0, 1, 0)^T$ und $Dg(r, \varphi, z)(0, 0, 1)^T$. Beispiel: Der zweite Einheitsvektor e_φ ist durch ein Vielfaches von

$$\begin{pmatrix} \cos(\varphi) & -r\sin(\varphi) & 0 \\ \sin(\varphi) & r\cos(\varphi) & 0 \\ 0 & 0 & 1 \end{pmatrix} \begin{pmatrix} 0 \\ 1 \\ 0 \end{pmatrix} = \begin{pmatrix} -r\cos(\varphi) \\ r\sin(\varphi) \\ 0 \end{pmatrix}$$

Diese Gleichungen leiten wir nach φ ab:

$$\partial_\varphi e_r = -\sin(\varphi)e_x + \cos(\varphi)e_y = e_\varphi\,, \tag{7.21a}$$

$$\partial_\varphi e_\varphi = -\cos(\varphi)e_x - \sin(\varphi)e_y = -e_r\,. \tag{7.21b}$$

Damit ergeben sich in (7.19) nicht nur die zu erwartenden drei Terme, die neben Vorfaktoren die Skalarprodukte $e_\star \cdot e_\star = 1$ mit $\star \in \{r, \varphi, z\}$ enthalten; zusätzlich verschwindet der Term $e_\varphi \frac{\tilde{F}_r}{r} \partial_\varphi e_r = e_\varphi \frac{\tilde{F}_r}{r} e_\varphi = \frac{\tilde{F}_r}{r}$ nicht (sofern $\tilde{F}_r \neq 0$), und es ergibt sich

$$\begin{aligned} \operatorname{div} \tilde{F} &= \partial_r \tilde{F}_r + \frac{\tilde{F}_r}{r} + \frac{1}{r}\partial_\varphi \tilde{F}_\varphi + \partial_z \tilde{F}_z \\ &= \frac{1}{r}\partial_r(r\tilde{F}_r) + \frac{1}{r}\partial_\varphi \tilde{F}_\varphi + \partial_z \tilde{F}_z\,. \end{aligned} \tag{7.22}$$

Dies ist die Formel für die Divergenz in Zylinderkoordinaten.

Schließlich zur Darstellung der Rotation in Zylinderkoordinaten. Sei wieder $\tilde{F} = \left(\tilde{F}_r, \tilde{F}_\varphi, \tilde{F}_z\right)$ ein in Zylinderkoordinaten gegebenes Vektorfeld. Wir gehen analog vor wie bei der Berechnung der Divergenz und benutzen die formale Notation $\operatorname{rot} \tilde{F} = \nabla \times \tilde{F}$. Es ist

$$\operatorname{rot} \tilde{F} = e_r \times \partial_r \tilde{F} + \frac{1}{r} e_\varphi \times \partial_\varphi \tilde{F} + e_z \times \partial_z \tilde{F}\,, \tag{7.23}$$

mit $\tilde{F} = \tilde{F}_r e_r + \tilde{F}_\varphi e_\varphi + \tilde{F}_z e_z$. Mit (7.21) ergibt sich

$$\begin{aligned} \operatorname{rot} \tilde{F} = {} & e_r \times \left(\partial_r \tilde{F}_r \cdot e_r + \partial_r \tilde{F}_\varphi \cdot e_\varphi + \partial_r \tilde{F}_z \cdot e_z\right) \\ & + \frac{1}{r} e_\varphi \times \left(\partial_\varphi \tilde{F}_r \cdot e_r + \tilde{F}_r \cdot e_\varphi + \partial_\varphi \tilde{F}_\varphi \cdot e_\varphi - \tilde{F}_\varphi \cdot e_r + \partial_\varphi \tilde{F}_z \cdot e_z\right) \\ & + e_z \times \left(\partial_z \tilde{F}_r \cdot e_r + \partial_z \tilde{F}_\varphi \cdot e_\varphi + \partial_z \tilde{F}_z \cdot e_z\right)\,. \end{aligned}$$

Dieser Ausdruck lässt sich mit den Rechenregeln für das Kreuzprodukt wie $e_r \times e_r = 0$ und $e_r \times e_\varphi = e_z$ vereinfachen:

$$\begin{aligned} \operatorname{rot} \tilde{F} = {} & \partial_r \tilde{F}_\varphi \cdot e_z - \partial_r \tilde{F}_z \cdot e_\varphi \\ & + \frac{1}{r}\left(-\partial_\varphi \tilde{F}_r e_z + \tilde{F}_\varphi e_z + \partial_\varphi \tilde{F}_z \cdot e_r\right) \\ & + \partial_z \tilde{F}_r \cdot e_\varphi - \partial_z \tilde{F}_\varphi \cdot e_r\,. \end{aligned}$$

---

dargestellt. Normieren ergibt $\begin{pmatrix} -\sin(\varphi) \\ \cos(\varphi) \\ 0 \end{pmatrix}$, und dies entspricht genau die Gleichheit $e_\varphi = -\sin(\varphi)e_x + \cos(\varphi)e_y$ aus (7.20).

Schließlich fassen wir die Terme nach den Normalenvektoren der Zylinderkoordinaten sortiert zusammen,

$$\begin{aligned}\operatorname{rot} \tilde{F} &= \left(\frac{1}{r}\partial_\varphi \tilde{F}_z - \partial_z \tilde{F}_\varphi\right) \cdot e_r + \left(\partial_z \tilde{F}_r - \partial_r \tilde{F}_z\right) \cdot e_\varphi + \left(\partial_r \tilde{F}_\varphi + \frac{1}{r}\tilde{F}_\varphi - \frac{1}{r}\partial_\varphi \tilde{F}_r\right) \cdot e_z \\ &= \left(\frac{1}{r}\partial_\varphi \tilde{F}_z - \partial_z \tilde{F}_\varphi\right) \cdot e_r + \left(\partial_z \tilde{F}_r - \partial_r \tilde{F}_z\right) \cdot e_\varphi + \left(\frac{1}{r}\left(r\tilde{F}_\varphi\right) - \frac{1}{r}\partial_\varphi \tilde{F}_r\right) \cdot e_z .\end{aligned}$$

Dies wird oft geschrieben als

$$\operatorname{rot} \tilde{F}(r,\varphi,z) = \begin{pmatrix} \frac{1}{r}\frac{\partial \tilde{F}_z}{\partial \varphi} - \frac{\partial \tilde{F}_\varphi}{\partial z} \\ \frac{\partial \tilde{F}_r}{\partial z} - \frac{\partial \tilde{F}_z}{\partial r} \\ \frac{1}{r}\frac{\partial}{\partial r}(r\tilde{F}_\varphi) - \frac{1}{r}\frac{\partial \tilde{F}_r}{\partial \varphi} \end{pmatrix};$$

hierbei ist die erste Komponente des obigen Vektors die r-Komponente, also

$$(\operatorname{rot} \tilde{F})_r = \frac{1}{r}\frac{\partial \tilde{F}_z}{\partial \varphi} - \frac{\partial \tilde{F}_\varphi}{\partial z}$$

und analog sind die beiden anderen Komponenten die φ- und die z-Komponente, in dieser Reihenfolge.

Zusammenfassend als Rechenanleitung Bei einem Koordinatenwechsel sind zu bestimmen:

(i) Die beteiligten Einheitsvektoren.
(ii) Deren (sich aus der Kettenregel ergebenden) Koeffizienten.

Zur Berechnung der Einheitsvektoren kann man geometrisch vorgehen wie oben geschildert oder wie in der Fußnote skizziert. Für Zylinderkoordinaten ergibt sich wie gesehen

$$e_r = \begin{pmatrix}\cos(\varphi)\\ \sin(\varphi)\\ 0\end{pmatrix}, \qquad e_\varphi = \begin{pmatrix}-\sin(\varphi)\\ \cos(\varphi)\\ 0\end{pmatrix}, \qquad e_z = \begin{pmatrix}0\\0\\1\end{pmatrix}.$$

Die Berechnung der Koeffizienten kann man so ausführen: Ist h die Koordinatentransformation, für Zylinderkoordinaten $h\colon (x,y,z) \mapsto (r,\varphi,z)$ (also die Umkehrabbildung von $g\colon (r,\varphi,z) \to (x,y,z)$) und $f = \tilde{f} \circ h$, ergibt sich nach der Kettenregel

$$Df(x,y,z) = D\tilde{f}(h(x,y,z)) \circ Dh(x,y,z),$$

d. h. in Darstellungsmatrizen

$$J_f(x,y,z) = J_{\tilde{f}}(h(x,y,z))J_h(x,y,z).$$

Transponieren wir diese Gleichung und identifizieren die transponierten Jacobimatrizen für f und $\tilde{f}$ mit den zugehörigen Gradienten, ergibt sich

$$\nabla f(x, y, z) = J_h(x, y, z)^T \nabla \tilde{f}(h(x, y, z)) .$$

Im Beispiel der Zylinderkoordinaten:

$$J_h(x, y, z) = \begin{pmatrix} \frac{x}{1+(\frac{y}{x})^2} & \frac{y}{1+(\frac{y}{x})^2} & 0 \\ \frac{1}{1+(\frac{y}{x})^2} \cdot \frac{-y}{x^2} & \frac{1}{1+(\frac{y}{x})^2} \cdot \frac{1}{x} & 0 \\ 0 & 0 & 1 \end{pmatrix} = \begin{pmatrix} \cos(\varphi) & \sin(\varphi) & 0 \\ -\frac{\sin(\varphi)}{r} & \frac{\cos(\varphi)}{r} & 0 \\ 0 & 0 & 1 \end{pmatrix} ,$$

wobei die Formeln (7.11) verwendet wurden. Damit ergibt sich für den Gradienten der Ausdruck

$$\begin{aligned} J_h(x, y, z)^T \begin{pmatrix} \partial_r \tilde{f} \\ \partial_\varphi \tilde{f} \\ \partial_z \tilde{f} \end{pmatrix} &= \partial_r \tilde{f} \begin{pmatrix} \cos(\varphi) \\ \sin(\varphi) \\ 0 \end{pmatrix} + \frac{\partial_\varphi \tilde{f}}{r} \begin{pmatrix} -\sin(\varphi) \\ \cos(\varphi) \\ 0 \end{pmatrix} + \partial_z \tilde{f} \begin{pmatrix} 0 \\ 0 \\ 1 \end{pmatrix} , \\ &= \partial_r \tilde{f} e_r + \frac{\partial_\varphi \tilde{f}}{r} e_\varphi + \partial_z \tilde{f} e_z , \end{aligned}$$

wie oben berechnet.

Literatur

1. T. W. Körner. *A companion to analysis*. Bd. 62. Graduate Studies in Mathematics. A second first and first second course in analysis. American Mathematical Society, Providence, RI, 2004.
2. J. R. Munkres. *Analysis on manifolds*. Addison-Wesley Publishing Company, Advanced Book Program, Redwood City, CA, 1991.
3. P. L. Roe. The Best Shape for a Tin Can. *Math. Gaz.* 75.472 (1991), 147–150.

Matrixfunktionen

8

8.1 Funktionen von Matrizen und Reihen im normierten Raum

Die Determinante können wir auffassen als eine Funktion

$$\det\colon \mathbb{K}^{n\times n} \to \mathbb{K}, \quad A \mapsto \det(A)\,.$$

Die Inversenbildung $A \mapsto A^{-1}$ liefert eine Funktion

$$f\colon GL(n,\mathbb{K}) \to \mathbb{K}^{n\times n}, \quad f(A) = A^{-1}\,,$$

auf der Menge der invertierbaren Matrizen, einer offenen Teilmenge von $\mathbb{K}^{n\times n}$ (nach Satz 2.27, als Urbild der offenen Menge $\mathbb{K}\setminus\{0\}$ unter der stetigen Abbildung det). Die Funktion f können wir als Erweiterung der Funktion

$$\tilde{f}(z) = \frac{1}{z}, \quad \tilde{f}\colon \mathbb{K}\setminus\{0\} \to \mathbb{K},$$

auffassen. Es stellt sich die Frage, ob solche Erweiterungen auf Matrizen auch für andere Funktionen möglich ist. Bei Polynomen ist das klar. Ist nämlich

$$\tilde{p}(z) = \sum_{k=0}^{n} c_k z^k$$

ein Polynom, so ist

$$p(A) = \sum_{k=0}^{n} c_k A^k$$

M. Brokate et al., *Analysis 2*,
https://doi.org/10.1007/978-3-662-71141-5_8

wohldefiniert, als Kombination von Matrizenadditionen und -multiplikationen. Als nächstes betrachten wir Potenzreihen, insbesondere die Exponentialfunktion,

$$e^z = \sum_{k=0}^{\infty} \frac{z^k}{k!}, \quad e^A \overset{?}{=} \sum_{k=0}^{\infty} \frac{A^k}{k!},$$

oder für die Summenformel der geometrischen Reihe

$$\sum_{k=0}^{\infty} z^k = \frac{1}{1-z}, \quad \sum_{k=0}^{\infty} A^k \overset{?}{=} (I-A)^{-1}.$$

Das Studium obiger mit „?" gekennzeichneten Potenzreihen wirft die Frage der Konvergenz von Matrixreihen im Vektorraum $\mathbb{K}^{n\times n}$ auf. Diesem Thema wenden wir uns jetzt zu.

Für die grundlegende Definition von Reihen im normierten Raum ist es unerheblich, ob der normierte Raum endliche oder unendliche Dimension hat.

Definition 8.1
Sei $(X, \|\cdot\|)$ ein normierter Raum über $\mathbb{K}$ und sei $(x_k)_{k\geq 0}$ eine Folge in X. Falls die Folge der Partialsummen

$$s_n = \sum_{k=0}^{n} x_k \tag{8.1}$$

gegen ein $s \in X$ konvergiert, so sagen wir, dass die zugehörige Reihe $\sum_{k=0}^{\infty} x_k$ ***konvergiert,*** *und definieren*

$$\sum_{k=0}^{\infty} x_k = s.$$

Die Reihe $\sum_{k=0}^{\infty} x_k$ heißt ***absolut konvergent,*** *falls*

$$\sum_{k=0}^{\infty} \|x_k\| < \infty.$$

Aus der Stetigkeit der Addition und Skalarmultiplikation im normierten Raum folgen die Rechenregeln

$$\sum_{k=0}^{\infty}(x_k + y_k) = \sum_{k=0}^{\infty} x_k + \sum_{k=0}^{\infty} y_k \quad \text{und} \quad \sum_{k=0}^{\infty} \lambda x_k = \lambda \sum_{k=0}^{\infty} x_k,$$

mit $\lambda \in \mathbb{K}$, die jeweils gültig sind, wenn die Grenzwerte auf der rechten Seite existieren.

Satz 8.2
Sei $(X, \|\cdot\|)$ ein Banachraum. Ist die Reihe $\sum_{k=0}^{\infty} x_k$ absolut konvergent, so ist sie auch konvergent, und es gilt

$$\left\| \sum_{k=0}^{\infty} x_k \right\| \leq \sum_{k=0}^{\infty} \|x_k\| . \tag{8.2}$$

Beweis Sei

$$\sigma_n := \sum_{k=0}^{n} \|x_k\| ,$$

dann gilt für die in (8.1) definierten Partialsummen für $n > m$

$$\|s_n - s_m\| = \left\| \sum_{k=m+1}^{n} x_k \right\| \leq \sum_{k=m+1}^{n} \|x_k\| = |\sigma_n - \sigma_m| .$$

Da (σ_n) eine Cauchyfolge in $\mathbb{R}$ ist, ist (s_n) eine Cauchyfolge in X, also konvergent. Wegen $\|s_n\| \leq |\sigma_n|$ folgt (8.2) aus

$$\|s\| = \lim_{n\to\infty} \|s_n\| \leq \lim_{n\to\infty} |\sigma_n| = \sum_{k=0}^{\infty} \|x_k\| ,$$

wobei die Stetigkeit der Norm verwendet wurde. □

8.2 Matrixnormen

Der Matrizenraum $\mathbb{K}^{n\times n}$ ist endlichdimensional, daher sind alle Normen auf $\mathbb{K}^{n\times n}$ äquivalent, und die Konvergenz einer Folge oder Reihe im $\mathbb{K}^{n\times n}$ hängt nicht von der Wahl der Norm ab. Eine geschickte Wahl der Norm kann für den Beweis der Konvergenz aber oft hilfreich sein. Unter anderem daher ist es sinnvoll, Normen auf $\mathbb{K}^{n\times n}$ genauer zu untersuchen. Wir erinnern an die Operatornorm (3.9) aus Kap. 3, hier im Kontext von Matrizen als Darstellung endlichdimensionaler Operatoren.

Definition 8.3
Sei $\|\cdot\|$ eine Norm auf $\mathbb{K}^n$. Für $A \in \mathbb{K}^{n\times n}$ definiert

$$\|A\| = \sup_{\substack{x\in\mathbb{K}^n \\ \|x\|=1}} \|Ax\| = \sup_{x\neq 0} \frac{\|Ax\|}{\|x\|} . \tag{8.3}$$

*eine Norm auf $\mathbb{K}^{n\times n}$. Sie heißt die von der gegebenen Vektornorm auf $\mathbb{K}^n$ erzeugte **Operatornorm** oder **Matrixnorm**.*

Der Nachweis der Normeigenschaft sowie der zweiten Gleichheit in (8.3) ist eine SÜPER-Übung.

In diesem Kapitel werden wir unter „Matrixnorm" immer eine Norm im Sinne von Definition 8.3 verstehen und nicht eine beliebige, auf dem Raum $\mathbb{K}^{n\times n}$ definierte Norm. Manche der folgenden Aussagen gelten für allgemeine auf $\mathbb{K}^{n\times n}$ definierte Normen nicht.

Die Einheitssphäre $\{x \mid x \in \mathbb{K}^n, \|x\| = 1\}$, also der Rand der Einheitskugel im $\mathbb{K}^n$, ist kompakt. Daher wird in (8.3) das Maximum angenommen,

$$\|A\| = \max_{\substack{x\in\mathbb{K}^n\\ \|x\|=1}} \|Ax\| .$$

Als erstes Beispiel betrachten wir die Spaltensummennorm.

Satz 8.4
Für die von der Vektornorm

$$\|x\|_1 = \sum_{j=1}^{n} |x_j|$$

erzeugte Matrixnorm gilt

$$\|A\|_1 = \max_{1\le k\le n} \sum_{j=1}^{n} |a_{jk}| .$$

*Diese Norm heißt **Spaltensummennorm**.*

Beweis Wir setzen

$$s = \max_{1\le k\le n} \sum_{j=1}^{n} |a_{jk}| .$$

Für die Einheitsvektoren e_k gilt $(Ae_k)_j = a_{jk}$, also

$$\|Ae_k\|_1 = \sum_{j=1}^{n} |a_{jk}| ,$$

und damit gemäß der Definition der Matrixnorm

$$\|A\|_1 \ge \max_{1\le k\le n} \|Ae_k\|_1 = s .$$

Ist andererseits

$$x = \sum_{k=1}^{n} x_k e_k\,, \quad \text{also} \quad Ax = \sum_{k=1}^{n} x_k A e_k\,,$$

so gilt

$$\|Ax\|_1 \leq \sum_{k=1}^{n} |x_k| \|Ae_k\|_1 \leq s \cdot \sum_{k=1}^{n} |x_k| = s\|x\|_1\,,$$

also

$$\frac{\|Ax\|_1}{\|x\|_1} \leq s\,,$$

falls $x \neq 0$, und daher $\|A\|_1 \leq s$ wegen (8.3). □

Wir beschäftigen uns nun mit der von der euklidischen Norm $\|\cdot\|_2$ erzeugten Matrixnorm.

Definition 8.5 (Spektralradius)
Sei $A \in \mathbb{C}^{n\times n}$. Dann heißt

$$\rho(A) = \max \left\{ |\lambda| \;\middle|\; \lambda \textit{ ist Eigenwert von } A \right\}$$

*der **Spektralradius** von A.*

Satz 8.6
Sei $A \in \mathbb{C}^{n\times n}$. Dann gilt für die von der euklidischen Norm im $\mathbb{C}^n$ erzeugte Matrixnorm

$$\|A\|_2 = \sqrt{\rho\left(\bar{A}^T A\right)}\,. \tag{8.4}$$

*Diese Norm heißt **Spektralnorm.** Ist $A \in \mathbb{R}^{n\times n}$ symmetrisch, so gilt*

$$\|A\|_2 = \rho(A)\,. \tag{8.5}$$

Beweis Die Matrix $B := \bar{A}^T A$ ist hermitesch, d.h. es gilt $\bar{B}^T = B$. Also gibt es, wie in der linearen Algebra gezeigt, eine Orthonormalbasis $\{u_1, \ldots, u_n\}$ in $\mathbb{C}^n$ von Eigenvektoren von B. Das heißt, für $1 \leq j, k \leq n$ ist

$$Bu_j = \lambda_j u_j\,, \quad \langle u_j, u_k\rangle = \delta_{jk} := \begin{cases} 1 \text{ für } j = k\,, \\ 0 \text{ sonst}\,; \end{cases} \tag{8.6}$$

δ_{jk} heißt **Kronecker-Delta.** Hierbei sind λ_j die Eigenwerte von B, und

$$\langle x, y\rangle = \sum_{j=1}^{n} \bar{x}_j y_j$$

ist das Standardskalarprodukt im $\mathbb{C}^n$, vgl. Abschn. 3.4. Wir können (8.6) auch als Matrixprodukt schreiben. Ist $U \in \mathbb{C}^{n\times n}$ diejenige Matrix, deren Spalten gerade die Eigenvektoren u_i sind, so ist (8.6) äquivalent zu

$$BU = UD\,, \quad D = \operatorname{diag}(\lambda_1, \ldots, \lambda_n)\,,$$

oder äquivalent

$$B = UDU^{-1}\,.$$

Sei nun

$$x = \sum_{j=1}^{n} \alpha_j u_j\,, \quad \alpha_j \in \mathbb{C}\,,$$

ein beliebiger Vektor in $\mathbb{C}^n$. Dann gilt

$$\|x\|_2^2 = \langle x, x\rangle = \left\langle \sum_{j=1}^{n} \alpha_j u_j, \sum_{k=1}^{n} \alpha_k u_k \right\rangle = \sum_{j=1}^{n} |\alpha_j|^2\,, \tag{8.7}$$

und

$$\|Ax\|_2^2 = \langle Ax, Ax\rangle = \left\langle x, \bar{A}^T A x\right\rangle = \left\langle \sum_{j=1}^{n} \alpha_j u_j, \sum_{k=1}^{n} \lambda_k \alpha_k u_k \right\rangle = \sum_{k=1}^{n} \lambda_k |\alpha_k|^2\,. \tag{8.8}$$

Setzen wir $x = u_j$ in (8.8), so folgt $\lambda_j \geq 0$ für alle j. Aus (8.7) und (8.8) folgt für alle $x \in \mathbb{C}^n$

$$\|Ax\|_2^2 = \sum_{j=1}^{n} \lambda_j |\alpha_j|^2 \leq \max_{1\leq k\leq n} \lambda_k \cdot \sum_{j=1}^{n} |\alpha_j|^2 = \rho(B)\|x\|_2^2\,,$$

also $\|A\|_2^2 \leq \rho(B)$, und umgekehrt

$$\|A\|_2^2 \geq \max_{1\leq j\leq n} \|Au_j\|_2^2 = \max_{1\leq j\leq n} \lambda_j = \rho(B)\,.$$

Damit ist (8.4) bewiesen.

Sei nun $A \in \mathbb{R}^{n\times n}$ symmetrisch. Dann ist A diagonalisierbar, und aus dem nächsten Lemma folgt

$$\rho(\bar{A}^T A) = \rho(A^2) = (\rho(A))^2\,.$$

Damit ist (8.5) bewiesen. □

Lemma 8.7
Sei $A \in \mathbb{C}^{n \times n}$ diagonalisierbar. Dann gilt

$$\rho(A^2) = (\rho(A))^2 .$$

Beweis Da A diagonalisierbar ist, gibt es eine invertierbare Matrix $U \in \mathbb{C}^{n \times n}$ mit

$$A = UDU^{-1}, \quad D = \operatorname{diag}(\lambda_1, \ldots, \lambda_n),$$

wobei λ_j die Eigenwerte von A sind und in den Spalten von U die zugehörigen Eigenvektoren u_j stehen. Es folgt

$$A^2 = UDU^{-1}UDU^{-1} = UD^2U^{-1}$$

Die Eigenwerte von A^2 sind also gerade $\lambda_1^2, \ldots, \lambda_n^2$. Es folgt

$$\rho\left(A^2\right) = \max_{1 \le j \le n} \left|\lambda_j^2\right| = \max_{1 \le j \le n} \left|\lambda_j\right|^2 = \left(\max_{1 \le j \le n} |\lambda_j|\right)^2 = (\rho(A))^2 .$$

□

Wir formulieren einige allgemeine Eigenschaften von Matrixnormen.

Lemma 8.8
Sei $\|\cdot\|$ eine Norm auf $\mathbb{K}^n$. Für die zugehörige Matrixnorm gilt für alle $A, B \in \mathbb{K}^{n \times n}$ und $x \in \mathbb{K}^n$

$$\begin{aligned} \|Ax\| &\le \|A\| \|x\| , \\ \|AB\| &\le \|A\| \|B\| . \end{aligned} \tag{8.9}$$

Beweis Für $x \neq 0$ gilt

$$\begin{aligned} \|Ax\| &= \left\| A\left(\frac{x}{\|x\|}\right) \right\| \|x\| \le \|A\| \|x\| , \\ \|ABx\| &\le \|A\| \|Bx\| \le \|A\| \|B\| \|x\| , \end{aligned}$$

also

$$\sup_{\|x\|=1} \|ABx\| \le \|A\| \|B\| .$$

□

Lemma 8.9
Sei $A \in \mathbb{K}^{n\times n}$, und es gelte $\|A\| < 1$ für irgendeine Matrixnorm. Dann gilt

$$\lim_{n\to\infty} A^n = 0\,.$$

Beweis Aus (8.9) folgt $0 \leq \|A^n\| \leq \|A\|^n \to 0$, also $\|A^n\| \to 0$ und daher $A^n \to 0$ in $\mathbb{K}^{n\times n}$. □

Satz 8.10
Sei $\|\cdot\|$ eine beliebige Matrixnorm auf $\mathbb{K}^{n\times n}$. Sei weiter

$$\tilde{f}(z) = \sum_{k=0}^{\infty} c_k z^k$$

eine Potenzreihe in $\mathbb{C}$ mit Konvergenzradius r. Dann ist die Matrixreihe

$$f(A) := \sum_{k=0}^{\infty} c_k A^k$$

absolut konvergent für alle $A \in \mathbb{K}^{n\times n}$ mit $\|A\| < r$.

Beweis Gemäß Lemma 8.8 gilt

$$\|c_k A^k\| \leq |c_k|\|A\|^k\,, \quad \text{für alle } k \in \mathbb{N}.$$

Ist $\|A\| < r$, so gilt

$$\sum_{k=0}^{\infty} \|c_k A^k\| \leq \sum_{k=0}^{\infty} |c_k|\|A\|^k < \infty\,.$$

□

Definition 8.11 (Matrixexponentialfunktion)
*Die **Matrixexponentialfunktion** ist eine Abbildung $\mathbb{K}^{n\times n} \to \mathbb{K}^{n\times n}$,*

$$A \mapsto e^A := \sum_{k=0}^{\infty} \frac{A^k}{k!}$$

für Matrizen $A \in \mathbb{K}^{n\times n}$.

Dass diese Definition sinnvoll ist, zeigt Satz 8.10. Analog lassen sich $\sin(A)$ und $\cos(A)$ für beliebige Matrizen $A \in \mathbb{K}^{n\times n}$ durch die entsprechende Potenzreihe definieren.

Satz 8.12 (Neumannsche Reihe)
Sei $A \in \mathbb{K}^{n\times n}$, es gelte $\|A\| < 1$ für eine irgendeine Matrixnorm. Dann ist $I - A$ invertierbar, und es gilt

$$(I - A)^{-1} = \sum_{k=0}^{\infty} A^k \,.$$

Diese Reihe ist nach Carl Neumann (1832–1925) benannt, der sie zur Lösung von Integralgleichungen einsetzte.

Beweis Aus Satz 8.10 folgt, dass die Reihe absolut konvergiert. Für die Partialsummen gilt wie im Falle der geometrischen Reihe in $\mathbb{R}$ oder $\mathbb{C}$

$$(I - A)\sum_{k=0}^{n} A^k = I - A^{n+1} \,.$$

Der Grenzübergang $n \to \infty$ auf beiden Seiten führt, da nach Lemma 8.9 $A^{n+1} \to 0$ gilt, auf

$$(I - A)\sum_{k=0}^{\infty} A^k = I \,.$$

□

Wir hatten bereits festgestellt, dass die Menge der invertierbaren Matrizen eine offene Teilmenge des $\mathbb{K}^{n\times n}$ ist. Über die Neumannsche Reihe erhalten wir einen alternativen Beweis und zusätzlich eine quantitative Aussage.

Satz 8.13
Sei $A \in \mathbb{K}^{n\times n}$ invertierbar. Ist $H \in \mathbb{K}^{n\times n}$ mit

$$\|H\| < \frac{1}{\|A^{-1}\|}$$

für irgendeine Matrixnorm, so ist $A + H$ ebenfalls invertierbar.

Beweis Es ist $A + H = A(I + A^{-1}H)$ und $\|A^{-1}H\| \le \|A^{-1}\|\,\|H\| < 1$ nach Voraussetzung. Also ist $I + A^{-1}H$ nach Satz 8.12 invertierbar und daher auch $A + H = A(I + A^{-1}H)$ als Produkt zweier invertierbarer Matrizen. □

8.3 Differenzieren von Matrixfunktionen

Wenn man Ableitungsformeln aus dem Eindimensionalen auf die Ableitung von Matrixfunktionen verallgemeinern will, muss man im Allgemeinen die Nichtkommutativität des Matrixprodukts beachten. Die folgende Ableitungsformel für Polynome illustriert dies.

Satz 8.14
Sei $n \in \mathbb{N}$. Für die Ableitung eines Matrixpolynoms $p(X) = \sum_{k=0}^{n} a_k X^k$ mit $a_k \in \mathbb{K}$ für $k = 0, \ldots, n$ gilt

$$Dp(X)(H) = \sum_{k=1}^{n} a_k \sum_{j=0}^{k-1} X^j H X^{k-j-1}, \quad H \in \mathbb{K}^{n \times n}. \tag{8.10}$$

Beweis Wegen der Linearität der totalen Ableitung reicht es, die Aussage für Monome $p(X) = X^n$ zu beweisen. Für konstante Polynome, $n = 0$, ist die Aussage trivial. Den Fall $n \geq 1$ zeigen wir durch Induktion, wobei der Induktionsbeginn $n = 1$ bereits in Beispiel 5.22 behandelt ist. Sei also nach Induktionsannahme $D\left(X^{n-1}\right)(H) = \sum_{j=0}^{n-2} X^j H X^{n-j-2}$. Wir schreiben $p(X) = X \cdot X^{n-1}$ und damit folgt nach der Produktregel

$$\begin{aligned} Dp(X)(H) &= DX(H) \cdot X^{n-1} + X \cdot D(X^{n-1})(H) = H \cdot X^{n-1} + X \cdot \sum_{j=0}^{n-2} X^j H X^{n-j-2} \\ &= H \cdot X^{n-1} + \sum_{j=0}^{n-2} X^{j+1} H X^{n-j-2} = H \cdot X^{n-1} + \sum_{j=1}^{n-1} X^j H X^{n-j-1} \\ &= \sum_{j=0}^{n-1} X^j H X^{n-j-1}. \end{aligned}$$

□

Wir wissen bereits aus Folgerung 6.2, dass die durch

$$f(X) = X^{-1}, \quad f\colon GL(n, \mathbb{K}) \to \mathbb{K}^{n \times n},$$

definierte Abbildung stetig differenzierbar ist. Wir wollen nun ihre Ableitung $Df(X)$ berechnen. Dies ist eine lineare Abbildung von $\mathbb{K}^{n \times n}$ nach $\mathbb{K}^{n \times n}$. Der Vektorraum aller solcher linearen Abbildungen hat die Dimension $n^2 \cdot n^2 = n^4$. Würde man die Abbildung durch ihre Jacobimatrix darstellen wollen, so hätte sie n^4 Elemente c_{ijkl}, wobei die 4 Indizes unabhängig voneinander alle Werte von 1 bis n durchlaufen.

Beim Differenzieren von Matrixfunktionen ist es in der Regel zweckmäßiger, bei der Definition der Ableitung als linearer Abbildung zu bleiben. Gesucht ist also eine lineare Abbildung $T\colon \mathbb{K}^{n \times n} \to \mathbb{K}^{n \times n}$ mit der Eigenschaft

$$\lim_{H \to 0} \frac{\|f(X+H) - f(X) - T(H)\|}{\|H\|} = 0,$$

wobei $H \to 0$ als Grenzwert in $\mathbb{K}^{n\times n}$ zu verstehen ist.

Wir bestimmen zunächst die Ableitung von f in $X = I$.

Lemma 8.15

Die durch $f(X) = X^{-1}$ definierte Abbildung ist im Punkt I differenzierbar, und

$$Df(I)(H) = -H\,.$$

Denkt man kurz nach, ist dieses Ergebnis nicht überraschend: Die Ableitung in einem Punkt, hier I, ist eine lineare Operation auf dem Raum der Tangentialvektoren, also $H \mapsto Df(I)H$. Im Eindimensionalen, $\tilde{f}(x) = \frac{1}{x}$, ist $\tilde{f}'(x) = -\frac{1}{x^2}$, also $\tilde{f}'(1) = -1$. Damit verstehen wir sowohl das Vorzeichen als auch das Auftreten von H in $Df(I)$.

Beweis Ist $\|H\| < 1$, so gilt mit der Neumannschen Reihe

$$(I-H)^{-1} - I^{-1} = \sum_{k=0}^{\infty} H^k - I = I + H - I + \sum_{k=2}^{\infty} H^k = H + \sum_{k=2}^{\infty} H^k\,.$$

Für die Reihe

$$r(H) := \sum_{k=2}^{\infty} H^k$$

gilt für $\|H\| \leq 1/2$ die Abschätzung

$$\|r(H)\| = \left\| H^2 \sum_{k=0}^{\infty} H^k \right\| \leq \|H\|^2 \sum_{k=0}^{\infty} \|H\|^k \leq \|H\|^2 \frac{1}{1-\|H\|} \leq 2\|H\|^2\,.$$

Es folgt für $H \neq 0$

$$\frac{\|(I-H)^{-1} - I^{-1} - H\|}{\|H\|} = \frac{\|r(H)\|}{\|H\|} \leq 2\|H\| \to 0\,,$$

falls $H \to 0$. Ersetzen wir $-H$ durch H (wir wollen im Zähler die Differenz $f(I + H) - f(I) - DF(I)H$ stehen haben), so folgt die Behauptung. □

Die Ableitung von f in einem beliebigen Punkt $A \in GL(n, \mathbb{K})$ führen wir mit Hilfe der Kettenregel auf die Ableitung von f im Punkt I zurück. Es ist nämlich

$$f(X) = X^{-1} = A^{-1}AX^{-1} = A^{-1}(XA^{-1})^{-1} = A^{-1}f(XA^{-1})\,. \tag{8.11}$$

Wir definieren die beiden linearen Abbildungen $g_1, g_2\colon \mathbb{K}^{n\times n} \to \mathbb{K}^{n\times n}$ durch

$$g_1(X) = XA^{-1}\,, \quad g_2(X) = A^{-1}X\,.$$

Gl. (8.11) wird nun zu

$$f(X) = g_2(f(g_1(X))) . \tag{8.12}$$

Da g_1 und g_2 linear sind, gilt für jeden Punkt Y

$$Dg_1(Y) = g_1 , \quad Dg_2(Y) = g_2 .$$

Wir wenden die Kettenregel zweimal auf (8.12) an und erhalten

$$Df(X) = g_2 \circ Df(g_1(X)) \circ g_1 .$$

Im Punkt A gilt $g_1(A) = AA^{-1} = I$, also

$$Df(A) = g_2 \circ Df(I) \circ g_1 .$$

Wir bestimmen $Df(A)$, indem wir zu jedem $H \in \mathbb{K}^{n\times n}$ angeben, wie $Df(A)(H)$ aussieht. Es ist

$$\begin{aligned} Df(A)(H) &= (g_2 \circ Df(I) \circ g_1)(H) = (g_2 \circ Df(I))(HA^{-1}) \\ &= g_2(-HA^{-1}) = A^{-1}(-HA^{-1}) = -A^{-1}HA^{-1} ; \end{aligned}$$

hierbei wurde in der dritten Gleichheit Lemma 8.15 verwendet. Damit haben wir das folgende Ergebnis erhalten.

Satz 8.16
Für die Ableitung von $f(X) = X^{-1}$ gilt

$$Df(A)(H) = -A^{-1}HA^{-1} , \quad H \in \mathbb{K}^{n\times n} . \tag{8.13}$$

Mit (8.13) haben wir die Formel aus dem Reellen

$$\tilde{f}(x) = \frac{1}{x} , \quad \tilde{f}'(x) = -\frac{1}{x^2} , \quad x \neq 0 ,$$

auf invertierbare Matrizen verallgemeinert.

Wir stellen noch eine weitere Herleitung von (8.13) vor, basierend auf der Formel

$$XX^{-1} = I . \tag{8.14}$$

Wir fassen das Matrixprodukt auf als bilineare Abbildung

$$b(X, Y) = XY , \quad b\colon \mathbb{K}^{n\times n} \times \mathbb{K}^{n\times n} \to \mathbb{K}^{n\times n} .$$

Benötigt wird die Produktregel für die Ableitung von b,

$$Db(X, Y)(H, K) = HY + XK\,, \quad H, K \in \mathbb{K}^{n\times n}\,.$$

Gl. (8.14) wird mit $f(X) = X^{-1}$ zu

$$I = b(X, f(X))\,.$$

Differenzieren ergibt

$$0 = Db(X, f(X)) \circ (I, Df(X))\,.$$

Es folgt für $H \in \mathbb{K}^{n\times n}$

$$0 = (Db(X, f(X)) \circ (I, Df(X)))H\,. \tag{8.15}$$

Es ist

$$(I, Df(X))H = (H, Df(X)H)\,,$$

und

$$Db(X, f(X))(H, Df(X)H) = Hf(X) + XDf(X)H\,.$$

Aus (8.15) ergibt sich also

$$0 = HX^{-1} + XDf(X)H\,.$$

Wir multiplizieren von links mit X^{-1} und erhalten

$$0 = X^{-1}HX^{-1} + Df(X)H\,,$$

also

$$Df(X)H = -X^{-1}HX^{-1}\,,$$

und das ist (8.13).

Satz 8.17
Für die Determinante einer invertierbaren Matrix A gilt

$$D\det(A)(H) = \det(A) \cdot \mathrm{spur}\,(A^{-1}H)\,,$$

für $H \in \mathbb{K}^{n\times n}$. *Hier bezeichnet* spur *die Spur, also* $\mathrm{spur}\,(A) = \sum_{j=1}^{n} a_{jj}$.

Beweis Ist $A = I$ die Einheitsmatrix in $\mathbb{R}^{n\times n}$, lässt sich in Koordinaten nachrechnen, dass $D\det(I)(H) = \mathrm{spur}\,(H)$ gilt. (Satz 9.24 aus Kap. 9 liefert hierfür einen koordinatenfreien Alternativbeweis: Nach diesem Satz ist $\det\left(e^A\right) = e^{\mathrm{spur}\,(A)}$. Differenzieren dieser Gleichung für $A = 0$ ergibt

$$D\det(I)(H) = D\det\left(e^0\right)(H) = De^{\mathrm{spur}\,(0)}(H) = e^{\mathrm{spur}\,(0)}D\mathrm{spur}\,(0)(H) = \mathrm{spur}\,(H)\,,$$

wobei die letzte Gleichheit gilt, da die Spur linear ist, siehe Beispiel 5.22). Für allgemeines $A \in GL(n,\mathbb{R})$ und $X \in \mathbb{R}^{n\times n}$ ist

$$\det(X) = \det\left(A^{-1}AX\right) = \det(A)\det\left(A^{-1}X\right)\,.$$

Die Multiplikation mit A^{-1}, also die Abbildung $X \mapsto A^{-1}X$, ist linear. Also hat die Abbildung $f(X) := \det\left(A^{-1}X\right)$ an der Stelle $X = A$ die Ableitung

$$Df(A)(H) = D\det(I)(A^{-1}H) = \mathrm{spur}\,\left(A^{-1}H\right)\,.$$

Aus den letzten Argumenten ergibt sich zusammengenommen die Behauptung. □

Gewöhnliche Differentialgleichungen und Systeme

9

9.1 Der Satz von Picard-Lindelöf

Wir hatten in Analysis 1 in Kap. 17 gewöhnliche Differentialgleichungen eingeführt. Wir fahren jetzt mit der Untersuchung solcher Gleichungen fort, erlauben aber – dem Thema der Differentialrechnung im Mehrdimensionalen folgend –, dass es sich bei den Differentialgleichungen um Gleichungen im $\mathbb{R}^n$ handelt. Man spricht dann von einem **System gewöhnlicher Differentialgleichungen** erster Ordnung,

$$\dot{y}(t) = f(t, y(t)) \quad t \in \mathbb{R}\,, \; y(t) \in \mathbb{R}^n \;. \tag{9.1}$$

Formal sieht die definierende Gl. (9.1) aus wie Gl. (17.6) in Analysis 1, wobei wir in diesem Kapitel wieder (wie in Kap. 4) einen Punkt $\dot{}$ für die Ableitung schreiben, die wir uns als Ableitung nach der Zeit vorstellen. In (9.1) dürfen y und f aber vektorwertig sein. Oft lässt man das Argument der Funktion y weg und schreibt (9.1) als

$$\dot{y} = f(t, y)\,.$$

Das zugehörige **Anfangswertproblem** ist (9.1) kombiniert mit der Anfangsbedingung $y(t_0) = y_0$,

$$\dot{y} = f(t, y)\,, \quad y(t_0) = y_0\,. \tag{9.2}$$

Die Funktion $f = (f_1, \ldots, f_n)$ bezeichnet man als die **rechte Seite** der Differentialgleichung, den Vektor y_0 als **Anfangswert** zum Zeitpunkt t_0.

Systeme von Differentialgleichungen bestehen also aus n einzelnen Differentialgleichungen $\dot{y}_j = f_j(t, y)$ für die Komponenten y_j von y. Diese sind gekoppelt, da f_j im Allgemeinen von allen Komponenten y_k und nicht nur von y_j abhängt. Das System heißt **autonom,** falls f nicht von t abhängt, also

$$\dot{y} = f(y)\,.$$

M. Brokate et al., *Analysis 2*,
https://doi.org/10.1007/978-3-662-71141-5_9

Differentialgleichungssysteme erster Ordnung treten oft in Anwendungen auf. Darüber hinaus zeigen wir in Abschn. 9.3, wie eine Differentialgleichung n-ter Ordnung in ein System von n Gleichungen erster Ordnung umgeschrieben werden kann.

Definition 9.1 (Lösung eines Systems erster Ordnung)
Sei $I \subset \mathbb{R}$ ein Intervall, $D \subset \mathbb{R} \times \mathbb{R}^n$ offen und $f : D \to \mathbb{R}^n$. Eine Funktion $y : I \to \mathbb{R}^n$ heißt ***Lösung*** *von* (9.1) *in I, falls y in I differenzierbar ist und für alle $t \in I$ gilt, dass $(t, y(t)) \in D$ ist und*

$$\dot{y}(t) = f(t, y(t)) .$$

Falls außerdem $(t_0, y_0) \in D$ gegeben ist mit $t_0 \in I$ und $y(t_0) = y_0$, so heißt y ***Lösung des Anfangswertproblems*** (9.2) *in I.*

Lösungen sind also Kurven $t \mapsto y(t)$. Der Raum, in dem die Lösungskurven verlaufen, heißt **Zustandsraum** oder **Phasenraum.** Das System (9.1) hat als Zustandsraum den $\mathbb{R}^n$.

Im Fall einer autonomen Differentialgleichung können wir die Lösung geometrisch veranschaulichen. Eine autonome Differentialgleichung definiert nämlich ein **Phasenportrait** oder **Phasendiagramm,** indem jedem Punkt $y \in \mathbb{R}^n$ als Vektor die rechte Seite $f(y)$ angeheftet wird. Abb. 9.1 zeigt das Phasenportrait für die Differentialgleichung

$$\begin{aligned} \dot{y}_1 &= -1 - y_1^2 + y_2 \\ \dot{y}_2 &= 1 + y_1(y_2 - y_2^2) . \end{aligned} \tag{9.3}$$

Für einen gegebenen Anfangswert y_0 illustriert das Phasendiagramm den Verlauf der Lösung. Phasendiagramme können sehr hilfreich sind, sind aber im Wesentlichen auf den Fall $n = 2$ beschränkt. Wir sind schon früher einem Phasenportrait begegnet, in Form des Vektorfeldes in Abb. 2.13. Generell definieren gewöhnliche Differentialgleichungen Vektorfelder und umgekehrt; im nichtautonomen Fall sind die Vektorfelder aber zeitabhängig.

Im nichtautonomen Fall können wir Differentialgleichungen nur im skalaren Fall leicht veranschaulichen, durch das sogenannte **Richtungsfeld.** Hier wird für (9.1) in der (t, y)-Ebene die zugehörige Steigung $\dot{y}(t) = f(t, y)$ aufgetragen, also der Vektor $(1, f(t, y))^T$ angeheftet. Abb. 9.2 zeigt dies für das Beispiel $\dot{y}(t) = e^{y(t)} \cdot \cos(t)$.

Wir sind an reellwertigen Lösungen interessiert. Es ist aber bei linearen Systemen sinnvoll, auch komplexwertige Lösungen zuzulassen; wir werden das bei der Behandlung des gedämpften harmonischen Oszillators in Abschn. 9.3 sehen. Viele der folgenden Aussagen gelten auch, wenn man $\mathbb{R}^n$ durch $\mathbb{K}^n$ zu ersetzt. Es lohnt sich, das Kapitel am Schluss noch einmal durchzugehen und sich dabei zu überlegen, welche Aussagen sich in dieser Weise verallgemeinern lassen.

Hängt f nicht von y ab, so ist

$$y(t) = y_0 + \int_{t_0}^{t} f(s)\,\mathrm{d}s$$

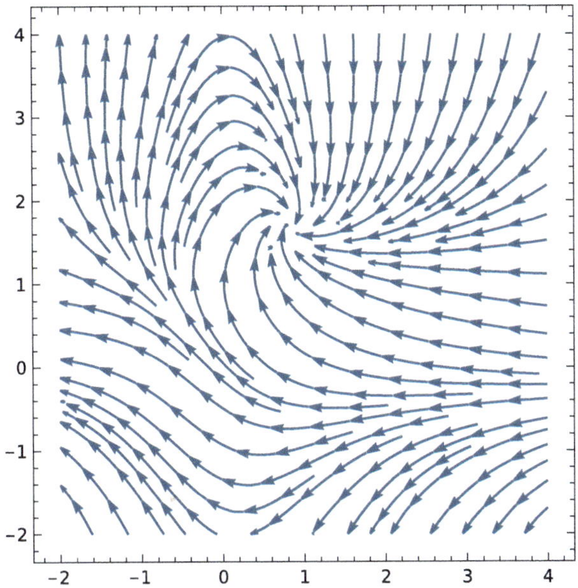

Abb. 9.1 Das Phasenportrait der Differentialgleichung (9.3)

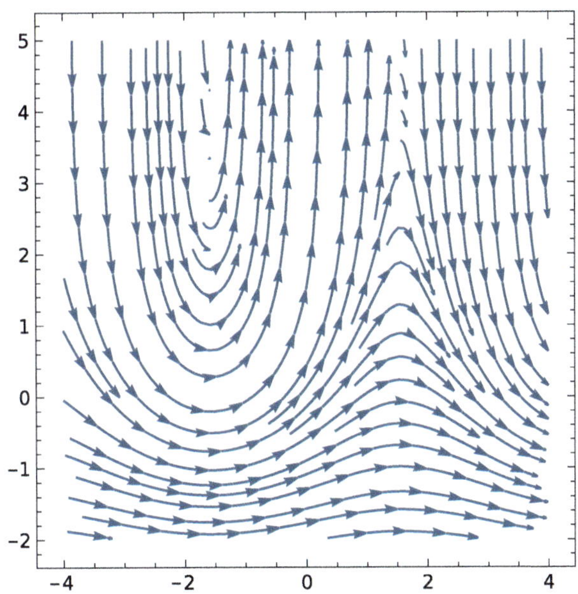

Abb. 9.2 Das Richtungsfeld der skalaren Differentialgleichung $\dot{y}(t) = e^{y(t)} \cdot \cos(t)$, gezeichnet für $t \in [-4, 4]$ und $y \in [-2, 5]$

eine Lösung des Anfangswertproblems (9.2), falls f stetig ist; dies liefert der Hauptsatz der Differential- und Integralrechnung (Analysis 1, Satz 14.17).

Lemma 9.2 (Integralformulierung des Differentialgleichungssystems)
Sei $D \subset \mathbb{R} \times \mathbb{R}^n$ offen und $f\colon D \to \mathbb{R}^n$ stetig. Sei I ein Intervall in $\mathbb{R}$ und $y\colon I \to \mathbb{R}^n$ stetig, und sei weiter $t_0 \in I$ und $(t_0, y_0) \in D$. Dann ist y eine Lösung des Anfangswertproblems (9.2) *auf I genau dann, wenn $(t, y(t)) \in D$ für alle $t \in I$ gilt und*

$$y(t) = y_0 + \int_{t_0}^{t} f(s, y(s))\,\mathrm{d}s\,, \quad \text{für alle } t \in I. \tag{9.4}$$

Ist außerdem $f \in C^k(D)$, so ist $y \in C^{k+1}(I)$.

Beweis Ist y eine Lösung des Anfangswertproblems, so ist $\dot{y}\colon I \to \mathbb{R}^n$ stetig, da f stetig ist. Aus dem Hauptsatz der Differential- und Integralrechnung (HDI, Analysis 1, Satz 14.17) folgt

$$y(t) - y(t_0) = \int_{t_0}^{t} \dot{y}(s)\,\mathrm{d}s = \int_{t_0}^{t} f(s, y(s))\,\mathrm{d}s\,.$$

Gilt umgekehrt (9.4), so folgt zunächst $y(t_0) = y_0$. Da der Integrand auf der rechten Seite von (9.4) als Funktion von s stetig ist, ist y nach dem Hauptsatz differenzierbar in I, und $\dot{y}(t) = f(t, y(t))$ für alle $t \in I$. Aus (9.4), dem Hauptsatz und der Kettenregel folgt außerdem, dass $y \in C^{m+1}(I)$ ist, falls $y \in C^m(I)$ und $f \in C^m(D)$ ist. Mit Induktion ergibt sich die letzte Behauptung des Satzes. □

Der Satz von Picard-Lindelöf behandelt die eindeutige Lösbarkeit des Anfangswertproblems (9.2). Die Idee ist es, das Anfangswertproblem in die – wie eben gezeigt – äquivalente Integralgleichung (9.4) umzuschreiben und auf letztere den Banachschen Fixpunktsatz 2.43 anzuwenden. Um dieses Programm durchzuziehen, erweitern wir den Begriff der Lipschitz-Stetigkeit aus Definition 2.30 geringfügig, da wir diesen Begriff hier nur in einer Komponente benötigen.

Definition 9.3 (Lipschitz-Stetigkeit in der Ortskomponente)
*Sei $D \subset \mathbb{R} \times \mathbb{R}^n$. Eine Funktion $f\colon D \to \mathbb{R}^n$ heißt **Lipschitz-stetig** bezüglich y in D, falls es ein $L > 0$ gibt mit*

$$\|f(t, y_1) - f(t, y_2)\|_\infty \le L\|y_1 - y_2\|_\infty$$

*für alle $(t, y_1), (t, y_2) \in D$. Die Zahl L heißt **Lipschitzkonstante** von f in D.*

*f heißt **lokal Lipschitz-stetig** bezüglich y in D, falls es zu jedem $(t_0, y_0) \in D$ eine offene Menge $U \subset \mathbb{R} \times \mathbb{R}^n$ mit $(t_0, y_0) \in U$ gibt, so dass f in $D \cap U$ Lipschitz-stetig bezüglich y ist.*

Wir können die Lipschitz-Stetigkeit von f bezüglich einer beliebigen Norm im $\mathbb{R}^n$ definieren. Da im $\mathbb{R}^n$ nach Satz 3.7 alle Normen äquivalent sind, hängt die Eigenschaft von f, Lipschitz-stetig bzw. lokal Lipschitz-stetig zu sein, nicht von der Wahl der Norm ab. Die Größe der Lipschitzkonstante ist aber sehr wohl abhängig von der konkret betrachteten Norm!

Der folgende Satz zeigt, dass lokale Lipschitz-Stetigkeit eine natürliche Bedingung ist.

Satz 9.4
Sei $D \subset \mathbb{R} \times \mathbb{R}^n$ offen und sei $f : D \to \mathbb{R}^n$, $(t, y) \mapsto f(t, y)$ stetig partiell differenzierbar bezüglich $y = (y_1, \ldots, y_n)$. Dann ist f lokal Lipschitz-stetig bezüglich y.

Beweis Der Beweis ist eine Anwendung des Schrankensatzes 5.34. Sei (t_0, y_0) ein beliebiger Punkt in D. Es gibt ein $r > 0$, so dass

$$K := \left\{(t, y) \;\middle|\; t \in \mathbb{R},\; y \in \mathbb{R}^n,\; |t - t_0| \le r,\; \|y - y_0\|_\infty \le r\right\}$$

ganz in D liegt. Da alle partiellen Ableitungen $\partial_k f_j$ mit $1 \le j, k \le n$ stetig sind und K kompakt ist, existiert nach dem Satz vom Maximum 2.38

$$C := \max\left\{|\partial_k f_j(t, y)| \;\middle|\; 1 \le j, k \le n,\; (t, y) \in K\right\}$$

und ist endlich. Nach dem Schrankensatzes 5.34 gilt in für alle $(t, y_1), (t, y_2) \in K$

$$\|f(t, y_1) - f(t, y_2)\|_\infty \le L\|y_1 - y_2\|_\infty ,$$

mit $L := nC$. □

Bevor wir den Satz zur Existenz und Eindeutigkeit einer lokalen Lösung formulieren und beweisen, skizzieren wir die zugrundeliegende Idee. Wir wollen die Gl. (9.4) lösen, indem wir sie als Fixpunktgleichung auf einem geeigneten Raum betrachten. Dazu gehen wir wie im Beweis des Banachschen Fixpunktsatzes in Kap. 2.6 vor. Wir wählen in einem Funktionenraum X einen Startwert, also eine Funktion y_0. Dann iterieren wir

$$y^{n+1}(t) = y^n(t_0) + \int_{t_0}^{t} \dot{y}^n(s)\,\mathrm{d}s = y^n(t_0) + \int_{t_0}^{t} f(s, y^n(s))\,\mathrm{d}s\,; \tag{9.5}$$

hier schreiben wir den Iterationsindex als Superskript. Im folgenden Beispiel führen wir die Methode schon einmal an einem einfachen Fall vor.

Beispiel 9.5
Wir betrachten das Anfangswertproblem

$$\begin{aligned}\dot{y}(t) &= 2ty(t)\,,\\ y(0) &= 1\,.\end{aligned}$$

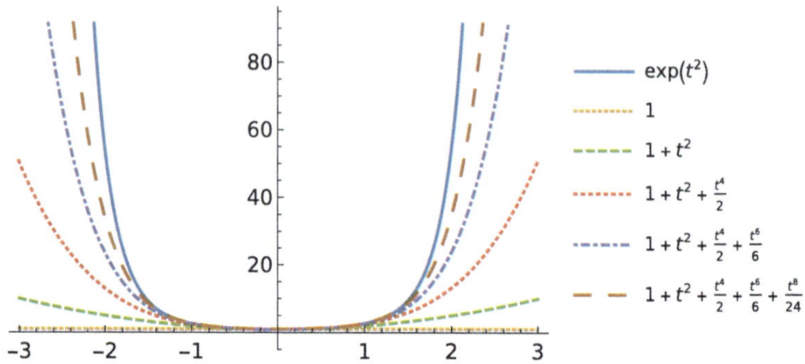

Abb. 9.3 Das Iterationsverfahren von Picard und Lindelöf, getestet an dem Anfangswertproblem $\dot{y}(t) = 2ty(t)$, $y(0) = 1$ aus Beispiel 9.5

Die analytische Lösung ist $y(t) = \exp(t^2)$. Wir berechnen die Näherungen wieder mit dem Anfangswert als Startfunktion,

$$y^0(t) = 1\,.$$

Wir lösen (9.5) mit $f(s, y^n(s)) = 2sy^n(s)$ und finden (SÜPER-Übung)

$$\begin{aligned} y^1(t) &= 1 + t^2\,, \\ y^2(t) &= 1 + t^2 + \frac{t^4}{2!}\,, \\ y^3(t) &= 1 + t^2 + \frac{t^4}{2!} + \frac{t^6}{3!}\,, \end{aligned}$$

und allgemein $y^n(t) = \sum_{j=0}^{n} \frac{t^{2j}}{j!}$. Abb. 9.3 zeigt die ersten Iterationsschritte und die analytische Lösung.

Jetzt zum eigentlichen Satz. Für $(t_0, y_0) \in \mathbb{R} \times \mathbb{R}^n$ und $r > 0$ definieren wir die abgeschlossene „Raum-Zeit-Kugel"

$$K_r(t_0, y_0) = \Big\{(t, y) \;\Big|\; t \in \mathbb{R},\; y \in \mathbb{R}^n,\; |t - t_0| \le r,\; \|y - y_0\|_\infty \le r\Big\}\,; \qquad (9.6)$$

in diesem Kapitel schreiben wir also $K_r(t_0, y_0)$ statt $K((t_0, y_0), r)$.

Satz 9.6 (Picard-Lindelöf, lokale Version)
Seien $D \subset \mathbb{R} \times \mathbb{R}^n$ offen und $(t_0, y_0) \in D$. Sei $f\colon D \to \mathbb{R}^n$ stetig und lokal Lipschitz-stetig bezüglich y. Dann gibt es ein $\delta > 0$, so dass das Anfangswertproblem (9.2) *auf dem Intervall $I := [t_0 - \delta, t_0 + \delta]$ eine eindeutige Lösung hat.*

Zusatz: Ist f Lipschitz-stetig in y auf $K_r(t_0, y_0) \subset D$ mit Lipschitzkonstante L, und ist $\|f(t, y)\|_\infty \leq M$ auf $K_r(t_0, y_0)$, so kann

$$\delta = \min\left\{r, \frac{r}{2M}, \frac{1}{2L}\right\} \tag{9.7}$$

gewählt werden.

Beweis Seien $r, L, M > 0$ wie beschrieben. (Solche Konstanten existieren, da D offen ist und f auf D lokal Lipschitz-stetig in y und auf jeder abgeschlossenen Kugel beschränkt ist.) Sei δ durch (9.7) definiert und $I := [t_0 - \delta, t_0 + \delta]$. Wir setzen

$$X := \{y \mid y \in C(I; \mathbb{R}^n), \ \|y - y_0\|_\infty \leq r\}, \tag{9.8}$$

wobei y_0 als ein Element von $C(I; \mathbb{R}^n)$, nämlich als konstante Funktion, aufgefasst wird und $\|\cdot\|_\infty$ die Maximumnorm in $C(I; \mathbb{R}^n)$ ist. Mit der durch die Maximumsnorm induzierten Metrik ist X nach Satz 2.14 ein vollständiger metrischer Raum, da X eine abgeschlossene Teilmenge des Banachraums $C(I; \mathbb{R}^n)$ ist.

Einer Funktion $y \in X$ ordnen wir durch

$$(Ty)(t) := y_0 + \int_{t_0}^{t} f(s, y(s))\,\mathrm{d}s \tag{9.9}$$

eine Funktion $Ty \colon I \to \mathbb{R}^n$ zu. Dies ist die rechte Seite des Iterationsverfahrens (9.5). Da f stetig ist, gilt $Ty \in C(I; \mathbb{R}^n)$ und sogar $Ty \in X$, weil

$$\|(Ty)(t) - y_0\|_\infty \leq \int_{t_0}^{t} \|f(s, y(s))\|_\infty\,\mathrm{d}s \leq (t - t_0)M \leq \delta M \leq \frac{r}{2} \tag{9.10}$$

für $t \in I$ und $y \in X$ ist. Also definiert diese Zuordnung eine Abbildung $T \colon X \to X$.

Wir zeigen, dass T eine Kontraktion auf X im Sinn von Definition 2.41 ist. Seien $y_1, y_2 \in X$. Dann gilt für alle $t \in I$

$$\begin{aligned}
\|(Ty_1)(t) - (Ty_2)(t)\|_\infty &= \left\| \int_{t_0}^{t} [f(s, y_1(s)) - f(s, y_2(s))]\,\mathrm{d}s \right\|_\infty \\
&\leq \int_{t_0}^{t} \|f(s, y_1(s)) - f(s, y_2(s))\|_\infty\,\mathrm{d}s \\
&\leq \int_{t_0}^{t} L\|y_1(s) - y_2(s)\|_\infty\,\mathrm{d}s \\
&\leq L\delta\|y_1 - y_2\|_\infty \leq \frac{1}{2}\|y_1 - y_2\|_\infty,
\end{aligned}$$

wobei die letzte Ungleichung aus der Wahl (9.7) von δ folgt. Also ist

$$\|Ty_1 - Ty_2\|_\infty \leq \frac{1}{2}\|y_1 - y_2\|_\infty.$$

Damit ist T eine Kontraktion auf X. Aus dem Banachschen Fixpunktsatz 2.43 folgt, dass die Fixpunktgleichung $y = Ty$ genau eine Lösung $y \in X$ hat.

Nach Lemma 9.2 ist y eine Lösung des Anfangswertproblems (9.2). Es bleibt zu zeigen, dass jede Lösung des Anfangswertproblems auf I dem Funktionenraum X aus (9.8) angehören muss. Sei $\tilde{y} \in C(I; \mathbb{R}^n)$ eine Lösung des Anfangswertproblems auf I mit $\tilde{y} \notin X$. Dann gibt es ein $t \in I$ mit $\|\tilde{y}(t) - y_0\|_\infty > r$. Angenommen, es sei $t > t_0$; der Fall $t < t_0$ wird analog behandelt. Wir setzen

$$t^* := \inf\left\{t \;\middle|\; t \in [t_0, t_0 + \delta],\ \|\tilde{y}(t) - y_0\|_\infty > r\right\}.$$

Nach Definition von t^* ist $\|\tilde{y}(s) - y_0\|_\infty \le r$ für alle $s \in [t_0, t^*)$, also auch

$$\|f(s, \tilde{y}(s))\|_\infty \le M$$

für alle $s \in [t_0, t^*)$. Wie in (9.10) folgt nun

$$\|\tilde{y}(t^*) - y_0\|_\infty = \left\| \int_{t_0}^{t^*} f(s, \tilde{y}(s))\, \mathrm{d}s \right\|_\infty \le \int_{t_0}^{t^*} \|f(s, \tilde{y}(s))\|_\infty\, \mathrm{d}s \le (t^* - t_0)M \le \delta M \le \frac{r}{2}.$$

Andererseits folgt aus der Definition von t^*, dass $\|\tilde{y}(t^*) - y_0\|_\infty \ge r$ ist, ein Widerspruch. Also kann es ein solches $\tilde{y}$ nicht geben. □

Dieser Satz ist benannt nach Émile Picard (1856–1941) und Ernst Leonard Lindelöf (1870–1946). Im Prinzip basiert der Beweis auf einem konstruktiven Verfahren, wie wir in Beispiel 9.5 gesehen haben. In der Praxis löst man Differentialgleichungen jedoch nicht durch das oben beschriebene Fixpunktverfahren; in der numerischen Mathematik kann man wesentlich effizientere Verfahren kennenlernen.

Wir haben eine *lokale* Lösung, nämlich eine Lösung auf dem Zeitintervall $I = [t_0 - \delta, t_0 + \delta]$ erhalten. Beispiel 9.5 zeigt jedoch, dass Lösungen auch global existieren können. Wie können wir solche globalen Lösungen erhalten, wenn wir eine Lösung auf I zur Verfügung haben? Eine naheliegende Idee ist, das Iterationsverfahren von Picard und Lindelöf zur Zeit $t_0 \pm \delta$ mit Startwert $y(t_0 \pm \delta)$ nach rechts bzw. links, also von I weg, neu zu starten. Damit erhalten wir Lösungen von Differentialgleichungen auf benachbarten Zeitintervallen. Durch Zusammensetzen ergibt sich eine Lösung auf der Vereinigung der Intervalle: Sind $y^1\colon [t_0, t_1] \to \mathbb{R}^n$ und $y^2\colon [t_1, t_2] \to \mathbb{R}^n$ Lösungen von $\dot{y} = f(t, y)$ mit $y^1(t_1) = y^2(t_1)$, so ist die durch

$$y\colon [t_0, t_2] \to \mathbb{R}^n, \quad y(t) := \begin{cases} y^1(t), & t \in [t_0, t_1], \\ y^2(t), & t \in [t_1, t_2] \end{cases} \tag{9.11}$$

definierte Funktion eine Lösung von $\dot{y} = f(t, y)$ auf $[t_0, t_2]$, da sie die Integralgleichung

$$y(t) = y_0 + \int_{t_0}^{t} f(s, y(s))\, \mathrm{d}s$$

für alle $t \in [t_0, t_2]$ erfüllt.

Hierbei muss man sich bewusst sein, dass die Schrittweite δ variieren kann. Liefert die erste Anwendung des Satzes von Picard-Lindelöf eine eindeutige Lösung y auf einem Intervall $[t_0 - \delta_1, t_0 + \delta_1]$, liefert die zweite Anwendung mit $y(t_0 + \delta_1)$ als neuen Anfangswert zur Zeit $t_0 + \delta_1$ eine eindeutige Lösung auf einem Intervall $[t_0 + \delta_1, t_0 + \delta_1 + \delta_2]$. Wir können die zwei Teillösungen zu einer Lösung auf $[t_0, t_0 + \delta_1 + \delta_2]$ zusammensetzen. Es stellt sich die Frage, wie weit sich eine solche Lösung fortsetzen lässt. Hierzu einige Beispiele.

Beispiel 9.7
Das Anfangswertproblem

$$\dot{y} = 1 - y^2, \quad y(0) = 0, \tag{9.12}$$

hat die auf $I = \mathbb{R}$ definierte Lösung

$$y(t) = \tanh(t) = \frac{\sinh(t)}{\cosh(t)} = \frac{\exp(t) - \exp(-t)}{\exp(t) + \exp(-t)}.$$

Hier gilt (siehe Abb. 9.4): Die Lösung existiert auf ganz $\mathbb{R}$. Ob das im Beweis von Satz 9.6 beschriebene Verfahren jedoch global konvergiert, ist höchst zweifelhaft; die ersten Iterationen in Abb. 9.4 suggerieren, dass nur lokale Konvergenz in einer geeigneten Umgebung um 0 vorliegt. Das obige Anstückelverfahren kann diese Lösung auf einem Teilintervall jedoch fortsetzen. Wir werden später im Beweis von Satz 9.11 sehen, dass dieses Vorgehen beliebig oft wiederholt werden kann und so die globale Lösung gefunden werden kann.

Beispiel 9.8
Das Anfangswertproblem

$$\dot{y} = y^2, \quad y(0) = 1, \tag{9.13}$$

hat die auf $I = (-\infty, 1)$ definierte Lösung

$$y(t) = \frac{1}{1 - t}.$$

Insbesondere gibt es kein $r > 0$, für das die Lösung y die Schranke $\|y - y_0\|_\infty \leq r$ erfüllt, selbst wenn wir den Definitionsbereich auf $(-\infty, 1)$ einschränken. Also bricht die Lösung aus jeder Raum-Zeit-Kugel $K_r(t_0, y_0)$ wie in (9.6) definiert aus (und das Picard-Lindelöf-Verfahren funktioniert nicht für jede solche Kugel, sondern setzt voraus, dass diese Kugel klein genug ist, wie im Beweis angegeben!). Also liefert Satz 9.6 keine Garantie, dass die Lösung auf ihrem globalen Existenzintervall $(-\infty, 1)$ gefunden wird; im Gegenteil wird man erwarten, dass nur eine Lösung auf einem (kleinen) Intervall um 0 herum gefunden werden kann.

Es ist instruktiv, sich zu überlegen, was mit dem Anstückelverfahren passiert. Betrachten wir Kugeln $K_r(t_k, y_k)$ mit festem r und $t_k \to 1$, wobei y_k der Anfangswert

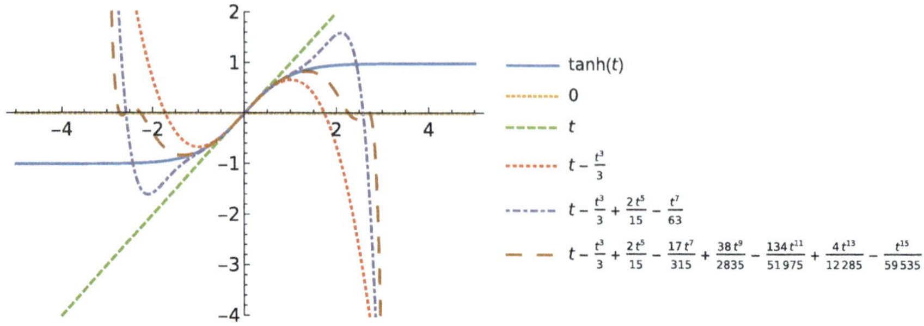

Abb. 9.4 Das Iterationsverfahren von Picard und Lindelöf für das Anfangswertproblem (9.12) aus Beispiel 9.7, bei dem eine globale (also auf ganz $\mathbb{R}$ definierte) Lösung existiert. Gezeigt sind die Lösung tanh und die ersten fünf Iterationsschritte

des k-ten Schritts des obigen Anstückelverfahrens ist. Analog zum Satz von Picard-Lindelöf bezeichnen wir für Schritt k die jeweilige Lipschitzkonstante mit L_k und $M_k := \max |f(t, y)|$, wobei das Maximum über $K_r(t_0, y_0)$ genommen wird. Die Lösung divergiert für $t \to 1$, und es gilt $M_k \to \infty$ und $L_k \to \infty$, wie Abb. 9.5 illustriert. Dies zwingt die Schrittweite aber gegen null, denn nach (9.7) ist

$$\delta_k \leq \left\{ \frac{r}{2M_k}, \frac{1}{2L_k} \right\}$$

Das Verfahren kann also beliebig oft durch Anstückeln fortgesetzt werden, aber die Schrittweite geht dabei gegen null.

Lemma 9.9 (Globale Eindeutigkeit)
Sei $D \subset \mathbb{R} \times \mathbb{R}^n$ offen, $f: D \to \mathbb{R}^n$ stetig und bezüglich y lokal Lipschitz-stetig. Seien $y^1, y^2: J \to \mathbb{R}^n$ Lösungen des Anfangswertproblems (9.2) auf einem Intervall $J = (a, b)$. Dann gilt $y^1 = y^2$ auf J.

Beweis Wir setzen

$$t^* = \sup \left\{ t \mid t \in J,\ y^1|_{[t_0,t]} = y^2|_{[t_0,t]} \right\} .$$

Abb. 9.5 Die Lösung $y(t) = \frac{1}{1-t}$ des Anfangswertproblem (9.13) aus Beispiel 9.8. Die Lösung divergiert für $t \to 1$

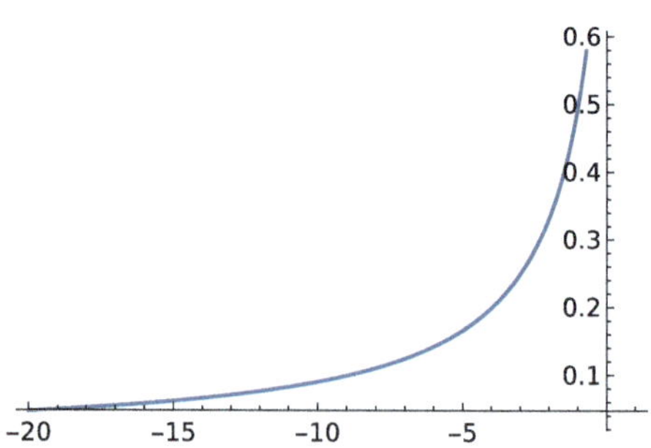

Die rechts stehende Menge ist nicht leer, da sie t_0 enthält. Also ist $t^* \geq t_0$. Wir nehmen für einen Widerspruch an, dass $t^* < b$ gilt. Da y^1 und y^2 stetig sind, gilt $y^1(t^*) = y^2(t^*) =: y^*$. Für jedes $\delta < b - t^*$ hat das Anfangswertproblem

$$\dot{y} = f(t, y), \quad y(t^*) = y^*,$$

in $[t^*, t^* + \delta]$ zwei verschiedene Lösungen, nämlich y^1 und y^2, ein Widerspruch zum lokalen Existenz- und Eindeutigkeitssatz 9.6. Also ist $t^* = b$. Analog zeigt man, dass y^1 und y^2 auf $(a, t_0]$ übereinstimmen. □

Beispiel 9.10
In Analysis 1 hatten wir schon gesehen, dass

$$\begin{aligned} \dot{y} &= 2\sqrt{y}, \\ y(0) &= 0. \end{aligned}$$

unendlich viele Lösungen hat, nämlich die Nullfunktion 0, die Parabel $y(t) = t^2$ und auch Verklebungen dieser beiden Lösungen der Form

$$y(t) = \begin{cases} 0, & t \leq t_0, \\ (t - t_0)^2, & t > t_0, \end{cases}$$

für jedes $t_0 \in \mathbb{R}$. Dies zeigt, dass die Annahme der lokalen Lipschitz-Stetigkeit in Satz 9.9 nicht fallengelassen werden kann; die Wurzelfunktion ist nämlich im Ursprung nicht Lipschitz-stetig (SÜPER-Übung). Das Richtungsfeld ist in Abb. 9.6 skizziert.

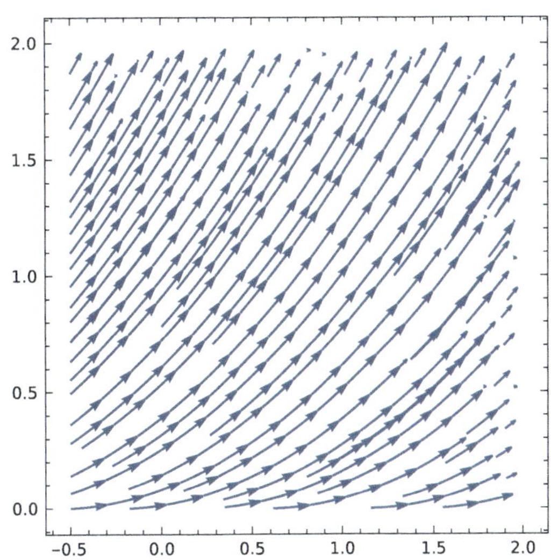

Abb. 9.6 Das Richtungsfeld der Differentialgleichung $\dot{y}(t) = 2\sqrt{y}$. Da die Wurzel im Ursprung nicht Lipschitz-stetig ist, greift der Eindeutigkeitssatz 9.9 nicht. Es gibt unendlich viele Lösungen des Anfangswertproblems $\dot{y}(t) = 2\sqrt{y}$ und $y(0) = 0$

Wie weit lässt sich eine Lösung fortsetzen? Man kann zeigen, dass drei Möglichkeiten existieren, die wir hier anhand von Beispielen für $t > t_0$ vorstellen. Analoges gilt natürlich für $t < t_0$.

(i) Die Lösung existiert für alle $t > t_0$. Dies ist beispielsweise bei linearen Systemen $\dot{y} = Ay$ und in Beispiel 9.7 der Fall.

(ii) Es gibt ein $b > t_0$ mit

$$\lim_{\substack{t \to b \\ t<b}} \|y(t)\|_\infty = \infty .$$

Dies ist in Beispiel 9.8 passiert.

(iii) Es gibt ein $b > t_0$ mit

$$\lim_{\substack{t \to b \\ t<b}} \operatorname{dist}\left((t, y(t)), \partial D\right) = 0 .$$

Ein Beispiel ist das Anfangswertproblem

$$\dot{y} = \frac{1}{y}, \quad y(0) = 1 . \tag{9.14}$$

Hier ist $D = \{(t, y) \mid y \neq 0\} = \mathbb{R} \times (\mathbb{R} \setminus \{0\})$. Die Lösung ist

$$y(t) = \sqrt{2t + 1} ,$$

und $I = \left(-\frac{1}{2}, \infty\right)$ ist das maximale Existenzintervall. Es gilt hier

$$\lim_{t \searrow -\frac{1}{2}} (t, y(t)) = \left(-\frac{1}{2}, 0\right) \in \partial D ;$$

insbesondere ist für diesen Grenzwert $y = 0$, und damit die rechte Seite der Gl. (9.14) nicht mehr definiert.

Man sieht, dass in Fall (i) das Lösungsintervall, grob gesagt „die Menge aller t" unbeschränkt ist, während in Fall (ii) die Lösung, also grob gesagt „die Menge aller y" divergiert; in Fall (iii) strebt die Lösung gegen den Rand des Definitionsbereichs.

Wir hatten bisher lokale Lipschitz-Stetigkeit betrachtet und lokale Existenz und Eindeutigkeit einer Lösung erhalten. Wir zeigen jetzt, dass globale Lipschitz-Stetigkeit globale Existenz und Eindeutigkeit liefert.

Satz 9.11 (Picard-Lindelöf, globale Version)
Sei $[t_0, t_1]$ ein Intervall mit $t_0 < t_1$. Sei $\Omega \subset \mathbb{R}^n$ offen mit $y_0 \in \Omega$. Ferner sei mit $D := [t_0, t_1] \times \Omega$ die Funktion $f\colon D \to \mathbb{R}^n$ stetig und global Lipschitz-stetig bezüglich y. Dann hat das Anfangswertproblem (9.2) auf dem ganzen Intervall $[t_0, t_1]$ eine eindeutige Lösung.

Beweis Variante 1: Dies folgt aus der lokalen Version, Satz 9.6. Dabei können wir jetzt $r = t_1 - t_0$ setzen, und die Raum-Zeit-Kugel ist

$$K_{t_1-t_0}(t_0, y_0) = \left\{(t, y) \;\middle|\; t \in [t_0, t_1],\ y \in \mathbb{R}^n,\ \|y - y_0\|_\infty \leq t_1 - t_0\right\} .$$

Weiter ist M wie im Beweis von Satz 9.6 so gewählt, dass $|f(t, y)| \leq M$ auf $K_{t_1-t_0}(t_0, y_0)$ gilt.

Satz 9.6 liefert dann die Existenz einer Lösung auf dem Zeitintervall $[t_0, t_0 + \delta]$ mit

$$\delta = \min\left\{t_1 - t_0, \frac{r}{2M}, \frac{1}{2L}\right\} . \tag{9.15}$$

Wird dieses Minimum für $t_1 - t_0$ angenommen, sind wir fertig. Andernfalls setzen wir das Verfahren mit Startwert $t_0 + \delta$ fort. Dabei können wir in diesem neuen Schritt M und L unverändert beibehalten. Damit ist sichergestellt, dass wir das Intervall $[t_0, t_1]$ mit Schritten durchqueren, deren Weite alle durch δ in (9.15) nach unten beschränkt ist. Damit terminiert das Verfahren nach endlich vielen Schritten; dabei kleben wir die Lösungen auf den Teilintervallen wie in (9.11) beschrieben zusammen.

Variante 2: Mit dem obigen Beweis gewinnen wir keinen Schönheitspreis. Das geht auch eleganter! Das Anstückeln ist umständlich, und – wie wir gleich sehen werden – unnötig. Denn letztendlich geschieht folgendes: Im Beweis ist die Größe der Lipschitzkonstante L wesentlich, da sie die Schrittweite δ im Beweis bestimmt, siehe (9.15). Das Resultat, also die Existenz- und Eindeutigkeitsaussage des Satzes, ist aber von der Größe der Lipschitzkonstante unabhängig!

Wir betrachten wir noch einmal Abb. 9.3 und sehen: In der Nähe des Startpunkts t_0 sind schon die ersten Approximationen gut, für größere Werte von t weichen sie aber exponentiell von der Lösung ab. Die Supremumsnorm schaut „überall gleich scharf hin", verwendet also den gleichen Abstandsbegriff für verschiedene Punkte t und $\tilde{t}$, nämlich den Betrag. Man sagt: Die Supremumsnorm ist translationsinvariant.

Jetzt nutzen wir aus, dass wir auf einem Funktionenraum arbeiten, also *nicht* alle Normen äquivalent sind. Wir hätten gerne eine Norm, die die exponentielle Divergenz in t aus Abb. 9.3 ausgleicht. Dies ist möglich, denn

$$\|y\|_{\infty,\exp} := \max_{t\in[t_0,t_1]} \{|y(t)| \exp(-\alpha t)\} \tag{9.16}$$

definiert für $\alpha > 0$ eine Norm, und $X := (C([t_0, t_1]; \mathbb{R}^n]), \|\cdot\|_{\infty,\exp})$ ist ein Banachraum (Übung).

Wir lassen α noch unbestimmt und passen den lokalen Beweis an diese Norm an. Dabei können wir jetzt direkt auf dem oben definierten Raum X der stetigen Funktionen arbeiten und brauchen keine Kleinheitsbedingung $\|y - y_0\|_{\infty,\exp} \leq t_1 - t_0$ wie im lokalen Fall.

Der Operator T aus (9.9), $(Ty)(t) = y_0 + \int_{t_0}^t f(s, y(s))\,\mathrm{d}s$, ist ein stetiger Operator mit $T(X) \subset X$. Wir zeigen, dass T eine Kontraktion auf X bezüglich der Norm (9.16) ist. Seien $y_1, y_2 \in X$. Wir argumentieren ähnlich wie im lokalen Beweis, wobei wir zuerst den Betrag $|(Ty_1)(t) - (Ty_2)(t)|$ betrachten, um danach mit $\exp(-\alpha t)$ zu multiplizieren und das Maximum wie in (9.16) zu nehmen. Für alle $t \in I$ gilt

$$\begin{aligned}
|(Ty_1)(t) - (Ty_2)(t)| &= \left| \int_{t_0}^{t} [f(s, y_1(s)) - f(s, y_2(s))] \, \mathrm{d}s \right| \\
&\leq \int_{t_0}^{t} |f(s, y_1(s)) - f(s, y_2(s))| \, \mathrm{d}s \\
&\leq \int_{t_0}^{t} L\,|y_1(s) - y_2(s)| \exp(-\alpha s) \exp(\alpha s) \, \mathrm{d}s \\
&\leq L \int_{t_0}^{t} \|y_1 - y_2\|_{\infty,\exp} \exp(\alpha s) \, \mathrm{d}s \\
&\leq L \|y_1 - y_2\|_{\infty,\exp} \int_{t_0}^{t} \exp(\alpha s) \, \mathrm{d}s \\
&\leq L \|y_1 - y_2\|_{\infty,\exp} \frac{\exp(\alpha t)}{\alpha},
\end{aligned}$$

also

$$|(Ty_1)(t) - (Ty_2)(t)| \exp(-\alpha t) \leq \frac{L}{\alpha} \|y_1 - y_2\|_{\infty,\exp} \,.$$

Wählen wir jetzt beispielsweise $\alpha = 2L$ und nehmen in der letzten Ungleichung das Maximum über $t \in [t_0, t_1]$, sehen wir, dass T eine Kontraktion auf X ist. Aus dem Banachschen Fixpunktsatz 2.43 folgt wieder, dass die Fixpunktgleichung

$$y = Ty$$

genau eine Lösung $y \in X$ besitzt. □

Wir schließen diesen Abschnitt mit einer fundamentalen Ungleichung für reellwertige Differentialgleichungen ab, die auf Thomas Hakon Gronwall (1877–1932) zurückgeht.

Satz 9.12 (Gronwall-Abschätzung)
Sei $I = [t_0, t_1]$, seien $a, b, y \colon I \to \mathbb{R}$ stetig, sei $b \geq 0$, und es gelte

$$y(t) \leq a(t) + \int_{t_0}^{t} b(s) y(s) \, \mathrm{d}s \tag{9.17}$$

für alle $t \in I$. Dann gilt

$$y(t) \leq a(t) + \int_{t_0}^{t} a(s) b(s) \exp\left(\int_{s}^{t} b(\tau) \, \mathrm{d}\tau \right) \mathrm{d}s \,.$$

Beweis Mit $x(t) := \int_{t_0}^t b(s)y(s)\,ds$ folgt aus (9.17)

$$\dot{x}(t) = b(t)y(t) \le a(t)b(t) + b(t)x(t)\,. \tag{9.18}$$

Durch Multiplikation mit

$$z(t) := \exp\left(-\int_{t_0}^t b(s)\,ds\right)$$

ergibt sich wegen $\dot{z}(t) = z(t)\cdot(-b(t))$ aus (9.18)

$$z(t)\dot{x}(t) \le a(t)b(t)z(t) - \dot{z}(t)x(t)\,,$$

also $(z(t)x(t))^{\cdot} - a(t)b(t)z(t) \le 0$. Da $x(t_0) = 0$ gilt, erhalten wir durch Integration

$$x(t) \le \frac{1}{z(t)}\int_{t_0}^t a(s)b(s)z(s)\,ds = \int_{t_0}^t a(s)b(s)\frac{z(s)}{z(t)}\,ds\,.$$

Daher gilt wegen (9.17)

$$y(t) \le a(t) + x(t) \le a(t) + \int_{t_0}^t a(s)b(s)\exp\left(\int_s^t b(\tau)\,d\tau\right)ds\,,$$

wie behauptet. □

Oft wird obiges Resultat in der folgenden, einfacher zu merkenden Version verwendet, die bisweilen als Gronwallsches Lemma bezeichnet wird.

Folgerung 9.13 (Lemma von Gronwall)
Sei $I = [t_0, t_1]$, seien $b, y\colon I \to \mathbb{R}$ stetig mit $b \ge 0$, sei $a \in \mathbb{R}$, und es gelte

$$y(t) \le a + \int_{t_0}^t b(s)y(s)\,ds\,.$$

Dann gilt

$$y(t) \le a\exp\left(\int_{t_0}^t b(s)\,ds\right). \tag{9.19}$$

Ist b konstant, so wird (9.19) zu

$$y(t) \le ae^{(t-t_0)b}\,.$$

Beweis Wir setzen

$$B(t) = \int_{t_0}^{t} b(s)\,\mathrm{d}s\,.$$

Aus Satz 9.12 folgt

$$\begin{aligned} y(t) &\leq a + \int_{t_0}^{t} ab(s)e^{B(t)-B(s)}\,\mathrm{d}s = a\left(1 + e^{B(t)}\int_{t_0}^{t} b(s)e^{-B(s)}\,\mathrm{d}s\right) \\ &= a\left(1 + e^{B(t)}\Big[-e^{-B(s)}\Big]_{t_0}^{t}\right) = a(1 - e^{B(t)}e^{-B(t)} + e^{B(t)}e^{B(t_0)}) = ae^{B(t)}\,. \end{aligned}$$

□

Eine Anwendung dieser Abschätzungen: Stellen wir uns vor, dass die Anfangswerte einer Differentialgleichung aus Messungen stammen und daher fehlerbehaftet sind. Wie wirken sich Fehler in den Anfangsdaten auf die Lösung aus, d. h. wie weit weicht die „richtige" Lösung $y(t)$ für (9.1) mit Anfangswert y_0 von der Lösung $\tilde{y}(t)$ der gleichen Differentialgleichung (also gleiche Seite f wie (9.1)) mit einem benachbarten Anfangswert $\tilde{y}_0$ ab? Man kann unter geeigneten Voraussetzungen eine *stetige Abhängigkeit der Lösung von den Daten* zeigen. Dabei kann auch die rechte Seite f zu den Daten zählen, beispielsweise wenn f experimentell zu bestimmende Parameter enthält.

9.2 Lineare autonome Systeme

Wir konzentrieren uns jetzt auf eine spezielle Klasse von Differentialgleichungen, die in Anwendungen oft auftritt und bei der sich viele Ergebnisse explizit ausrechnen lassen. Man spricht von einem **linearen System,** wenn die rechte Seite f linear von y abhängt. Ein lineares System hat also die Form

$$\dot{y} = A(t)y\,, \tag{9.20}$$

wobei $A(t)$ eine $n \times n$ Matrix ist.

Lemma 9.14
Für lineare Systeme gilt das ***Superpositionsprinzip:*** *Sind die Funktionen* $y^1, \ldots, y^k$ *Lösungen von* (9.20), *so ist auch jede Linearkombination* $\sum_{j=1}^{k} c_j y^j$ *eine Lösung.*

Beweis Es gilt

$$\frac{\mathrm{d}}{\mathrm{d}t}\left(\sum_{j=1}^{k} c_j y^j\right)(t) = \sum_{j=1}^{k} c_j \dot{y}^j(t) = \sum_{j=1}^{k} c_j A(t) y^j(t) = A(t)\left(\sum_{j=1}^{k} c_j y^j(t)\right).$$

□

Lineare autonome Systeme haben die Form

$$\dot{y} = Ay\,, \tag{9.21}$$

wobei $A \in \mathbb{R}^{n\times n}$ eine konstante Matrix ist. Sei A eine Diagonalmatrix, $A = \operatorname{diag}(\lambda_1, \ldots, \lambda_n)$. Dann zerfällt das System (9.21) in n einzelne Gleichungen

$$\dot{y}_j = \lambda_j y_j\,, \quad 1 \leq j \leq n\,,$$

mit den Lösungen

$$y_j(t) = c_j e^{\lambda_j t}\,, \quad \text{mit} \quad c_j \in \mathbb{R}\,.$$

Sei $A \in \mathbb{R}^{n\times n}$ eine Matrix mit Eigenwert $\lambda \in \mathbb{R}$ und zugehörigem Eigenvektor $v \in \mathbb{R}^n$, also $Av = \lambda v$. Dann ist $y(t) = e^{\lambda t} v$ eine Lösung von (9.21), da

$$\dot{y}(t) = \lambda e^{\lambda t} v = e^{\lambda t} A v = Ay(t)\,.$$

Sei $A \in \mathbb{R}^{n\times n}$ eine Matrix mit Eigenwerten $\lambda_1, \ldots, \lambda_n \in \mathbb{R}$ und Eigenvektoren $v_1, \ldots, v_n \in \mathbb{R}^n$. Dann ist jede Linearkombination

$$y(t) = \sum_{j=1}^{n} c_j e^{\lambda_j t} v_j \tag{9.22}$$

gemäß dem Superpositionsprinzip 9.14 eine Lösung von (9.21). Ist $V = (\, v_1 \mid \ldots \mid v_n \,) \in \mathbb{R}^{n\times n}$ die Matrix mit den Spalten $v_1, \ldots, v_n$, so können wir die Vektorgleichungen $Av_j = \lambda_j v_j$ zu einer Matrixgleichung $AV = VD$ zusammenfassen, mit $D = \operatorname{diag}(\lambda_1, \ldots, \lambda_n)$. Sind die Eigenvektoren $v_1, \ldots, v_n \in \mathbb{R}^n$ linear unabhängig, so ist V invertierbar, und es folgt

$$VAV^{-1} = D\,, \quad D = \operatorname{diag}(\lambda_1, \ldots, \lambda_n)\,, \quad V, D \in \mathbb{R}^{n\times n}\,.$$

Wir werden später sehen, dass es außer den Lösungen (9.22) keine anderen Lösungen gibt. Damit ist der Fall einer reell diagonalisierbaren Matrix A hinsichtlich der Struktur der Lösungen im Prinzip geklärt.

Im Fall $n = 2$ können wir uns die Lösungen eines Systems von Differentialgleichungen veranschaulichen, indem wir Lösungskurven $y(t) = (y_1(t), y_2(t))$ in der Zustandsebene (Phasenebene) im Phasenportrait darstellen. Wir betrachten vier Beispiele im linearen autonomen Fall, nämlich die folgenden Diagonalmatrizen $A_1, \ldots, A_4$ mit

$$A_1 := \begin{pmatrix} -2 & 0 \\ 0 & -1 \end{pmatrix}, \quad A_2 := \begin{pmatrix} -1 & 0 \\ 0 & -1 \end{pmatrix}, \quad A_3 := \begin{pmatrix} 2 & 0 \\ 0 & 1 \end{pmatrix}, \quad A_4 := \begin{pmatrix} -1 & 0 \\ 0 & 1 \end{pmatrix}. \tag{9.23}$$

Die zugehörigen Phasenportraits sind in Abb. 9.7 gezeigt.

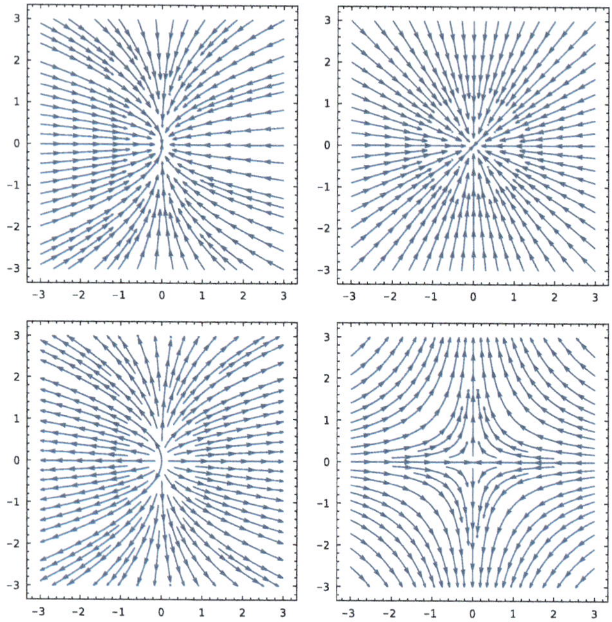

Abb. 9.7 Das Phasenportrait der Differentialgleichung $\dot{y} = A_j y$ mit A_j aus (9.23). Oben links: Phasenportrait für A_1, daneben für A_2. Untere Reihe: Phasenportraits für A_3 und A_4

Wir wenden uns jetzt der Situation zu, dass A nicht-reelle komplexe Eigenwerte besitzt. Das ist natürlich auch für reelle Matrizen möglich. Beispielsweise hat die Matrix

$$A = \begin{pmatrix} \alpha & -\omega \\ \omega & \alpha \end{pmatrix}, \quad \alpha, \omega \in \mathbb{R}, \quad \omega \neq 0,$$

die konjugiert-komplexen Eigenwerte $\lambda = \alpha + i\omega$ und $\overline{\lambda} = \alpha - i\omega$. Für die Zustandsvariable $y = (y_1, y_2)$ betrachten wir das System

$$\dot{y} = \begin{pmatrix} \alpha & -\omega \\ \omega & \alpha \end{pmatrix} y . \tag{9.24}$$

Wir interpretieren den Zustand y als komplexe Zahl $z = y_1 + iy_2$. Anstelle des Systems (9.24) im $\mathbb{R}^2$ betrachten wir eine einzelne Differentialgleichung in $\mathbb{C}$,

$$\dot{z} = \lambda z , \quad \text{mit } \lambda = \alpha + i\omega, \tag{9.25}$$

wobei wir die Multiplikation auf der rechten Seite als Multiplikation in $\mathbb{C}$ verstehen. Es gilt dann

$$\dot{y}_1 + i\dot{y}_2 = \dot{z} = \lambda z = (\alpha + i\omega)(y_1 + iy_2) = (\alpha y_1 - \omega y_2) + i(\omega y_1 + \alpha y_2) .$$

Real- und Imaginärteil dieser Gleichung sind also gerade die beiden Komponenten der rechten Seite von Gl. (9.24). Eine Lösung der komplexen Gl. (9.25) ist

$$z(t) = e^{\lambda t}\,, \tag{9.26}$$

wie man durch Differenzieren der Potenzreihenentwicklung

$$e^{\lambda t} = \sum_{k=0}^{\infty} \frac{\lambda^k}{k!} t^k$$

erkennt. Aus (9.26) erhalten wir

$$z(t) = e^{\lambda t} = e^{(\alpha + i\omega)t} = e^{\alpha t} e^{i\omega t}\,.$$

Der Faktor $e^{i\omega t}$ beschreibt eine Drehung mit konstanter Winkelgeschwindigkeit und Frequenz $\omega/2\pi$ (= Anzahl der Kreisdurchläufe pro Zeiteinheit). Multipliziert mit dem Faktor $e^{\alpha t}$ ergibt sich eine spiralförmige Bewegung (für $t \to \infty$ gegen Null oder ins Unendliche drehend, je nach Vorzeichen von α), und für $\alpha = 0$ eine Kreisbewegung. In kartesischen Koordinaten erhalten wir

$$z(t) = \begin{pmatrix} y_1(t) \\ y_2(t) \end{pmatrix} = e^{\alpha t} \begin{pmatrix} \cos(\omega t) \\ \sin(\omega t) \end{pmatrix}\,.$$

Im Fall $\alpha = 0$ wird das System (9.24) zu

$$\dot{y}_1 = -\omega y_2\,, \quad \dot{y}_2 = \omega y_1\,.$$

Beide Komponenten y_1 und y_2 sind Lösungen der Differentialgleichung zweiter Ordnung für eine reelle Variable y,

$$\ddot{y} + \omega^2 y = 0\,.$$

Diese Gleichung beschreibt den sogenannten **harmonischen Oszillator.** Matrizen mit komplexen Eigenwerten sind somit ein grundlegendes Hilfsmittel zur Beschreibung von Schwingungsvorgängen. Wir werden in Abschn. 9.3 den gedämpften harmonischen Oszillator untersuchen, indem wir die zugehörige Gleichung als lineares System schreiben. Auch dort werden für bestimmte Parameterwerte komplexe Eigenwerte auftreten.

Jetzt ist unser Ziel, die Lösungsformel $y(t) = e^{at} y_0$ für das skalare Anfangswertproblem

$$\dot{y} = ay\,,$$
$$y(0) = y_0\,,$$

auf Systeme $\dot{y} = Ay$ zu verallgemeinern, so dass

$$y(t) = e^{tA} y_0$$

eine Lösung wird. Wir wollen also in der Exponentialfunktion als Argumente Matrizen (statt Zahlen) zulassen. Dazu kennen wir bereits aus Kap. 8 die Matrixexponentialfunktion

$$e^A = \sum_{k=0}^{\infty} \frac{A^k}{k!} .$$

Unmittelbar aus deren Definition 8.11 folgt

$$e^0 = I$$

und

$$e^{tA} = \sum_{k=0}^{\infty} t^k \frac{A^k}{k!}, \quad t \in \mathbb{R} . \tag{9.27}$$

Die Funktion $t \mapsto e^{tA}$ ist also auf ganz $\mathbb{R}$ in eine Potenzreihe um $t = 0$ entwickelbar.

Lemma 9.15
Für $A \in \mathbb{K}^{n \times n}$ gilt

$$\frac{\mathrm{d}}{\mathrm{dt}} e^{tA} = Ae^{tA} = e^{tA} A . \tag{9.28}$$

Beweis Aus (9.27) folgt

$$\frac{\mathrm{d}}{\mathrm{dt}} e^{tA} = \frac{\mathrm{d}}{\mathrm{dt}} \left(\sum_{k=0}^{\infty} t^k \frac{A^k}{k!} \right) = \sum_{k=1}^{\infty} t^{k-1} \frac{A^k}{(k-1)!} = A \sum_{k=0}^{\infty} t^k \frac{A^k}{k!} = \left(\sum_{k=0}^{\infty} t^k \frac{A^k}{k!} \right) A ,$$

da die Rechts- und Linksmultiplikation mit A eine stetige Operationen sind und daher mit dem Grenzwert vertauscht werden können. (Zur gliedweisen Differentiation: Es ist eine gute Übung, sich zu überlegen, dass Satz 16.3 aus Analysis 1 hier komponentenweise anwendbar ist!) □

Beispiel 9.16
Sei

$$A = \begin{pmatrix} 0 & -1 \\ 1 & 0 \end{pmatrix} .$$

Dann ist

$$A^2 = \begin{pmatrix} -1 & 0 \\ 0 & -1 \end{pmatrix}, \quad A^3 = \begin{pmatrix} 0 & 1 \\ -1 & 0 \end{pmatrix}, \quad A^4 = \begin{pmatrix} 1 & 0 \\ 0 & 1 \end{pmatrix} \quad \text{und } A^5 = A .$$

Also haben wir

$$\exp(At) = \sum_{k=0}^{\infty} \frac{A^k t^k}{k!} = \begin{pmatrix} 1 - \frac{t^2}{2!} + \frac{t^4}{4!} \mp \ldots & 0 - t + \frac{t^3}{3!} \mp \ldots \\ 0 + t - \frac{t^3}{3!} \pm \ldots & 1 - \frac{t^2}{2!} + \frac{t^4}{4!} \mp \ldots \end{pmatrix} = \begin{pmatrix} \cos t & -\sin t \\ \sin t & \cos t \end{pmatrix}.$$

Jetzt kommt ein wichtiger Punkt: Die Funktionalgleichung der Exponentialfunktion überträgt sich auf die Matrixexponentialfunktion, *sofern die Argumente kommutieren.*

Lemma 9.17
Seien $A, B \in \mathbb{K}^{n \times n}$ mit $AB = BA$. Dann gilt

$$e^{A+B} = e^A \cdot e^B .$$

Achtung: Diese Funktionalgleichung der Exponentialfunktion gilt im Allgemeinen *nicht,* wenn die Matrizen A und B nicht kommutieren! Beispiel (wir behandeln die Berechnung von Matrixexponentialen weiter unten): Für

$$A = \begin{pmatrix} 1 & 0 \\ 0 & 0 \end{pmatrix} \quad \text{und} \quad B = \begin{pmatrix} 0 & 1 \\ 0 & 0 \end{pmatrix}$$

ist

$$e^A e^B = \begin{pmatrix} e & e \\ 0 & 1 \end{pmatrix}, \quad \text{aber} \quad e^{A+B} = \begin{pmatrix} e & e-1 \\ 0 & 1 \end{pmatrix}.$$

Beweis Wie im skalaren Fall (Analysis 1, Satz 9.23) beweist man, dass für das Cauchy-Produkt von Reihen gilt

$$e^A \cdot e^B = \left(\sum_{k=0}^{\infty} \frac{A^k}{k!} \right) \cdot \left(\sum_{j=0}^{\infty} \frac{B^j}{j!} \right) = \sum_{m=0}^{\infty} \sum_{k=0}^{m} \frac{A^k}{k!} \frac{B^{m-k}}{(m-k)!} . \tag{9.29}$$

Wegen der angenommenen Kommutativität $AB = BA$ gilt die binomische Formel

$$\sum_{k=0}^{m} \frac{m!}{k!(m-k)!} A^k B^{m-k} = (A+B)^m . \tag{9.30}$$

Aus (9.29) und (9.30) folgt also

$$e^A \cdot e^B = \sum_{m=0}^{\infty} \frac{(A+B)^m}{m!} = e^{A+B} .$$

□

Mit diesem Werkzeug können wir die allgemeine Lösung des Anfangswertproblems

$$\dot{y} = Ay\,, \quad y(0) = y_0 \tag{9.31}$$

angeben. Unter einer **Lösung** von (9.31) verstehen wir eine differenzierbare Funktion $y\colon \mathbb{R} \to \mathbb{K}^n$, welche $\dot{y}(t) = Ay(t)$ für alle $t \in \mathbb{R}$ sowie $y(0) = y_0$ erfüllt.

Satz 9.18 (Eindeutige Lösung des Anfangswertproblems)
Für jedes $A \in \mathbb{K}^{n\times n}$ und $y_0 \in \mathbb{K}^n$ hat das Anfangswertproblem (9.31) *die eindeutige Lösung*

$$y(t) = e^{tA} y_0\,. \tag{9.32}$$

Dass die Funktion y eine Lösung ist, folgt unmittelbar aus (9.28) und aus

$$y(0) = e^0 y_0 = I y_0 = y_0\,.$$

Zum Beweis der Eindeutigkeit können wir Satz 9.9 benutzen oder wie folgt direkt argumentieren. Sei $y\colon \mathbb{R} \to \mathbb{K}^{n\times n}$ eine beliebige Lösung. Mit Lemma 9.15, der Produktregel und der Kettenregel erhalten wir für alle $t \in \mathbb{R}$

$$\frac{\mathrm{d}}{\mathrm{dt}}\left(e^{-tA}y(t)\right) = -e^{-tA}Ay(t) + e^{-tA}\dot{y}(t) = e^{-tA}(\dot{y}(t) - Ay(t)) = 0\,.$$

Es folgt $e^{-tA}y(t) = c \in \mathbb{K}^n$. Wir setzen $t = 0$ und erhalten $c = y(0) = y_0$. Eine Linksmultiplikation dieser Gleichung mit e^{tA} ergibt

$$e^{tA}y_0 = e^{tA}e^{-tA}y(t) = e^0 y(t) = y(t)\,,$$

wobei wir in der zweiten Gleichheit Lemma 9.17 verwendet haben; damit stimmt y mit der Lösung von (9.32) überein. □

Satz 9.19 (Lösungsraum des linearen Systems)
Sei $A \in \mathbb{K}^{n\times n}$. Die Menge L der Lösungen des linearen Systems $\dot{y} = Ay$ ist ein Vektorraum der Dimension n über $\mathbb{K}$. Die Spalten der Matrix e^{tA} bilden eine Basis von L.

Beweis Wir definieren eine Abbildung $\Phi\colon \mathbb{K}^n \to \mathrm{Abb}\,(\mathbb{R}; \mathbb{K}^n)$ durch

$$(\Phi\eta)(t) = e^{tA}\eta\,.$$

Gemäß dem Superpositionsprinzip 9.14 ist L ein Untervektorraum von $\mathrm{Abb}\,(\mathbb{R}; \mathbb{K}^n)$. Die Abbildung $\Phi\colon \mathbb{K}^n \to L$ ist linear und nach Satz 9.18 bijektiv. Nach einem Satz aus der linearen Algebra gilt daher $\dim(L) = \dim(\mathbb{K}^n) = n$. Die Spalten von e^{tA} sind gerade die Bilder $\Phi(e_j)$ der Einheitsvektoren $e_j \in \mathbb{K}^n$ mit $1 \le j \le n$. Da Φ bijektiv ist, bilden sie eine Basis von L. □

Wir behandeln nun die Frage, wie e^{tA} für eine beliebige Matrix $A \in \mathbb{K}^{n\times n}$ aussieht. Wir beginnen mit den aus der linearen Algebra bekannten Normalformen, also Diagonalmatrizen und Jordanmatrizen. Letztere werden auch Jordanblöcke oder Jordankästchen genannt, insbesondere wenn sie als Bausteine für die Zerlegung einer gegebenen Matrix aufgefasst werden.

Lemma 9.20 (Matrixexponentialfunktion für eine Diagonalmatrix)
Sei $A = \operatorname{diag}(\lambda_1, \dots, \lambda_n)$. Dann gilt für die zugehörige Matrixexponentialfunktion

$$e^{tA} = \operatorname{diag}(e^{\lambda_1 t}, \dots, e^{\lambda_n t}).$$

Beweis Dies folgt durch Einsetzen von $(tA)^k = \operatorname{diag}((\lambda_1 t)^k, \dots, (\lambda_n t)^k)$ in die Reihenentwicklung von e^{tA}. □

Definition 9.21
Eine Matrix $A \in \mathbb{K}^{n\times n}$ heißt ***nilpotent****, falls es ein $m \in \mathbb{N}$ mit $A^m = 0$ gibt.*

Lemma 9.22 (Matrixexponentialfunktion für eine nilpotente Matrix)
Ist $A^m = 0$, so gilt

$$e^{tA} = \sum_{k=0}^{m-1} t^k \frac{A^k}{k!}.$$

Beweis Dies folgt direkt aus der Definition. □

Ein Beispiel: Für

$$A = \begin{pmatrix} 0 & 1 & 0 \\ 0 & 0 & 1 \\ 0 & 0 & 0 \end{pmatrix} \quad \text{ist} \quad A^2 = \begin{pmatrix} 0 & 0 & 1 \\ 0 & 0 & 0 \\ 0 & 0 & 0 \end{pmatrix} \quad \text{und} \quad A^3 = 0.$$

Also ist

$$e^{tA} = I + tA + t^2 \frac{A^2}{2} = \begin{pmatrix} 1 & t & \frac{1}{2}t^2 \\ 0 & 1 & t \\ 0 & 0 & 1 \end{pmatrix}.$$

Lemma 9.23 (Matrixexponentialfunktion mit Basiswechsel)
Seien $A, V \in \mathbb{K}^{n\times n}$ mit *V invertierbar. Dann gilt*

$$e^{tVAV^{-1}} = Ve^{tA}V^{-1}, \quad \textit{für alle } t \in \mathbb{R}.$$

Beweis Es ist

$$\sum_{k=0}^{m} t^k \frac{(VAV^{-1})^k}{k!} = \sum_{k=0}^{m} t^k \frac{VA^kV^{-1}}{k!} = V\left(\sum_{k=0}^{m} t^k \frac{A^k}{k!}\right)V^{-1}.$$

Der Grenzübergang $m \to \infty$ liefert die Behauptung. □

Wir führen nun die Bestimmung von e^{tA} für eine allgemeine Matrix $A \in \mathbb{K}^{n\times n}$ durch Basiswechsel und Zerlegung auf die beiden schon behandelten Fälle zurück, also Lemma 9.20 für Diagonalmatrizen und Lemma 9.22 für nilpotente Matrizen.

In der linearen Algebra wird zu einer beliebigen Matrix $A \in \mathbb{C}^{n\times n}$ durch Basiswechsel deren **Jordansche Normalform** J konstruiert. J hat dabei die Blockdiagonalform

$$J = \begin{pmatrix} J_1 & 0 & \cdots & 0 \\ 0 & J_2 & 0 & \vdots \\ \vdots & & \ddots & \vdots \\ 0 & \cdots & 0 & J_k \end{pmatrix},$$

wobei

$$J_j = \begin{pmatrix} \lambda_j & 1 & 0 & \cdots & 0 \\ 0 & \lambda_j & 1 & & \vdots \\ \vdots & & \ddots & \ddots & \vdots \\ \vdots & & & \lambda_j & 1 \\ 0 & & & 0 & \lambda_j \end{pmatrix} \in \mathbb{C}^{n_j\times n_j} \tag{9.33}$$

oder $J_j = \operatorname{diag}(\lambda_j, \ldots, \lambda_j) \in \mathbb{C}^{n_j\times n_j}$. Hierbei sind $\lambda_j \in \mathbb{C}$ die Eigenwerte von A. Diese müssen nicht voneinander verschieden sein, insbesondere entspricht der Fall der Diagonalmatrix einem n_j-fachen Eigenwert λ_j. Es gilt

$$\sum_{j=1}^{k} n_j = n.$$

Wird der Basiswechsel durch die invertierbare Matrix $V \in \mathbb{C}^{n\times n}$ beschrieben, so ist

$$A = VJV^{-1}. \tag{9.34}$$

Nach Lemma 9.23 gilt dann

$$e^{tA} = Ve^{tJ}V^{-1}.$$

Aus der Blockdiagonalform von J,

$$J = \operatorname{diag}(J_1, \ldots, J_k), \tag{9.35}$$

folgt wie im Beweis von Lemma 9.20

$$e^{tJ} = \operatorname{diag}(e^{tJ_1}, \ldots, e^{tJ_k}).$$

Wir betrachten jetzt den Fall einer Jordanmatrix, also J_j wie in (9.33). Dann ist

$$J_j = \lambda_j I + N_j, \quad \text{mit} \quad N_j = \begin{pmatrix} 0 & 1 & 0 & \cdots & 0 \\ 0 & 0 & 1 & & \vdots \\ \vdots & & \ddots & \ddots & \vdots \\ \vdots & & & 0 & 1 \\ 0 & & & 0 & 0 \end{pmatrix} \in \mathbb{C}^{n_j \times n_j},$$

und daher nach Lemma 9.17, da N_j natürlich mit I und damit mit $\lambda_j I$ kommutiert,

$$e^{tJ_j} = e^{t(\lambda_j I + N_j)} = e^{\lambda_j t I} e^{tN_j} = e^{\lambda_j t} e^{tN_j}.$$

Wir müssen also die Potenzen N_j^μ bestimmen und erinnern dazu an das Kronecker-Delta

$$\delta_{jk} = \begin{cases} 1 \text{ für } j = k, \\ 0 \text{ sonst}. \end{cases}$$

Behauptung: Es ist

$$N_j^\mu = (\delta_{k,l-\mu})_{1 \le k,l \le n_j}, \quad 0 \le \mu \le n_j - 1,$$

und $N_j^\mu = 0$ für $\mu \ge n_j$. In Worten besagt dies: Mit jedem Potenzieren rutscht die Nebendiagonale mit den Einsern eine Nebendiagonale weiter hinauf. Dies folgt mit einem Induktionsbeweis. Der Induktionsbeginn $\mu = 1$ ist klar, zum Schritt $\mu \to \mu + 1$:

$$(N_j^{\mu+1})_{kl} = (N_j^\mu N_j)_{kl} = \sum_m \delta_{k,m-\mu} \delta_{m,l-1} = \delta_{k,l-(\mu+1)}.$$

Es folgt

$$e^{tN_j} = \sum_{\mu=0}^{n_j-1} \frac{t^\mu}{\mu!} N_j^\mu = \begin{pmatrix} 1 & t & \frac{t^2}{2} & \cdots & \frac{t^{n_j-1}}{(n_j-1)!} \\ 0 & 1 & \ddots & \ddots & \\ & \ddots & \ddots & \ddots & \\ & & & \ddots & t \\ & & & 0 & 1 \end{pmatrix} \tag{9.36}$$

Zusammen mit den Formeln

$$e^{tA} = V e^{tJ} V^{-1}, \quad e^{tJ} = \operatorname{diag}(e^{tJ_1}, \ldots, e^{tJ_k}), \quad e^{tJ_j} = e^{\lambda_j t} e^{tN_j} \tag{9.37}$$

(letzteres für Jordanmatrizen; für Diagonalmatrizen gilt einfach $e^{tJ_j} = \operatorname{diag}(e^{\lambda_j t}, \ldots, e^{\lambda_j t})$) ist damit das Problem der Berechnung von e^{tA} zurückgeführt worden auf das Problem der linearen Algebra, die Jordansche Normalform von A zu bestimmen.

Wir leiten jetzt eine Formel für $\det\left(e^A\right)$ her. Wir erinnern daran, dass die **Spur** einer quadratischen Matrix $A \in \mathbb{C}^{n\times n}$ definiert ist als

$$\operatorname{spur}(A) = \sum_{j=1}^{n} a_{jj}\,.$$

Für beliebige Matrizen $A, B \in \mathbb{C}^{n\times n}$ gilt

$$\operatorname{spur}(BA) = \sum_{j=1}^{n}\sum_{k=1}^{n} b_{jk}a_{kj} = \sum_{k=1}^{n}\sum_{j=1}^{n} b_{kj}a_{jk} = \sum_{j=1}^{n}\sum_{k=1}^{n} a_{jk}b_{kj} = \operatorname{spur}(AB)\,.$$

Daraus folgt, dass die Spur unter Basiswechsel invariant bleibt: Ist $B = VAV^{-1}$ mit invertierbarem $V \in \mathbb{C}^{n\times n}$, so haben A und B die gleiche Spur,

$$\operatorname{spur}(B) = \operatorname{spur}\left(VAV^{-1}\right) = \operatorname{spur}\left(VV^{-1}A\right) = \operatorname{spur}(A)\,. \tag{9.38}$$

Satz 9.24
Für jedes $A \in \mathbb{C}^{n\times n}$ gilt

$$\det\left(e^A\right) = e^{\operatorname{spur}(A)}\,.$$

Beweis Ist A eine obere Dreiecksmatrix mit Diagonalelementen $a_{11}, \ldots, a_{nn}$, so ist A^k, $k \in \mathbb{N}$, ebenfalls eine obere Dreiecksmatrix und hat die Diagonalelemente $a_{11}^k, \ldots, a_{nn}^k$, wie man durch Induktion über k erkennt. Also ist auch $e^A = \sum_{k=0}^{\infty} A^k/k!$ eine obere Dreiecksmatrix mit den Diagonalelementen $e^{a_{11}}, \ldots, e^{a_{nn}}$. Es folgt, dass

$$\det\left(e^A\right) = \prod_{j=1}^{n} e^{a_{jj}} = e^{\sum_{j=1}^{n} a_{jj}} = e^{\operatorname{spur}(A)}\,.$$

Den allgemeinen Fall führen wir darauf zurück, indem wir die Zerlegung $A = VJV^{-1}$ aus (9.34) mit der Jordanschen Normalform J und invertierbarem V verwenden. Da J eine obere Dreiecksmatrix ist, können wir das eben Gezeigte anwenden und erhalten

$$\begin{aligned}\det\left(e^A\right) &= \det\left(e^{VJV^{-1}}\right) = \det\left(Ve^J V^{-1}\right) = \det(V)\det\left(e^J\right)\det(V^{-1}) = \det\left(e^J\right)\\ &= e^{\operatorname{spur}(J)} = e^{\operatorname{spur}(A)}\,,\end{aligned}$$

wobei die letzte Gleichheit aus (9.38) folgt. □

Mit den Formeln für e^A können wir lineare Differentialgleichungssysteme wie folgt behandeln. Wir formulieren das Anfangswertproblem (9.31) um, indem wir $\dot{y} = Ay$ in das äquivalente System

$$\dot{x} = Jx\,,$$

umschreiben, mit Blockdiagonalmatrix J wie in (9.35) und $x(t) := Vy(t)$. Daher reicht es, e^{tJ} mit den gerade behandelten Methoden zu bestimmen. Wir geben dazu in Abschn. 9.3 Beispiele an.

Wir wollen uns die Struktur der Lösungen klar machen. Aus (9.36) und (9.37) folgt, dass alle Lösungen von $\dot{y} = Ay$,

$$y(t) = \begin{pmatrix} y_1(t) \\ \vdots \\ y_n(t) \end{pmatrix}$$

aus Komponentenfunktionen y_k bestehen, welche Linearkombinationen von Funktionen der Form

$$t^l e^{\lambda t}$$

sind. Hierbei ist λ Eigenwert von A, und der mögliche Wertebereich der Exponenten l hängt von der Größe der zugehörigen Jordanmatrix J_j ab. Ist A diagonalisierbar, so treten keine Exponenten $l > 0$ auf, und die Lösungen haben die Form

$$y(t) = \sum_{\lambda \in \sigma(A)} v_\lambda e^{\lambda t}\,, \quad v_\lambda = \begin{pmatrix} v_{\lambda,1} \\ \vdots \\ v_{\lambda,n} \end{pmatrix} \in \mathbb{C}^n\,,$$

wobei $\sigma(A)$ die Menge der Eigenwerte von A bezeichnet und die Koeffizientenvektoren v_λ durch die Eigenvektoren von A und die Anfangsbedingung y_0 festgelegt sind.

Für $A \in \mathbb{R}^{n \times n}$ und Anfangswerte $y_0 \in \mathbb{R}^n$ sind die Lösungen $y(t) = e^{tA}y_0$ reell. Die eben beschriebene Vorgehensweise liefert auch nichtreelle komplexe Lösungen, falls A nichtreelle Eigenwerte λ hat. Die nichtreellen Eigenwerte treten aber in konjugiert-komplexen Paaren $(\lambda, \overline{\lambda})$ auf; die entsprechenden Jordanmatrizen haben die gleiche Größe. Es ergeben sich Paare reeller Lösungen mit Zeitanteilen der Form $t^l e^{at}\cos(\omega t)$ und $t^l e^{at}\sin(\omega t)$. Wir stellen das nicht im Einzelnen dar, behandeln aber im nächsten Abschnitt einen wichtigen Spezialfall, für den wir die Rechenschritte beispielhaft ausführen.

9.3 Gleichungen zweiter Ordnung mit konstanten Koeffizienten

Wir diskutieren das im letzten Abschnitt beschriebene Vorgehen am Beispiel des gedämpften harmonischen Oszillators, der wird beschrieben durch die Differentialgleichung

$$m\ddot{y} + d\dot{y} + ky = 0\,. \tag{9.39}$$

Hierbei sind $m, d, k > 0$ Konstanten. Zur Berechnung einer Lösung dividieren wir (9.39) durch m und setzen

$$b = \frac{d}{2m}\,, \quad c = \frac{k}{m}\,,$$

dann wird (9.39) zu

$$\ddot{y} + 2b\dot{y} + cy = 0\,. \tag{9.40}$$

Es handelt sich um eine Gleichung mit konstanten Koeffizienten. Die Gleichung ist von zweiter Ordnung, da die höchste auftretende Ableitung die zweite Ableitung ist. Ein Trick, der häufig nützlich ist, besteht im Umschreiben einer Gleichung n-ter Ordnung in ein System erster Ordnung mit n Variablen. Für den harmonischen Oszillator setzen wir dazu

$$z(t) := \begin{pmatrix} y(t) \\ \dot{y}(t) \end{pmatrix}.$$

Damit transformiert sich (9.40) zu

$$\dot{z}(t) = \begin{pmatrix} 0 & 1 \\ -c & -2b \end{pmatrix} z(t)\,,$$

also $\dot{z}(t) = Az(t)$ mit

$$A = \begin{pmatrix} 0 & 1 \\ -c & -2b \end{pmatrix}.$$

Die Eigenwerte von A sind

$$\lambda_{1,2} = -b \pm \sqrt{b^2 - c}\,. \tag{9.41}$$

Also sind drei Fälle zu unterscheiden:

(i) *Positive Diskriminante, $b^2 > c$.* Wir haben zwei verschiedene reelle Eigenwerte. Daher ist

$$J = \begin{pmatrix} \lambda_1 & 0 \\ 0 & \lambda_2 \end{pmatrix}, \quad \text{und} \quad e^{Jt} = \begin{pmatrix} e^{\lambda_1 t} & 0 \\ 0 & e^{\lambda_2 t} \end{pmatrix}.$$

Die zugehörigen Eigenvektoren seien $v_1, v_2 \in \mathbb{R}^2$, damit ist die allgemeine Lösung ist $\alpha_1 e^{\lambda_1 t} v_1 + \alpha_2 e^{\lambda_2 t} v_2$ mit $\alpha_1, \alpha_2 \in \mathbb{R}$. Wir sind nur an der ersten Komponente von $z(t)$ interessiert, die die allgemeine Lösung $y(t)$ des harmonischen Oszillators ergibt. Wir erhalten

$$y(t) = a_1 e^{\lambda_1 t} + a_2 e^{\lambda_2 t} \tag{9.42}$$

mit $a_1, a_2 \in \mathbb{R}$ beliebig als die eindeutige Lösung von (9.40).

(ii) *Verschwindende Diskriminante,* $b^2 = c > 0$. Hier haben wir einen doppelten Eigenwert $\lambda = -b$. Also ist

$$J = \begin{pmatrix} -b & 1 \\ 0 & -b \end{pmatrix},$$

und mit Lemma 9.17 ergibt sich

$$\begin{aligned} e^{Jt} &= \exp\left(\begin{pmatrix} -bt & 0 \\ 0 & -bt \end{pmatrix} + \begin{pmatrix} 0 & t \\ 0 & 0 \end{pmatrix}\right) = \exp\begin{pmatrix} -bt & 0 \\ 0 & -bt \end{pmatrix} \exp\begin{pmatrix} 0 & t \\ 0 & 0 \end{pmatrix} \\ &= \begin{pmatrix} e^{-bt} & 0 \\ 0 & e^{-bt} \end{pmatrix}\begin{pmatrix} 1 & t \\ 0 & 1 \end{pmatrix} = \begin{pmatrix} e^{-bt} & te^{-bt} \\ 0 & e^{-bt} \end{pmatrix}. \end{aligned}$$

Wieder ist y durch die erste Komponente gegeben, und als allgemeine Lösung erhalten wir

$$y(t) = a_1 e^{-bt} + a_2 t e^{-bt}. \tag{9.43}$$

(iii) *Negative Diskriminante,* $b^2 < c$. Die beiden Lösungen

$$\lambda_{1,2} = -b \pm i\omega, \quad \text{mit} \quad \omega = \sqrt{c - b^2},$$

sind konjugiert-komplex. Formal können wir wie im Fall einer positiven Diskriminante vorgehen: Die genaue Form der Eigenvektoren $v_1, v_2 \in \mathbb{R}^2$ ist unerheblich, die allgemeine Lösung ist $\alpha_1 e^{\lambda_1 t} v_1 + \alpha_2 e^{\lambda_2 t} v_2$ mit $\alpha_1, \alpha_2 \in \mathbb{R}$. Die erste Komponente von $z(t)$ ergibt die allgemeine Lösung $y(t)$ des harmonischen Oszillators (9.40). In komplexer Form lautet die allgemeine Lösung damit

$$y(t) = c_1 e^{-bt+i\omega t} + c_2 e^{-bt-i\omega t} = e^{-bt}\left(c_1 e^{i\omega t} + c_2 e^{-i\omega t}\right). \tag{9.44}$$

Eine reelle Lösung ergibt sich daraus wie folgt:

$$\begin{aligned} y(t) &= e^{-bt}\left(c_1\,[\cos(\omega t) + i\sin(\omega t)] + c_2\left[\underbrace{\cos(-\omega t)}_{=\cos(\omega t)} + i\,\underbrace{\sin(-\omega t)}_{=-\sin(\omega t)}\right]\right) \\ &= e^{-bt}\left(\underbrace{[c_1 + c_2]}_{=:a_1}\cos(\omega t) + \underbrace{[c_1 - c_2]\,i}_{=:a_2}\sin(\omega t)\right) \end{aligned}$$

also ist die reelle Lösung

$$y(t) = e^{-bt}(a_1\cos(\omega t) + a_2\sin(\omega t)). \tag{9.45}$$

Dieser Fall zeigt auch, dass der Weg über das Komplexe hilft, auch wenn man im Endergebnis reelle Lösungen erhalten möchte.

Ein alternativer Rechenweg geht so: Wir nehmen optimistisch an, dass es Lösungen der Form $y(t) = e^{\lambda t}$, mit zu bestimmenden $\lambda \in \mathbb{C}$. Wir setzen diesen Ansatz in (9.40) ein und erhalten

$$(\lambda^2 + 2b\lambda + c)e^{\lambda t} = 0\,.$$

Diese Gleichung ist genau dann erfüllt, wenn λ eine Lösung der quadratischen Gleichung

$$\lambda^2 + 2b\lambda + c = 0$$

ist. Hier ergeben sich die beiden Lösungen $\lambda_1 \neq \lambda_2$ aus (9.41),

$$\lambda_{1,2} = -b \pm \sqrt{b^2 - c}\,.$$

Im Falle einer positiven Diskriminante $b^2 > c$ erhalten wir zwei reelle Lösungen und damit durch Superposition die Lösung (9.42),

$$y(t) = a_1 e^{\lambda_1 t} + a_2 e^{\lambda_2 t}$$

mit $a_1, a_2 \in \mathbb{R}$. Im Falle konjugiert-komplexer Eigenwerte erhalten wir analog durch Superposition die allgemeine komplexwertige Lösung (9.44) und daraus wie oben beschrieben die allgemeine reelle Lösung (9.45).

Ein mehrfacher Eigenwert tritt auf im Fall $b^2 = c$ auf, es ist dann $\lambda := \lambda_1 = \lambda_2 = -b$. Hier nutzt man, dass neben $y(t) = e^{\lambda t}$ auch

$$y(t) = te^{\lambda t} \tag{9.46}$$

eine Lösung von (9.40) ist, und damit auch

$$y(t) = (a_1 + a_2 t)e^{\lambda t}$$

für beliebige $a_1, a_2 \in \mathbb{R}$.

Wie kommt man aber ohne den oben geschilderten Zugang über Umschreiben der Differentialgleichung in ein System erster Ordnung auf den Ansatz (9.46)? Wir geben hier nur eine Heuristik. Denken wir uns die doppelte Nullstelle infinitesimal in zwei verschiedene (nahe benachbarten) Nullstellen λ und $\lambda + \Delta\lambda$ auseinandergezogen. Dann sind $e^{\lambda t}$ und $e^{(\lambda+\Delta\lambda)t}$ Lösungen und damit auch deren Linearkombination

$$\frac{e^{(\lambda+\Delta\lambda)t} - e^{\lambda t}}{\Delta\lambda}\,,$$

und diese konvergiert mit $\Delta\lambda \to 0$ gegen $te^{\lambda t}$. Der Weg über die Matrixexponentialfunktion liefert dieses Resultat aber, wie in (9.43), gesehen auf direkte und elegante Weise, und man versteht damit sofort, warum der Term $t\exp(\lambda t)$ auftritt. Dieser Weg kombiniert Methoden der linearen Algebra und der Analysis; generell erweist sich das Zusammenspiel verschiedener mathematischer Teildisziplinen als sehr fruchtbar. Es ist – wie in diesem Beispiel gesehen – sehr hilfreich, die Mathematik als Ganzes zu sehen, da die Teildisziplinen eng miteinander verwoben sind und sich auf fruchtbare Weise ergänzen.

Parameterabhängige Integrale 10

Dieses Buch brachte mir auch bei, wie man Parameter unter dem Integralzeichen differenziert – das ist eine bestimmte Operation. Es zeigt sich, daß das an den Universitäten nicht viel gelehrt wird, sie messen dem kein besonderes Gewicht bei. Aber ich kapierte, wie man diese Methode benutzt, und ich habe dieses Werkzeug immer wieder verwendet. Weil ich also durch dieses Buch Autodidakt war, hatte ich seltsame Methoden, Integrale zu lösen. Das Resultat war folgendes: Wenn die Leute am MIT oder in Princeton Schwierigkeiten hatten, ein bestimmtes Integral zu lösen, dann lag das daran, daß es mit den Standardmethoden, die sie in der Schule gelernt hatten, nicht ging. Wenn es sich um die Integration von geschlossenen Kurven oder um die einfache Entwicklung einer Reihe gehandelt hätte, hätten sie es herausgefunden. Dann komme ich und versuche, unter dem Integralzeichen zu differenzieren, und das klappte oft. Auf diese Weise kam ich in den Ruf, gut Integrale lösen zu können, und das nur, weil ich einen anderen Werkzeugkasten hatte als die anderen und weil sie alle ihre Werkzeuge an dem Problem ausprobiert hatten, ehe sie es mir vorlegten.

Richard P. Feynman (1918–1988), *Sie belieben wohl zu scherzen, Mr. Feynman!*
© Richard P. Feynman und Ralph Leighton, 1985
© Piper Verlag GmbH, München, 1987

10.1 Stetigkeit und Differenzierbarkeit parameterabhängiger Integrale

Wir betrachten eine Funktion φ der Form

$$\varphi(y) := \int_a^b f(x, y)\,\mathrm{d}x\,. \tag{10.1}$$

M. Brokate et al., *Analysis 2*,
https://doi.org/10.1007/978-3-662-71141-5_10

Hier tritt also das Argument y als Parameter in dem Integral auf, x ist die Integrationsvariable (im Englischen manchmal als *dummy variable* bezeichnet, da sie im Ergebnis nicht selbst auftaucht).

Hier stellen sich mehrere Fragen:

(i) Ist φ stetig, wenn f (in einer zu definierenden Weise) gutartig ist?
(ii) Ist φ sogar differenzierbar, auch wenn y hier *nicht* die Integrationsvariable ist, der Hauptsatz der Differential- und Integralrechnung (Analysis 1, Satz 14.17) also nicht greift?
(iii) Angenommen, φ ist differenzierbar. Dürfen wir dann Integration und Differentiation vertauschen, gilt also

$$\varphi'(y) = \int_a^b \partial_y f(x, y)\,\mathrm{d}x\ ?$$

Dieses Kapitel ist eine Sternstunde der gleichmäßigen Stetigkeit aus Definition 2.29. Die Grundidee der folgenden Beweise ist immer, dass die betrachteten Funktionen stetig und auf Kompakta definiert (oder auf Kompakte einschränkbar) sind, damit nach Satz 2.39 gleichmäßig stetig sind.

Um die Bedeutung der gleichmäßigen Stetigkeit bei der parameterabhängigen Integration zu verstehen, probieren wir heuristisch aus, was beim Differenzieren eines Parameterintegrals passiert. Sei also y fest und y_k eine Folge mit $y_k \to y$. Wir betrachten den Differenzenquotienten für φ und ziehen das „differenzierte Integral" ab,

$$\left| \frac{\varphi(y_k) - \varphi(y)}{y_k - y} - \int_a^b \partial_y f(x, y)\,\mathrm{d}x \right| .$$

Wir wollen zeigen, das dieser Ausdruck im Limes $k \to \infty$ null wird. Es ist

$$\begin{aligned}\left| \frac{\varphi(y_k)-\varphi(y)}{y_k - y} - \int_a^b \partial_y f(x, y)\,\mathrm{d}x \right| &= \left| \int_a^b \left[\frac{f(x, y_k) - f(x, y)}{y_k - y} - \partial_y f(x, y) \right] \mathrm{d}x \right| \\ &\leq \int_a^b \underbrace{\left| \frac{f(x, y_k) - f(x, y)}{y_k - y} - \partial_y f(x, y) \right|}_{\text{„klein"}} \mathrm{d}x\end{aligned}$$

aber klein alleine reicht nicht, der Ausdruck in der Klammer muß gleichmäßig klein sein! Genau dies wird die gleichmäßige Stetigkeit liefern.

Mit dieser Intuition ausgestattet nehmen wir Frage (i) in Angriff, also die stetigen Abhängigkeit.

Satz 10.1
Sei $[a, b] \subset \mathbb{R}$ ein kompaktes Intervall, $D \subset \mathbb{R}^n$, und sei $f\colon [a, b] \times D \to \mathbb{R}$ stetig.

Dann wird durch (10.1), *also*

$$\varphi(y) = \int_a^b f(x, y)\,\mathrm{d}x\,,$$

eine stetige Funktion $\varphi\colon D \to \mathbb{R}$ *definiert.*

Beweis Sei $y \in D$ beliebig. Das Integral auf der rechten Seite von (10.1) existiert, da die durch $f^y(x) := f(x, y)$ definierte Funktion $f^y\colon [a, b] \to \mathbb{R}$ stetig ist. Sei nun $(y_k)_{k\in\mathbb{N}}$ eine Folge in D mit $y_k \to y \in D$. Die durch

$$K := \{y_k \mid k \in \mathbb{N}\} \cup \{y\}$$

definierte Teilmenge von D ist abgeschlossen und beschränkt im $\mathbb{R}^n$, also kompakt nach Satz 3.1 von Bolzano-Weierstraß. Weiterhin ist $[a, b] \times K$ in $\mathbb{R} \times \mathbb{R}^n$ abgeschlossen (nach Satz 1.21) und beschränkt, also ebenfalls kompakt. Nach Satz 2.39 ist die Einschränkung von f auf $[a, b] \times K$ gleichmäßig stetig. Zu jedem $\varepsilon > 0$ gibt es daher ein $\delta > 0$, so dass für alle $z \in K$ mit $\|z - y\| < \delta$ und alle $x \in [a, b]$ gilt

$$|f(x, z) - f(x, y)| < \varepsilon\,. \tag{10.2}$$

Wir definieren $f_k\colon [a, b] \to \mathbb{R}$ durch

$$f_k(x) = f(x, y_k)\,.$$

Wir zeigen, dass $(f_k)_{k\in\mathbb{N}}$ gleichmäßig gegen f^y konvergiert: Sei $N \in \mathbb{N}$ so, dass $\|y_k - y\| < \delta$ für alle $k \geq N$. Dann folgt aus (10.2)

$$\left\| f_k - f^y \right\|_\infty = \sup_{x\in[a,b]} |f(x, y_k) - f(x, y)| < \varepsilon\,, \quad \text{für alle } k \geq N,$$

also $\| f_k - f^y \|_\infty \to 0$ für $k \to \infty$. Wegen

$$|\varphi(y_k) - \varphi(y)| \leq \int_a^b |f(x, y_k) - f(x, y)|\,\mathrm{d}x \leq (b - a)\left\| f_k - f^y \right\|_\infty$$

folgt $\varphi(y_k) \to \varphi(y)$ und damit die Behauptung. □

Vertauschen von Ableitung und Integral Wir wenden uns den Differenzierbarkeitsfragen (ii) und (iii) zu. Der nächste Satz gibt eine hinreichende Bedingung für die Vertauschung von Ableitung und Integral.

Satz 10.2 (Differenzieren unter dem Integral)
Sei $f\colon [a, b] \times [c, d] \to \mathbb{R}$ *stetig. Weiter existiere* $\partial_y f\colon [a, b] \times [c, d] \to \mathbb{R}$ *und sei stetig. Dann ist* $\varphi\colon [c, d] \to \mathbb{R}$,

$$\varphi(y) = \int_a^b f(x, y)\,\mathrm{d}x\,,$$

stetig differenzierbar, und

$$\varphi'(y) = \int_a^b \partial_y f(x, y)\, \mathrm{d}x\,. \tag{10.3}$$

Beweis Sei $y \in [c, d]$, sei (y_k) eine Folge in $[c, d]$ mit $y_k \to y$ und $y_k \neq y$. Wir setzen

$$g_k(x) := \frac{f(x, y_k) - f(x, y)}{y_k - y} - \partial_y f(x, y)\,.$$

Aus Analysis 1, nämlich dem Mittelwertsatz 12.18 der Differentialrechnung, folgt die Existenz von $\eta_k(x) \in [y, y_k]$ mit

$$g_k(x) = \partial_y f(x, \eta_k(x)) - \partial_y f(x, y)\,.$$

Sei $\varepsilon > 0$. Wähle $\delta > 0$ so, dass gilt

$$|z - y| < \delta \qquad \Rightarrow \qquad |\partial_y f(x, z) - \partial_y f(x, y)| < \varepsilon \quad \text{für alle } x \in [a, b]\,; \tag{10.4}$$

das ist möglich, da $\partial_y f$ gleichmäßig stetig ist auf $[a, b] \times [c, d]$. Wähle weiter N so, dass

$$|y_k - y| < \delta\,, \quad \text{für alle } k \geq N\,.$$

Dann gilt $|\eta_k(x) - y| < \delta$ für alle $x \in [a, b]$ und daher wegen (10.4) mit $z := \eta_k(x)$

$$\|g_k\|_\infty = \sup_{x \in [a,b]} |g_k(x)| \leq \varepsilon\,, \quad \text{für alle } k \geq N\,,$$

also gilt $g_k \to 0$ gleichmäßig.

Jetzt haben wir die in der heuristischen Diskussion geforderte gleichmäßige Kleinheit gezeigt. Damit können wir wie dort fortfahren:

$$\begin{aligned}\left|\frac{\varphi(y_k) - \varphi(y)}{y_k - y} - \int_a^b \partial_y f(x, y)\, \mathrm{d}x\right| &\leq \int_a^b \left|\frac{f(x, y_k) - f(x, y)}{y_k - y} - \partial_y f(x, y)\right| \mathrm{d}x \\ &\leq \int_a^b \|g_k\|_\infty\, \mathrm{d}x \to 0\end{aligned}$$

für $k \to \infty$. Damit ist die Darstellung (10.3) bewiesen, und da f^y stetig ist, folgt daraus sofort die stetige Differenzierbarkeit von φ. □

Beispiel 10.3
Wir betrachten

$$\varphi(y) = \int_0^1 \sin\left(x^2 + y^3\right) \mathrm{d}x\,.$$

Hier ist $f(x, y) = \sin\left(x^2 + y^3\right)$, $\partial_y f(x, y) = 3y^2 \cos\left(x^2 + y^3\right)$, also

$$\varphi'(y) = \int_0^1 3y^2 \cos\left(x^2 + y^3\right) \,\mathrm{d}x\,.$$

Man erspart es sich dabei, das ursprüngliche Integral explizit formelmäßig auszuwerten (falls das überhaupt möglich ist), erhält aber für die Ableitung eine Formel, die weiterhin ein Integral enthält.

Folgerung 10.4 (Mehrfaches Differenzieren unter dem Integral)
Sei $f\colon [a, b] \times [c, d] \to \mathbb{R}$ stetig, $f = f(x, y)$. Sind alle partiellen Ableitungen von f bezüglich y bis zur Ordnung k stetig im dem Sinne, dass $\partial_y^j f\colon [a, b] \times [c, d] \to \mathbb{R}$ existiert und stetig ist, so gilt für φ wie in (10.1) definiert, dass $\varphi \in C^k[c, d]$ ist und

$$\varphi^{(k)}(y) = \int_a^b \partial_y^k f(x, y) \,\mathrm{d}x\,.$$

Beweis Dies folgt direkt durch wiederholtes Anwenden von Satz 10.2. □

Bisweilen kann man Integrale durch Differentiation unter dem Integral berechnen. Zum Beispiel wissen wir aus Analysis 1, dass für $\alpha > 0$

$$\varphi(\alpha) := \int_0^1 x^\alpha \,\mathrm{d}x = \frac{1}{\alpha + 1}\,.$$

Wir differenzieren diese Gleichheit und erhalten

$$\varphi'(\alpha) = \int_0^1 x^\alpha \ln(x) \,\mathrm{d}x = -\frac{1}{(\alpha + 1)^2}$$

und weiter

$$\int_0^1 x^\alpha (\ln(x))^n \,\mathrm{d}x = \frac{(-1)^n n!}{(\alpha + 1)^{n+1}}\,.$$

In den Sätzen 10.1 und 10.2 ist vorausgesetzt, dass f stetig nicht nur bezüglich y, sondern auch bezüglich x ist. Diese Voraussetzung kann abgeschwächt werden, so dass (10.3) auch für eine geeignete Klasse von Funktionen gilt, die unstetig bezüglich x sind. Dazu verwendet man allerdings einen anderen Integralbegriff. Das Lebesgue-Integral erweist sich hier als zweckmäßig.

Differenzieren nach Funktionen in den Integrationsgrenzen Satz 10.2 und die Kettenregel ermöglichen es, eine Funktion der Form

$$\varphi(y) = \int_{a(y)}^{b(y)} f(x, y) \,\mathrm{d}x \tag{10.5}$$

zu differenzieren. Dieses Ergebnis geht auf Leibniz zurück und kann wie folgt notiert werden.

Satz 10.5 (Leibnizsche Integralformel)
Sei $f\colon [x_0, x_1] \times [y_0, y_1] \to \mathbb{R}$ eine stetige Funktion $f = f(x, y)$ mit stetiger partieller Ableitung $\partial_y f\colon [x_0, x_1] \times [y_0, y_1] \to \mathbb{R}$. Seien weiter $a, b\colon [y_0, y_1] \to \mathbb{R}$ stetig differenzierbar. Dann ist φ aus (10.5) stetig differenzierbar und es gilt

$$\varphi'(y) = \int_{a(y)}^{b(y)} \partial_y f(x, y)\,\mathrm{d}x + f(b(y), y) \cdot b'(y) - f(a(y), y) \cdot a'(y)\,. \tag{10.6}$$

Beweis Wir betrachten die Funktion

$$\psi(y, \alpha, \beta) := \int_{\alpha}^{\beta} f(x, y)\,\mathrm{d}x\,.$$

Es ist dann

$$\varphi(y) = \psi(y, a(y), b(y))\,.$$

Die Funktion φ lässt sich als Komposition der Funktionen $\sigma : y \mapsto (y, a(y), b(y))$ und ψ schreiben,

$$y \overset{\sigma}{\mapsto} (y, a(y), b(y)) \overset{\psi}{\mapsto} \psi\,(y, a(y), b(y))\,.$$

Sowohl σ als auch ψ sind stetig differenzierbar – die Stetigkeit der Ableitungen von ψ nach a und b folgt aus dem Hauptsatz der Differential- und Integralrechnung 14.17 aus Analysis 1. Also können wir die Kettenregel 5.27 anwenden und erhalten in Verbindung mit Satz 10.2

$$\begin{aligned}
\varphi'(y) &= J_\psi(\sigma(y)) \cdot J_\sigma(y) \\
&= \big(\partial_y \psi(\sigma(y)), \partial_\alpha \psi(\sigma(y)), \partial_\beta \psi(\sigma(y))\big) \cdot \begin{pmatrix} 1 \\ a'(y) \\ b'(y) \end{pmatrix} \\
&= \partial_y \psi(\sigma(y)) \cdot 1 + \partial_\alpha \psi(\sigma(y)) \cdot a'(y) + \partial_\beta \psi(\sigma(y)) \cdot b'(y) \\
&= \int_{a(y)}^{b(y)} \partial_y f(x, y)\,\mathrm{d}x - f(a(y), y) \cdot a'(y) + f(b(y), y) \cdot b'(y)\,.
\end{aligned}$$

□

Als Rechenbeispiel betrachten wir

$$\varphi(y) = \int_{y^2}^{3y} \exp(\sin(2y + x))\,\mathrm{d}x\,.$$

Mit (10.6) erhalten wir

$$\varphi'(y) = \int_{y^2}^{3y} 2\cos(2y+x)\exp(\sin(2y+x))\,\mathrm{d}x - \exp(\sin(2y+y^2))\cdot 2y$$
$$+ \exp(\sin(5y))\cdot 3\,.$$

Beispiel 10.6
Wir benutzen einen Trick, um das wichtigste Integral der Wahrscheinlichkeitstheorie zu berechnen, nämlich

$$\frac{1}{\sqrt{2\pi}}\int_{-\infty}^{\infty}\exp\left(-\frac{x^2}{2}\right)\mathrm{d}x = 1\,; \tag{10.7}$$

in Lehrbüchern zur Wahrscheinlichkeitstheorie wird besprochen, dass die Funktion

$$\frac{1}{\sqrt{2\pi}}\exp\left(-\frac{x^2}{2}\right)$$

die Dichte der **Normalverteilung,** auch **Gaußverteilung** genannt, ist. Der numerische Wert 1 ist daher wichtig; er besagt, dass es sich um eine sogenannte Wahrscheinlichkeitsverteilung handelt. Intuitiv: Summen bzw. Integrale über Wahrscheinlichkeitsdichten müssen den Wert Eins ergeben, da die Gesamtwahrscheinlichkeit, also die Summe/das Integral über alle möglichen Ergebnisse eines Zufallsexperiments, diesen Wert annehmen muss.

Wir wenden jetzt den Trick an, auf den das Zitat von Richard Feynman im Eingangszitat anspielt: Oft lassen sich Integrale durch Differentiation nach einem Parameter lösen. Bemerkenswerterweise gilt dies auch für Integrale, die gar keine Parameter enthalten! Die Kunst ist dann, künstlich einen geeigneten Parameter einzuführen, so dass sich das gesuchte Integral für einen bestimmten Parameterwert ergibt. Die folgende Rechnung gibt ein Beispiel. Wegen der Symmetrie des Integranden gilt

$$\frac{1}{\sqrt{2\pi}}\int_{-\infty}^{\infty}\exp\left(-\frac{x^2}{2}\right)\mathrm{d}x = 2\cdot\frac{1}{\sqrt{2\pi}}\int_{0}^{\infty}\exp\left(-\frac{x^2}{2}\right)\mathrm{d}x\,.$$

Als künstlichen Parameter y wählen wir hier die obere Integrationsgrenze. Zudem betrachten wir das Quadrat des zu berechnenden Integrals, definieren also

$$\varphi(y) = \left(\int_0^y \exp\left(-\frac{x^2}{2}\right)\mathrm{d}x\right)^2\,.$$

Dann ist

$$\varphi'(y) = 2\int_0^y \exp\left(-\frac{x^2}{2}\right)\mathrm{d}x\cdot\exp\left(-\frac{y^2}{2}\right)\,;$$

hier ist der zweite Term des Produkts durch den Hauptsatz der Differential- und Integralrechnung (Analysis 1, Satz 14.17) gegeben. Wir fassen die Exponentialterme zusammen und ändern mit der Substitutionsregel die Integrationsvariable zu $t = \frac{x}{y}$,

$$\varphi'(y) = 2\int_0^y \exp\left(-\frac{x^2+y^2}{2}\right)\,\mathrm{d}x = \int_0^1 2y\exp\left(-\frac{(1+t^2)y^2}{2}\right)\,\mathrm{d}t\,.$$

Jetzt kann der Integrand nämlich als partielle Ableitung geschrieben werden,

$$2y\exp\left(-\frac{(1+t^2)y^2}{2}\right) = \partial_y\left(-\frac{2\exp\left(-\frac{(1+t^2)y^2}{2}\right)}{1+t^2}\right)\,.$$

Also ist

$$\varphi'(y) = \int_0^1 \partial_y\left(-\frac{2\exp\left(-\frac{(1+t^2)y^2}{2}\right)}{1+t^2}\right)\mathrm{d}t = \frac{\mathrm{d}}{\mathrm{d}y}\int_0^1 -\frac{2\exp\left(-\frac{(1+t^2)y^2}{2}\right)}{1+t^2}\,\mathrm{d}t$$

(innerhalb des Integrals liegt eine Funktion in zwei Variablen vor, daher benutzen wir das Symbol für partielle Ableitungen; da t eine Integrationsvariable ist, die außerhalb des Integrals nicht mehr existiert, steht auf der rechten Seite die totale Ableitung).

Damit ist nach dem Hauptsatz der Differential- und Integralrechnung

$$\varphi(y) = \int_0^1 -\frac{2\exp\left(-\frac{(1+t^2)y^2}{2}\right)}{1+t^2}\,\mathrm{d}t + C$$

mit einer Integrationskonstanten C. Um C zu bestimmen, beobachten wir, dass einerseits $\varphi(0) = \left(\int_0^0 \exp\left(-\frac{x^2}{2}\right)\,\mathrm{d}x\right)^2 = 0$. Andererseits gilt für $y \to 0$

$$\int_0^1 \frac{\exp\left(-\frac{(1+t^2)y^2}{2}\right)}{1+t^2}\,\mathrm{d}t \to \int_0^1 \frac{1}{1+t^2}\,\mathrm{d}t = \arctan(t)\Big|_0^1 = \frac{\pi}{4}\,.$$

Also gilt $0 = -2\cdot\frac{\pi}{4} + C$, damit $C = \frac{\pi}{2}$ und

$$\varphi(y) = \frac{\pi}{2} - 2\int_0^1 \frac{\exp\left(-\frac{(1+t^2)y^2}{2}\right)}{1+t^2}\,\mathrm{d}t\,.$$

Wir nehmen den Grenzwert $y \to \infty$. Man kann sich davon überzeugen, dass der Integrand in diesem Grenzübergang gegen 0 konvergiert und das Integral verschwindet.

Daher ist $\lim_{y\to\infty}\varphi(y) = \frac{\pi}{2}$. Wir ziehen die Wurzel und erinnern, dass das Integral über die ganze reelle Achse wegen der Symmetrie den doppelten Wert hat, also

$$\int_{-\infty}^{\infty} \exp\left(-\frac{x^2}{2}\right) \mathrm{d}x = 2\sqrt{\frac{\pi}{2}} = \sqrt{2\pi}\,.$$

Damit ist (10.7) hergeleitet. Der übliche Weg, dieses Integral herzuleiten, benutzt mehrdimensionale Integration.

Beispiel 10.7
Oft kann man aus einem bekannten Integral weitere gewinnen. Wir illustrieren das anhand des Integrals

$$\varphi(y) = \int_0^{\infty} \exp\left(-x^2\right) \cdot \cos(xy)\,\mathrm{d}x\,. \tag{10.8}$$

Differenzieren und anschließende partielle Integration in x zeigt, dass φ die Gleichung $\varphi'(y) + \frac{1}{2}y \cdot \varphi(y) = 0$ erfüllt. Diese Gleichung können wir mit Trennung der Variablen wie in Analysis 1 beschrieben lösen. Die Lösung ist $\varphi(y) = C\exp\left(-\frac{y^2}{4}\right)$ mit zu bestimmender Konstante C. Aus Beispiel 10.6 folgt leicht (SÜPER-Übung), dass $\varphi(0) = \frac{1}{2}\sqrt{\pi}$, also ist $C = \frac{1}{2}\sqrt{\pi}$ und damit

$$\int_0^{\infty} \exp\left(-x^2\right) \cdot \cos(xy)\,\mathrm{d}x = \frac{1}{2}\sqrt{\pi}\exp\left(-\frac{y^2}{4}\right).$$

Beispiel 10.8
Ein weiteres Beispiel, bei dem geschicktes Einfügen von Parametern hilft: Die Aufgabe ist,

$$\int_0^{\infty} x\sin(x)\exp(-x^2)\,\mathrm{d}x$$

zu bestimmen. Der Integrand ist so kompliziert, dass wir uns mit partieller Integration und Substitution wohl die Zähne ausbeißen werden. Hier hilft es, einen Parameter y einzuführen, in der Form

$$\varphi(y) := \int_0^{\infty} x\sin(xy)\exp(-x^2)\,\mathrm{d}x\,.$$

Die Idee ist hier, dass der Term $x\sin(x)$ die Ableitung von $-\cos(xy)$ nach y ist. Sprich: Wir können nach y integrieren und reduzieren dadurch die Zahl der Produkte von drei auf zwei:

$$\int_0^{y} \varphi(\tilde{y})\,\mathrm{d}\tilde{y} = \int_0^{y}\int_0^{\infty} x\sin(x\tilde{y})\exp(-x^2)\,\mathrm{d}x\,\mathrm{d}\tilde{y} = -\int_0^{\infty} \cos(xy)\exp(-x^2)\,\mathrm{d}x + C\,,$$

wobei $C := \int_0^\infty \exp(-x^2)\,\mathrm{d}x$ unabhängig von y ist; hier haben wir die Integrationsreihenfolge vertauscht (dies lässt sich durch den Satz von Fubini rechtfertigen). Hurra, dieses Integral kennen wir aus (10.8)! Also:

$$\int_0^y \varphi(\tilde{y})\,\mathrm{d}\tilde{y} = -\frac{1}{2}\sqrt{\pi}\exp\left(-\frac{y^2}{4}\right) + C\,.$$

Jetzt leiten wir wieder nach y ab, da wir ja an φ und nicht seiner Stammfunktion interessiert sind,

$$\varphi(y) = \frac{y}{4}\sqrt{\pi}\exp\left(-\frac{y^2}{4}\right)\,.$$

Die letzten beiden Beispiele der Feymanschen Trickkiste sind [2] entnommen, einem Kompendium vieler Lösungs- und Näherungsmethoden für Integrale.

10.2 Faltung von Funktionen

Der **Träger** einer Funktion $f : \mathbb{R} \to \mathbb{R}$ ist definiert als der Abschluss der Menge, auf der f von Null verschieden ist,

$$\operatorname{supp}(f) = \overline{\{x \mid f(x) \neq 0\}}\,.$$

Der Träger ist genau dann kompakt, wenn er beschränkt ist. Für elementare Funktionen (Polynome, Exponentialfunktion, Winkelfunktionen) ist typischerweise $\operatorname{supp}(f) = \mathbb{R}$, da (abgesehen von der Nullfunktion) deren Nullstellenmenge aus einzelnen isolierten Punkten besteht. Anders ist das für die sogenannte Hutfunktion

$$f(x) = \begin{cases} x\,, & 0 \leq x \leq 1\,, \\ 2 - x\,, & 1 \leq x \leq 2\,, \\ 0\,, & \text{sonst,} \end{cases}$$

denn hier ist

$$\operatorname{supp}(f) = [0, 2]\,.$$

Die **Faltung** $g * f$ zweier Funktionen $f, g : \mathbb{R} \to \mathbb{R}$ im Punkt $x \in \mathbb{R}$ ist definiert als

$$(g * f)(x) = \int_{-\infty}^{\infty} g(x - y) f(y)\,\mathrm{d}y\,, \tag{10.9}$$

sofern dieses Integral existiert. Die Faltung spielt in der Fourieranalysis eine wichtige Rolle. Das Faltungsintegral (10.9) existiert auf jeden Fall, wenn f und g stetig sind und eine der beiden Funktionen einen kompakten Träger hat. Dann lässt sich nämlich für jedes $x \in \mathbb{R}$ eine Schranke M finden, so dass der Integrand Null ist für alle $y \notin [-M, M]$, und somit

$$\int_{-\infty}^{\infty} g(x-y)f(y)\,\mathrm{d}y = \int_{-M}^{M} g(x-y)f(y)\,\mathrm{d}y \tag{10.10}$$

gilt: Hat f kompakten Träger, so genügt es, dass

$$\operatorname{supp}(f) \subset [-M, M]$$

gilt; hat g kompakten Träger, so genügt es, dass

$$x - \operatorname{supp}(g) \subset [-M, M]$$

gilt.

In diesen Fällen folgt aus Satz 10.1, dass $g * f$ eine stetige Funktion von x ist (für den Fall, dass g kompakten Träger hat: Wir können M so wählen, dass (10.10) gültig bleibt, wenn statt x Argumente in einem Intervall $[x-\delta, x+\delta]$ zugelassen werden. Dann wenden wir Satz 10.1 mit diesem Intervall an, um Stetigkeit in x zu sehen). Ist g außerdem stetig differenzierbar, so folgt aus Satz 10.2, dass $g * f$ ebenfalls stetig differenzierbar ist, und dass

$$(g * f)'(x) = \int_{-\infty}^{\infty} g'(x-y)f(y)\,\mathrm{d}y$$

gilt (Übung).

Praktisch ist auch die Kommutativität der Faltung, $f * g = g * f$, die aus der Substitutionsregel folgt.

Beispiel 10.9

Wir skizzieren jetzt als physikalische Anwendung die Herleitung der Gleichung für die Anziehungskraft eines Quaders Ω in $\mathbb{R}^3$ auf andere Körper. Sei Ω gegeben als $\Omega = [a_1, a_2] \times [b_1, b_2] \times [c_1, c_2]$ mit $a_j, b_j, c_j \in \mathbb{R}$ für $j = 1, 2$, und $a_1 < a_2$, $b_1 < b_2$ und $c_1 < c_2$. Wir werden über Ω integrieren müssen, und streng genommen werden wir mehrdimensionale Integrale erst in Analysis 3 kennenlernen. Hier eine Gratisvorschau: Im Fall des Quaders können wir das Integral erst in x_1-Richtung berechnen, dann in x_2-Richtung und schließlich in x_3-Richtung (oder in einer anderen Reihenfolge). Zur Übung betrachten wir die Massendichte $\rho\colon \Omega \to \mathbb{R}$ und wollen die Masse M von Ω berechnen. In vielen Fällen kann ρ als stetig angenommen werden, was wir hier tun. Die Masse ergibt sich dann durch Integration, nämlich

$$M = \int_{\Omega} \rho(x)\,\mathrm{d}x := \int_{c_1}^{c_2} \int_{b_1}^{b_2} \int_{a_1}^{a_2} \rho(x_1, x_2, x_3)\,\mathrm{d}x_1\,\mathrm{d}x_2\,\mathrm{d}x_3 \tag{10.11}$$

(in Analysis 3 wird obige Definition des mehrdimensionalen Integrals als sogenannter Satz von Fubini gezeigt). In (10.11) berechnen wir erst das Integral $\int_{a_1}^{a_2} \rho(x_1, x_2,$

$x_3)\,\mathrm{d}x_1$ mit Parametern x_2 und x_3; das Resultat integrieren wir dann mit Integrationsvariable x_2 und Parameter x_3, und integrieren den so erhaltenen Ausdruck mit x_3 als Integrationsvariable. Wir werden benutzen, dass die oben gezeigten Sätze über Differentiation parameterabhängiger Integrale auch unter iterierter Integration gültig sind.

Nach diesen Vorbereitungen zur eigentlichen Rechnung. In der Physik wird gezeigt, dass die durch Ω auf einen Punkt $x \in \mathbb{R}^3 \setminus \Omega$ ausgeübte Anziehungskraft nach geeigneter Normierung gegeben ist durch

$$u(x) := \int_\Omega \rho(y) f(x-y)\,\mathrm{d}y\,,$$

wobei f (bis auf Normierung) das Newtonpotential in $\mathbb{R}^3$ aus (5.14) ist, also

$$f(x) = \frac{1}{\|x\|_2}\,.$$

Behauptung: Die Funktion u ist auf $\mathbb{R}^3 \setminus \Omega$ harmonisch, erfüllt also

$$\Delta u(x) = 0 \quad \textit{für } x \in \mathbb{R}^3 \setminus \Omega\,.$$

Beweis Der Integrand

$$h(x,y) := \rho(y) f(x-y) \quad \text{für } x \in \mathbb{R}^3 \setminus \Omega \text{ und } y \in \Omega$$

ist stetig auf $(\mathbb{R}^3 \setminus \Omega) \times \Omega$ und hat dort stetige erste und zweite partielle Ableitungen ∂_{x_j} und $\partial_{x_j}\partial_{x_k}$, für $j,k = 1,2,3$. Also ist $u \in C^2(\mathbb{R}^3 \setminus \Omega)$. Durch Differentiation unter dem Integralzeichen finden wir

$$\left(\partial_{x_1}^2 + \partial_{x_2}^2 + \partial_{x_3}^2\right) u(x) = \int_\Omega \rho(y) \left(\partial_{x_1}^2 + \partial_{x_2}^2 + \partial_{x_3}^2\right) f(x-y)\,\mathrm{d}y\,.$$

Da die Funktion $x \mapsto f(x-y)$ wie in Abschn. 5.4 in (5.14) gesehen auf $\mathbb{R}^3 \setminus \{y\}$ harmonisch ist, verschwindet der Integrand, und daher gilt $\Delta u = 0$. □

10.3 Ausblick

In Beispiel 10.9 hatten wir das (unnormierte) Newtonpotential mit der Massendichte ρ gefaltet. Diese Idee erweist sich auch anderswo als außerordentlich hilfreich. Betrachten wir f wie in (5.14). In jeder Raumdimension hat diese Funktion (und damit auch das sich nur durch eine multiplikative Konstante unterscheidende Newtonpotential) eine Singularität im Ursprung.

In Beispiel 10.9 mussten wir beim Differenzieren unter dem Integral sehr vorsichtig sein. Wie skizziert, muss man erst zeigen, dass $u \in C^2(\mathbb{R}^3 \setminus \Omega)$ gilt, *dann* darf man unter dem Integralzeichen differenzieren. Die Regularität $u \in C^2(\mathbb{R}^3 \setminus \Omega)$ basiert wesentlich darauf, dass die Singularität von $f(x-y)$ in Ω liegt.

Dass die Annahme der stetigen Differenzierbarkeit essentiell ist, um unter dem Integral zu differenzieren, zeigen wir jetzt mit einer *katastrophal falschen* Rechnung. Wir berechnen mit $x = (x_1, x_2, x_3)$ und $y = (y_1, y_2, y_3)$

$$\tilde{u}(x) = \int_{-\infty}^{\infty} \int_{-\infty}^{\infty} \int_{-\infty}^{\infty} g(y) f(x-y)\, \mathrm{d}y_1\, \mathrm{d}y_2\, \mathrm{d}y_3$$

mit dem Newtonpotential f aus (5.14). *Dürften* wir unter dem Integralzeichen differenzieren, würde man vielleicht erwarten, dass

$$\Delta\tilde{u}(x) = \int_{-\infty}^{\infty} \int_{-\infty}^{\infty} \int_{-\infty}^{\infty} g(y) \underbrace{\Delta f(x-y)}_{=0 \text{ außer für } x=y} \mathrm{d}y_1\, \mathrm{d}y_2\, \mathrm{d}y_3 \stackrel{?}{=} 0\,,$$

also wäre die Faltung von f mit einer stetigen Funktion g wieder eine harmonische Funktion. Hier ist aber weder das Differenzieren unter dem Integral erlaubt noch folgt die letzte Gleichheit. Der grundlegende Fehler dieser Rechnung ist, dass die Singularität von f nicht berücksichtigt wurde. Das Ergebnis ist dementsprechend falsch. Zum Glück kann man mit mehr Sorgfalt richtig rechnen und erhält ein erstaunliches Ergebnis: Die Faltung u einer Funktion g mit dem Newtonpotential löst nicht $\Delta u = 0$ wie oben vermutet, sondern

$$-\Delta u = g\,,$$

die sogenannte **Poissongleichung** mit rechter Seite g. Also: Aus der Faltung des Newtonpotentials mit einer Funktion g entsteht die Lösung der Poissongleichung mit rechter Seite g. Dies zeigt, wie nützlich die Faltung ist. Wie obige katastrophal falsche Rechnung richtig gestellt werden kann, findet sich in Lehrbüchern zu partiellen Differentialgleichungen. Schön dargestellt ist das insbesondere in [1, Kap. 2].

Die Quintessenz dieses Ausblicks:

- Die Annahme der stetigen Differenzierbarkeit in Satz 10.2 (als Funktion von y) ist keine Lappalie, die außer Acht gelassen werden darf.
- Die Faltung wird sich als erstaunlich mächtiges Werkzeug erweisen.

Literatur

1. L. C. Evans. *Partial differential equations*. Bd. 19. Graduate Studies in Mathematics. Providence, RI: American Mathematical Society, 1998.
2. D. Zwillinger. *Handbook of integration*. Jones und Bartlett Publishers, Boston, MA, 1992.

Stichwortverzeichnis

A
a posteriori-Schranke, 46
a priori-Schranke, 46
Ableitung
  höhere partielle, 95
  partielle, 92
Abschluss, 30
Abstand, euklidischer, 12
Adjunkte, 150
Affensattel, 138
Anfangspunkt, 77
Anfangswert, 213
Anfangswertproblem, 213
Atlas, 180

B
Banachraum, 59
Banachscher Fixpunktsatz, 46

C
Cantorsches Diskontinuum, 29
Cauchy-Schwarz-Ungleichung, 8, 69
Cauchyfolge, 20

D
Definitheit, 4, 10
  negative, 136
  positive, 136
Determinante, 149
Diffeomorphismus, 153
Diffeomorphismussatz, 154
Differential, totales, 114
Differentialoperator, 66
  linearer mit konstanten Koeffizienten, 110
Differenzierbarkeit, 113
  totale, 114
Differenzieren unter dem Integral, 245
Diffusionsgleichung, 112
Divergenz, 99
  in Zylinderkoordinaten, 191, 195
  Interpretation, 105
Doppelpunkt, 76
Dreiecksungleichung, 4, 11
  umgekehrte, 11
Durchmesser, 13

E
Einbettung, 173
Einheitskugel, 14
Einheitsvektor, 71
Einschränkung, 11
Endpunkt, 77
Exponent, konjugierter, 7
Extremum
  lokales, 136
  unter Nebenbedingungen, 185
    notwendige Bedingung, 186

F
Faltung, 252
Feinheit, 79
Feld, skalares, 91
Fixpunkt, 44
Fixpunktiteration, 45
Flachmacher, 172

M. Brokate et al., *Analysis 2*,
https://doi.org/10.1007/978-3-662-71141-5

Fluss, 105
Flussdichte, 105
Fréchet-Differenzierbarkeit, 114
Fraktal, 29, 31
Fredholmsche Integralgleichung, 62
Funktion
  beliebig oft differenzierbare, 96
  harmonische, 110
  partiell differenzierbare, 93
  radialsymmetrische, 94
  stetig differenzierbare, 93
  unendlich oft differenzierbar, 96
Funktionalmatrix, 116

G
Gaußverteilung, 249
globale Eindeutigkeit eines Anfangswertproblems, 222
GPS (Global Positioning System), 164
Gradient, 98
  in Zylinderkoordinaten, 191
Gradientenfeld, 102
Grenzwert, 17
  Eindeutigkeit, 18
  einer Funktion, 35
Gronwallsches Lemma, 227

H
Häufungspunkt, 34
Halbstreifen, 50
Hausdorffraum, 27
Hausdorffsche Trennungseigenschaft, 18
Heronverfahren, 48
Hessematrix, 135
Hilbertraum, 70
Hölder-Ungleichung, 8
Homöomorphismus, 52
Homogenität, 4

I
Indefinitheit, 136
Inneres, 30
Integral, parameterabhängiges, 243
Integralformulierung eines Differentialgleichungssystems, 216
Integralgleichung, 62
Integraloperator, 65
Iterationsverfahren von Picard und Lindelöf, 218

J
Jacobimatrix, 116
Jordansche Normalform, 236

K
Karte, 180
Kartenwechsel, 181
Kettenregel, 125
Kompaktheit, 41
Komponentenfolgen, 19
Kontraktion, 45
Kontraktionskonstante, 45
Kontraktionssatz, 46
Konvergenz, 17
  und Abschluss, 33
Koordinaten, kartesische, 191
Kronecker-Delta, 203
Kugel, 14
  abgeschlossene, 13
  offene, 13
Kugelkoordinaten, 50, 123
  Jacobimatrix, 124
Kurve, 73
  differenzierbare, 75
  geschlossene, 76
  Orientierung, 77
  reguläre, 77
  rektifizierbare, 79
  stückweise reguläre, 77
  stückweise stetig differenzierbare, 77
  stetig differenzierbare, 75
Kurvenpunkte, 73

L
Länge einer Kurve, 79
Lösung eines Systems erster Ordnung, 214
Lösungsraum eines linearen Systems, 234
Lagrange-Funktion, 188
Lagrange-Multiplikator, 186
Laplace-Gleichung, 110
Laplace-Operator, 110
Leibnizsche Integralformel, 248
Lemma von Gronwall, 227
Lemniskate, 74
Lipschitz-Stetigkeit, 40
  lokale, 216
Lipschitzkonstante, 40, 216
L^p-Norm, 61
ℓ^p-Norm, 7

M
Mandelbrotmenge, 31
Manhattannorm, 5
Mannigfaltigkeit, differenzierbare, 184
Materialien, isotrope, 110
Matrix
  nilpotent, 235
  orthogonale, 176

Matrixexponentialfunktion, 206
  für eine Diagonalmatrix, 235
  für eine nilpotente Matrix, 235
Matrixnorm, 202
Maximum, lokales, 136
Maximumsnorm, 4
Menge
  abgeschlossene, 15, 28
  beschränkte, 13, 15
  folgenkompakte, 41
  offene, 15, 25
Metric learning, 2
Metrik, 10
  äquivalente, 28
  diskrete, 13
Minimum, lokales, 136
Minkowski-Ungleichung, 9
Mittelwertsatz für skalare Felder, 130
Mittelwertungleichung, 130
Monom, 38
Multiindex, 132

N
Neumannsche Reihe, 207
Newton-Potential, 111
Newtonverfahren, 147
  vereinfachtes, 146
Niveaufläche, 92
Niveaulinie, 91, 142
Niveaumenge, 39, 91, 128, 142, 175
Norm, 4
  äquivalente, 57
  euklidische, 4
  induzierte, 69
Normalenraum, 183
Normalenvektor, 183
Normalverteilung, 249

O
Offenheitssatz, 153
Operator, 64
Operatornorm, 65, 202
Optimalitätsbedingungen
  hinreichende, 138
  notwendige, 137
Orbit, 31
Orthogonalität, 71
Orthonormalbasis, 71
Oszillator, harmonischer, 231

P
Parallelogrammgleichung, 72
Parametertransformation, 82
  C^1, 82
  orientierungstreue, 82
  orientierungsumkehrende, 82
Parametrisierung, 173, 177
  nach der Bogenlänge, 84
Phasendiagramm, 214
Phasenportrait, 214
Phasenraum, 214
Poissongleichung, 255
Polarkoordinaten, 49, 123
  Jacobimatrix, 123
Polynom, 38
Potential, 103
  Existenz eines, 103
Potentialgleichung, 110
Produktmetrik, 16
Produktregel, 211
Punkt
  isolierter, 34
  trennen, 27
Punktauswertung, 66

Q
Quader, achsenparalleler, 42

R
Radiusfunktion, 94
Rand, 30
Randpunkt, 30
Raum
  metrischer, 11
    vollständiger, 20
  normierter, 4
    endlichdimensionaler, 56
    unendlichdimensionaler, 59
  topologischer, 26
    überdeckungskompakter, 41
Reihe
  absolut konvergente, 200
Reihe, konvergente, 200
Richtungsableitung, 92
Richtungsfeld, 214
Rotation, 100
  in Zylinderkoordinaten, 191, 196
  Interpretation der Rotation, 107

S
Sattelpunkt, 137
Satz
  über implizite Funktionen, 157
    lokale Eindeutigkeit, 163
    Version für ebene Kurven, 85
  über inverse Funktionen, 150

vom Igel, 52
vom Maximum, 43, 56
von Bolzano-Weierstraß im Mehrdimensionalen, 56
von Picard-Lindelöf
globale Version, 224
lokale Version, 218
von Schwarz, 96
Schnittpunkt, 78
Schnittwinkel, 78
Schrankensatz, 130, 131
Schraubenlinie, 75
Selbstähnlichkeit, 29
Selbstabbildung, 44
Semidefinitheit
negative, 136
positive, 136
Skalarfeld, 91
Skalarprodukt
komplexes, 68
reelles, 67
Spaltensummennorm, 202
Spaltenvektoren, 5
Spektralnorm, 203
Spektralradius, 203
Sphäre, 31
Spur, 73, 211, 238
Standardmetrik, 11
Stelle, singuläre, 77
Stetigkeit, 35
ε-δ-Formulierung, 35
Folgenstetigkeit, 35
gleichmäßige, 39
Summennorm, 5
Superpositionsprinzip, 228
Supremumsnorm, 4
Symmetrie, 10
System
gewöhnlicher Differentialgleichungen, 213
lineares
autonomes, 229
von Differentialgleichungen, 228

T
Tangentialebene, 128
Tangentialeinheitsvektor, 75
Tangentialraum, 128, 183
Tangentialvektor, 75, 128, 182
Taylorentwicklung
für Skalarfelder, 133
für vektorwertige Funktionen, 141
Taylorpolynom, 134
Teilmenge
abgeschlossene einer Untermannigfaltigkeit, 177
offene einer Untermannigfaltigkeit, 177
Topologie, 26
induzierte, 177
schwache, 42
Träger, 252

U
Überdeckung, 41
Umgebung, 15
Umlaufsinn
mathematisch negativer, 74
mathematisch positiver, 73
Untermannigfaltigkeit, 172, 177
Unterraum, affiner, 175

V
Vektorfeld, 98
Verbindungsstrecke, 130
Vollständigkeit von $\mathbb{K}^n$, 59

W
Wärmeleitungsgleichung, 112
Wellengleichung, 113
Winkel, 71
Wurzelziehen, babylonisches, 48

Y
Youngsche Ungleichung, 7

Z
Zeilenvektoren, 5
Zeitableitung, 74
Zerlegung, 79
Zielfunktion, 186
Zustandsraum, 214
Zykloide, 86
Zylinderkoordinaten, 52, 191

GPSR Compliance

The European Union's (EU) General Product Safety Regulation (GPSR) is a set of rules that requires consumer products to be safe and our obligations to ensure this.

If you have any concerns about our products, you can contact us on ProductSafety@springernature.com

In case Publisher is established outside the EU, the EU authorized representative is:

Springer Nature Customer Service Center GmbH
Europaplatz 3
69115 Heidelberg, Germany

Batch number: 10578005

Printed by Printforce, the Netherlands